Lambacher Schweizer 3

Mathematik für Gymnasien

Baden-Württemberg

Lösungen

erarbeitet von
Dieter Brandt
Thorsten Jürgensen
Rolf Reimer
Reinhard Schmitt-Hartmann
Peter Zimmermann

Ernst Klett Verlag
Stuttgart · Leipzig

1. Auflage

1 8 7 6 5 | 2013 12 11 10 09

Alle Drucke dieser Auflage sind unverändert und können im Unterricht nebeneinander verwendet werden.
Die letzten Zahlen bezeichnen jeweils die Auflage und das Jahr des Druckes.

Autoren: Dieter Brandt, Thorsten Jürgensen, Rolf Reimer, Reinhard Schmitt-Hartmann, Peter Zimmermann
Zeichnungen: media office gmbh
Titelbild: Getty Images, Digital Vision, Photonica Amana, Steven Pützer
Bildkonzept Umschlag: SoldanKommunikation Stuttgart

Entstanden in Zusammenarbeit mit dem Projektteam des Verlags.

Reproduktion: Meyle + Müller Medien Management, Pforzheim
DTP / Satz: media office gmbh, Kornwestheim
Druck: fgb – freiburger graphische betriebe
Printed in Germany
ISBN 978-3-12-734373-1

9 783127 343731

Inhaltsverzeichnis

I Prozente und Zinsen

1 Prozente – Vergleiche werden einfacher

Seite 11

1 Anteile in Prozent

a) 7%	b) 27%	c) 6%	d) 94%
e) 5%	f) 16%	g) 25%	h) 60%
i) 70%	j) 5%	k) 0,5%	l) 37,5%

2 Angabe als Bruch

a) $\frac{23}{100}$	b) $\frac{1}{10}$	c) $\frac{3}{4}$	d) $\frac{99}{100}$
e) $\frac{3}{5}$	f) $\frac{18}{25}$	g) $\frac{11}{100}$	h) $\frac{7}{10}$
i) $\frac{6}{5}$	j) $\frac{1}{200}$	k) $\frac{3}{1}$	l) $\frac{9}{125}$

Angabe als Dezimalzahl

a) 0,23	b) 0,1	c) 0,75	d) 0,99
e) 0,6	f) 0,72	g) 0,11	h) 0,7
i) 1,2	j) 0,005	k) 3,0	l) 0,072

3 a) Anteile der gefärbten Flächen in Prozent:
75% – 60% – 40% – 50% – 25% – $66\frac{2}{3}$% – $66\frac{2}{3}$%.
b) der Größe nach geordnet: 25% – 40% – 50% – 60% – $66\frac{2}{3}$% – $66\frac{2}{3}$% – 75%
Lösungswort: TREFFER

4 Prozentangaben, gerundet auf eine Dezimalstelle:

a) 22,5%	b) 75%	c) 0,6%	d) 23,75%
e) 16,7%	f) 77,8%	g) 3,3%	h) 42,9%
i) 140%	j) 66,7%	k) 33,3%	l) 120%

5 a) Zehn Prozent der Baden-Württemberger sind zwischen 6 und 15 Jahre alt.
b) 50 Prozent der Bergunfälle sind Lawinenunglücke.
c) Ein Meisterschütze trifft bei 90 Prozent seiner Schüsse ins Schwarze.
d) 3,75% der Eisberge, die jährlich von Westgrönland ausgehen, driften in den Nordatlantik und gefährden dort die Schifffahrt.

6 a) $5\% < 8\%$ b) $20\% < \frac{1}{4}$ c) $0,65 < \frac{5}{6}$
d) $\frac{4}{5} > \frac{7}{11}$ e) $5,6\% < 5,6$ f) $\frac{9}{11} < 99\%$

7 Sven hat eine Trefferquote von 63,3%, Svenja 60%, also die kleinere Trefferquote.

8 Der Mandelanteil bei der 100-g-Tafel Schokolade beträgt 23%, der bei dem 30-g-Knusperriegel 23,3%, also ist der Anteil der Mandeln bei dem Riegel größer.

9

Klasse	7a	7b	7c
Schüler	30	32	28
Stimmen	Tanja 16	David 17	Steffi 15
Anteil	53,3%	53,1%	53,6%

Steffi hat den größten Stimmenanteil.

10 Mögliche Aufgabe mit Lösung:
a) Wie groß ist der Ausländeranteil in Deutschland (in Baden-Württemberg)? Gib die Antwort in Prozent an.
Der Anteil der Ausländer in Deutschland (BW) beträgt etwa 8,5% (12,3%).
b) Wie groß ist der prozentuale Anteil der Kfz in Baden-Württemberg; vergleiche mit dem Einwohneranteil.
Der Anteil der Kfz in BW beträgt etwa 13,2%, der Bevölkerungsanteil 12,9%.

2 Prozentsatz – Prozentwert – Grundwert

Seite 13

1

	a)	b)	c)	d)	e)	f)	g)	h)	i)	j)
W	5	5	1	7	11	30	30	13	30	90
G	10	20	5	35	11	40	300	50	20	1000
p%	50%	25%	20%	20%	100%	75%	10%	26%	150%	9%

2 a) 15,8% b) 60% c) 9,7% d) 95%
e) 105,3% f) 50% g) 90,9% h) 100%

3 a) 20%, 10%, 1%, 5%
b) 40%, 20%, 8%, 2%
c) 17,1%, 3%, 65,9%, 120%
d) 31,1%, 15,6%, 12,7%, 112%
e) 15%, 10%, 2,7%, 60%
f) 0,1%, 9,1%, 1,03%, 4%

4 Von den 48 Gummibärchen sind
a) 10 grün, 14 rot, 14 gelb und 10 blau, das sind 20,8% bzw. 29,2% bzw. 29,2% bzw. 20,8% der Gummibärchen.
b) 30 nach rechts geneigt, das sind 62,5% der Gummibärchen.

5 obere Zahl: x, untere Zahl: y.

	a)	b)	c)	d)	e)
x	15	6	7	12	1,1
y	10	5	4	7	1
„x > y"	50%	20%	75%	71,4%	10%
„y < x"	33,3%	16,7%	42,9%	41,7%	9,1%

	f)	g)	h)	i)	j)
x	50	30	1,3	1400	8
y	33	29,9	1,25	500	10
„x > y"	51,5%	0,3%	4%	180%	−20%
„y < x"	34%	0,3%	3,8%	64,3%	−25%

Seite 14

6 Mögliche Werte für Prozent- und Grundwert:
a) Daniels Taschengeld erhöht sich z. B. um W = 1€ von G = 5€ auf G = 6€.
b) Der Preis der Jeans wird z. B. von G = 50€ um W = 20€ reduziert.
c) Wenn z. B. G = 20 Millionen zu der betreffenden Zeit ferngesehen haben, dann haben W = 2,4 Millionen die Spielshow angeschaut.

7 a) Noemis Quote beträgt 31,25%, Roberts Quote 31,7%. Also ist Roberts Comics-Quote etwas höher.
b) Bei Anna beträgt der Anteil von „a" 6,56%, der Anteil von „n" 9,75%. Nena zählte 2850 Buchstaben; bei ihr beträgt der Anteil von „a" 6,60%, der Anteil von „n" 9,82%, der Anteil von „e" 17,12%.
Vgl. die Tabelle auf Seite 43.

8 a) Bekannt sind W = 16 Millionen und p% = 20% ... 30%.
b) Überprüfung der Prozentangabe, falls man von 80 Millionen Deutschen ausgeht: $\frac{16}{80}$ = 20%, also passt die Angabe zu den Daten.
c) Da die Anzahl der Schüler einer Klasse relativ klein ist, können durchaus Abweichungen auftreten.

9

	p%	W	G
Käse	45%	Fettgewicht in der Trockenmasse	Gewicht vom gesamten Käse
Stiefel	50%	halber Preis	ganzer Preis
Verurteilte	45%	Zahl der Verkehrssünder	Zahl der Verurteilten

10 a) 50% b) 100%

11 a) G = 370, W = 300 bzw. W = 64
G = 2270, W = 878, p% = 43%
b) Falsch ist die Prozentangabe am Schluss des Zeitungsartikels, denn $\frac{878}{2270}$ = 38,7%.
c) Individuelle Lösung

12 Mögliche Aufgaben:
a) Wie viel Prozent der Erststimmen bei der Bundestagswahl 2002 waren ungültig?
gegeben: G = 48 582 761, W = 741 037;
gesucht p% (= 1,53%).
b) Wie viele Internetnutzer gab es unter den Befragten?
gegeben: p% = 47%, G = 3880;
gesucht W (= 1824).

3 Grundaufgaben der Prozentrechnung

Seite 16

1 a) 14% von 72 = 10,08
b) 9% von 700 = 63
c) 1,5% von 2345 = 35,175
d) 16% von 450€ = 72€
e) 99% von 620€ = 613,8€
f) 0,15% von 400 kg = 0,6 kg
g) 0,4% von 18 ha = 0,072 ha
h) 110% von 2 dm^3 = 2,2 dm^3

2 a)

	800	92	3,5	7100
5%	40	4,6	0,175	355
9%	72	8,28	0,315	639
15%	120	13,8	0,525	1065
45%	360	41,4	1,575	3195

b)

	20	70	0,8	13
7%	1,4	4,9	0,056	0,91
0,7%	0,14	0,49	0,0056	0,091
14%	2,8	9,8	0,112	1,82
77%	15,4	53,9	0,616	10,01

3 a) 106; 212; 530; 10 600 ist um 6% größer als 100; 200; 500; 10 000
b) 15; 30; 75; 1500 ist um 85% kleiner als 100; 200; 500; 10 000

4 Grundwertberechnung

	a)	b)	c)	d)	e)	f)	g)	h)	i)	j)
p%	50%	25%	10%	5%	1%	5,3%	1,5%	5%	1,2%	125%
W	100	40	33	5	22	44	123	1,75	12	120
G	200	160	330	100	2200	830,2	8200	35	1000	96

5 Ergebniswerte sind fett angegeben.

	a)	b)	c)	d)	e)
p%	5%	**8,8%**	20%	**25%**	1,7%
W	**10**	44	300	1,7	6,8
G	200	500	**1500**	6,8	**400**

	f)	g)	h)	i)	j)
p%	1,7%	22%	22%	116%	116%
W	**0,1156**	**220**	1000	**522**	522
G	6,8	1000	**4545,45**	450	**450**

6 a) Einkaufspreis: 125€
b) Preis vor Preissenkung: 187,50€

Seite 17

7 1971 gab es etwa 217000 Gymnasiasten.

8 Die Mieterhöhung beträgt 122,40 Euro.

9 a) 89,9%; 88,2%; 93,2%; 80,3%
b) Die prozentuale Einsparung, also die Einsparung im Vergleich zum alten Preis, ist bei dem Angebot mit dem alten Preis 1,22€ am größten. Insofern hat Lisa recht. Es kommt natürlich beim Einkauf darauf an, wie viel man einkauft. Die absolute Einsparung ist zum Beispiel viel größer bei dem Artikel mit dem alten Preis 169€, wenn man je einen der reduzierten Artikel vergleicht.

10 a) 600g
b) Wenn man nochmals 20% von dem alten Grundwert 600g hinzufügt, erhält man 840g. Bezieht man sich aber auf 720g als neuen Grundwert, so erhält man 864g.

11 a)

	Eiweiß	Kohlenhydrate	Fett
Anteil vorher in %	11,7	73,7	1,4
Anteil nachher in %	4,2	25,5	0,5
Abnahme in %	64,1	65,4	64,3

Die Spaghetti nehmen beim Kochen viel Wasser auf.
b) 400g (gekochte Spaghetti)

12 Individuelle Lösung

Seite 18

13 Mögliche Fragen mit Antworten:
a) Wie viel Prozent der deutschen Grenze beträgt die Grenze mit Frankreich?
Etwa 11,9%.
b) Wie viel Prozent wurden für Schüler von Gymnasien mehr ausgegeben als im Durchschnitt?
Etwa 21,4%.
c) Wie viele Lehrer wurden etwa im Schuljahr 2000/2001 in Deutschland beschäftigt?
Etwa 792500 Lehrer.
d) Wie groß war der Anteil der Türken im Jahre 2001 in Deutschland an der ausländischen Bevölkerung mindestens?
Etwa 27%.
e) Wie weit ist der Jupiter etwa von der Sonne entfernt?
Etwa 780 Millionen km.

14 Individuelle Lösung

15 Individuelle Lösung

16 A(1,5|2,5), B(2,5|1,5), C(−2,5|0,5), D(2|−2), E(−3|−2,5)

17 a) A′(1,5|−2,5) b) B′(−2,5|1,5)

18

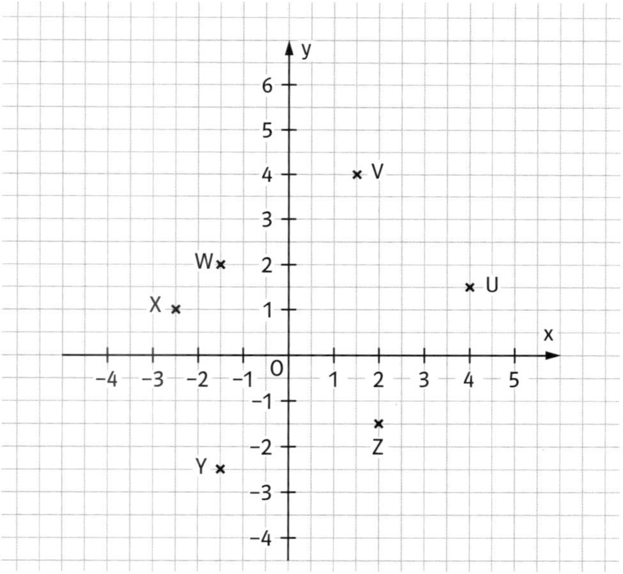

Seite 19

19 a) In einer $2\frac{1}{2}$-kg-Packung sind 0,625 kg Heu, 1 kg Gerste, 0,5 kg Trockengemüse und 0,375 kg Mais enthalten.

b)

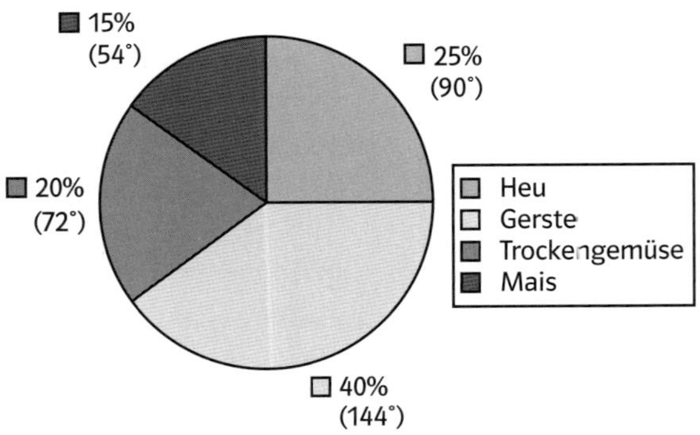

20 Kreisdiagramm

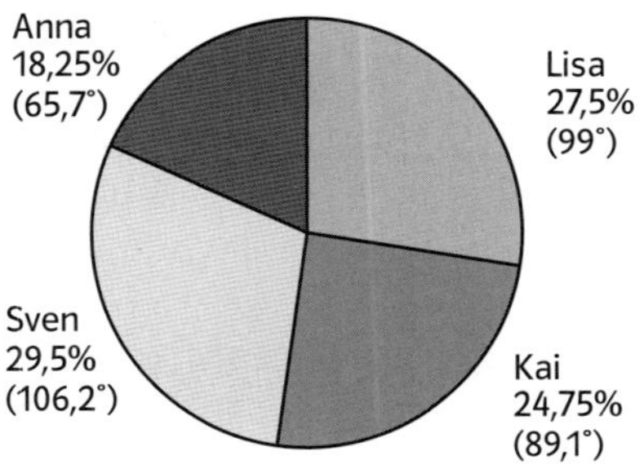

Kandidat	Stimmen
Lisa	110
Kai	99
Sven	118
Anna	73
Summe	400

21 a) Winkel durch Ausmessen bestimmt; Anteile in Prozent:

	Haferflocken	Rosinen	Haselnüsse	Sonnenblumenkerne
Winkel	100°	40°	140°	80°
Anteil	27,8 %	11,1 %	38,9 %	22,2 %

b) Etwa 308 g Müsli ist in dem Glas.
c) Etwa 68 g Sonnenblumenkerne.
d) Man kann die Winkel (oder die Prozentzahlen) als Teile zählen. Dann sind noch 320 Teile da, also $\frac{100}{320} = 31{,}25\,\%$ Haferflocken, $\frac{140}{320} = 43{,}75\,\%$ Haselnüsse und $\frac{80}{320} = 25\,\%$ Sonnenblumenkerne.

22 Individuelle Lösung

4 Zinsen

Seite 21

1

	a)	b)	c)	d)	e)	f)	g)
Guthaben in €	500	500	4000	2400	7124	4866	15,86
Zinssatz %	3	4	5	2,5	1,5	3.5	2,75
Jahreszinsen €	15	20	200	60	106,86	170,31	0,44

2 a) 2,5 % b) 4 %
c) 8,61 € d) 86,10 €
e) 3000 € f) 6000 € bzw. 2500 €

3

	a)	b)	c)	d)	e)	f)
Guthaben in €	1200	150	70 000	7000	7000	7700
Zinssatz %	3	1,5	3,5	3,5	7	7
Tage	100	70	1	10	50	10
Zinsen in €	10	0,44	6,81	6,81	68,06	14,97

4 a) 4 % b) 4 %

5 a) Zinsen 2005: 4,77 €; Guthaben 154,77 €
b) 157,09 € c) Zinsen 2005: 5,53 €

5 Zinseszinsen

Seite 23

1 a) bei 3 % Zinsen:

Jahr	Guthaben ohne Zinsen	Zinsen	Guthaben mit Zinsen
2006	1500,00 €	45,00 €	1545,00 €
2007	1545,00 €	46,35 €	1591,35 €
2008	1591,35 €	47,74 €	1639,09 €
2009	1639,09 €	49,17 €	1688,26 €
2010	1688,26 €	50,65 €	1738,91 €

b) bei 6 % Zinsen:

Jahr	Guthaben ohne Zinsen	Zinsen	Guthaben mit Zinsen
2006	1500,00 €	90,00 €	1590,00 €
2007	1590,00 €	95,40 €	1685,40 €
2008	1685,40 €	101,12 €	1786,52 €
2009	1786,52 €	107,19 €	1893,71 €
2010	1893,71 €	113,62 €	2007,33 €

c) bei 1,5 % Zinsen:

Jahr	Guthaben ohne Zinsen	Zinsen	Guthaben mit Zinsen
2006	1500,00 €	22,50 €	1522,50 €
2007	1522,50 €	22,84 €	1545,34 €
2008	1545,34 €	23,18 €	1568,52 €
2009	1568,52 €	23,53 €	1592,05 €
2010	1592,05 €	23,88 €	1615,93 €

d) bei 4,5 % Zinsen:

Jahr	Guthaben ohne Zinsen	Zinsen	Guthaben mit Zinsen
2006	1500,00 €	67,50 €	1567,50 €
2007	1567,50 €	70,54 €	1638,04 €
2008	1638,04 €	73,71 €	1711,75 €
2009	1711,75 €	77,03 €	1788,78 €
2010	1788,78 €	80,50 €	1869,28 €

2

	a)	b)	c)	d)	e)
Kapital in €	300	1000	5000	1200	3000
Zinssatz	3,50 %	1,50 %	4,12 %	2,80 %	4 %
Jahre	2	3	4	6	4,5
Endkapital €	321,37	1045,68	5876,34	1416,25	3579,77

3 Die Zunahme beträgt in jedem Fall 21,55 %.

Kapital in €	1450	270	9999
Zinssatz	5,00 %	5,00 %	5,00 %
Jahre	4	4	4
Endkapital €	1762,48	328,19	12 153,85

4 Die Lösung wird durch gezieltes Ausprobieren mit Hilfe des Taschenrechners gefunden (vgl. Beispiel 1 im Lehrtext).
a) Unabhängig vom Anfangskapital muss man das Kapital bei einem Zinssatz von 10 % (5 %; 3 %) für 8 (15; 24) Jahre anlegen, damit es sich mit Zinseszins verdoppelt.
b) Etwa 14,9 %.

5 1240,25 € (1267,32 €)

6 a)

Jahr	Zinssatz	Kapital
0. Jahr		5000,00 €
1. Jahr	2,00 %	5100,00 €
2. Jahr	2,25 %	5214,75 €
3. Jahr	2,75 %	5358,16 €
4. Jahr	3,50 %	5545,70 €
5. Jahr	4,00 %	5767,53 €
6. Jahr	4,50 %	6027,07 €
7. Jahr	5,00 %	6328,42 €

Hannah bekommt 6328,42 € zum 1.1.2010 ausbezahlt.
b) Aktuelle Konditionen kann man im Internet nachschlagen (in eine Suchmaschine das Stichwort „Bundesschatzbriefe" eingeben). Die Rechnung ist entsprechend.

6 Überall Prozente

Seite 25

1 Etwa 60,2 Millionen Autos werden im Jahre 2030 auf deutschen Straßen fahren.

2 a) etwa 21,2 % b) etwa 23,3 %

3 a) 25 % b) 20 %

4 alter Preis: 255 €; neuer Preis: 191,72 €; gespart: etwa 24,8 %

5 a) Etwa 40,3 Millionen Einwohner in Deutschland sind männlich (Quelle: Statistisches Bundesamt, Daten von 2001). Es leiden dann etwa 2,8 Millionen männliche Bundesbürger an Dichromasie.
b) Als grobe Schätzung kann man etwa 1100 Schülerinnen und Schüler angeben, denn
35 : 0,07 + 6 : 0,01 = 1100. Die Schätzung ist aber sehr ungenau, da die wahren Anteile um 7% bzw. 1% schwanken.

Seite 26

6 a) bei z. B. 30 Schülern etwa 8
b) bei z. B. 800 Schülern etwa 210
c) etwa 104 000

7 a)

Zahl der Tore	0	1	2	3	4	5
Zahl der Spiele	18	42	79	68	52	28
Prozente	5,9 %	13,7 %	25,8 %	22,2 %	17,0 %	9,2 %

Zahl der Tore	6	7	8	9	10
Zahl der Spiele	7	8	2	1	1
Prozente	2,3 %	2,6 %	0,7 %	0,3 %	0,3 %

Bei den insgesamt 306 Spielen fielen durchschnittlich 2,9 Tore pro Spiel.
b) Die Prozentzahlen der Tabelle sind ähnlich. Dahinter steckt eine statistische Gesetzmäßigkeit (Poissonverteilung).

8 Die Schulterhöhen werden durch Abmessen bestimmt: Equus: 6,0 cm; Merychippus: 2,0 cm; Eohippus: 0,9 cm.
a) etwa 220 % b) etwa 650 % c) etwa 300 %

9 a) etwa 51,3 % b) etwa 26,7 %

Seite 27

10 a) 44,10 € b) 12 € c) 150 €

11 etwa 36,2 %

12 a) Das Nettogewicht beträgt 80 % des Bruttogewichtes, die Tara 20 % des Bruttogewichtes.
b) 12,5 kg.
c) Individuelle Lösung

13 a) 5568 €
b) 5400,96 €
c) das Ergebnis ist jeweils gleich
d) etwa 12,5 %

14 Eine Flasche Bier enthält etwa 0,025 Liter Alkohol, ein Körper mit 80 kg Masse enthält etwa 64 Liter Wasser. Wenn der Alkohol sich gleichmäßig im gesamten Körperwasser verteilt, beträgt der Alkoholanteil $\frac{0{,}025}{64} = 0{,}00039 \approx 0{,}4$ ‰. Man darf sich also nicht nur auf die 5 Liter Blut beziehen.

15 a) $5 \cdot (7 + 13) = 5 \cdot 20 = 100$ oder $5 \cdot (7 + 13) = 5 \cdot 7 + 5 \cdot 13$ ausmultipliziert, weiter bei b)
b) $5 \cdot 7 + 5 \cdot 13 = 35 + 65 = 100$
c) $5 \cdot (7 \cdot 13) = 5 \cdot 91 = 455$
d) $(5 \cdot 7) \cdot 13 = 35 \cdot 13 = 455$
e) $(5 \cdot 7) \cdot (5 \cdot 13) = 35 \cdot 65 = 2275$

16 Rechenbaum zu dem Term $12 \cdot (5 + 3 \cdot 8) - 27$

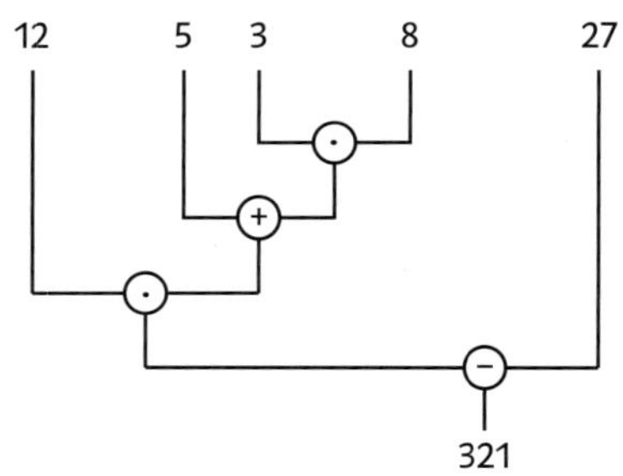

17 a) $(35 - 19) \cdot 5 = 35 - 19 \cdot 5$ ist falsch ausmultipliziert
b) $35 - 19 \cdot 5 = (7 - 19) \cdot 5$ ist richtig ausgeklammert, denn $35 = 5 \cdot 7$
c) $(13 + 15) + 17 = 13 + 17 + 15$ ist richtig, da AG und KG angewendet wurden.

Wiederholen – Vertiefen – Vernetzen

Seite 28

	a)	b)	c)	d)	e)	f)	g)	h)	i)	j)
p%	3 %	**41,7 %**	25 %	**25 %**	1,75 %	1,75 %	32 %	16 %	105 %	116 %
W	**6**	250	350	1,8	4,9	**4,9**	**448**	448	**294**	870
G	200	600	**1400**	7,2	**280**	280	1400	**2800**	280	**750**

2 a) 6,89 € b) 54 €
c) G = 52 €. Der Rucksack von Jana war 11,7 % billiger. Der Rucksack von Jan war 13,3 % teurer.

3 a)

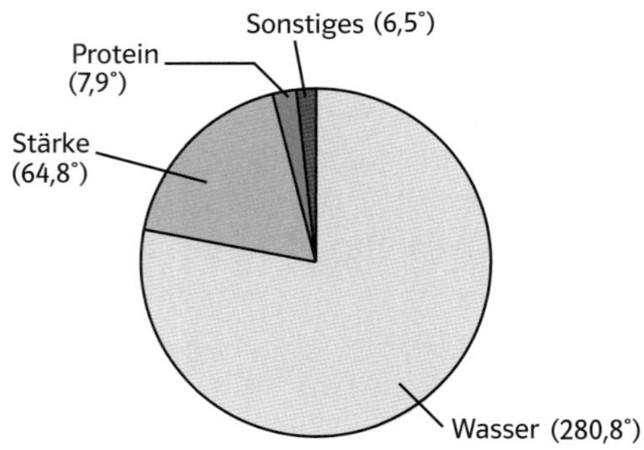

b) 1,95 kg; 0,45 kg; 0,055 kg
c) 1,28 kg Kartoffeln enthalten 1 Liter Wasser.

4 Werte vor dem Umbau: $U = 40\,m$; $A = 96\,m^2$; $V = 624\,m^3$;
nach dem Umbau: $U' = 49\,m$; $A' = 117{,}5\,m^2$; $V' = 699{,}25\,m^3$
a) 22,5 % b) 22,4 % c) 12,1 %

5

Ballspiel	Fußball	Basketball	Tennis	Eishockey
Zeit netto	58 min	40 min	39 min	60 min
Zeit brutto	94 min	88 min	168 min	133 min
Lösungen	62 %	120 %	331 %	122 %

6 a) Ken hat Recht, denn $\frac{71{,}4 - 18{,}2}{71{,}4} \approx 75\,\%$.
Barby rechnet einfach 100 % – 75 % = 25 %.
Richtig wäre: $\frac{71{,}4 - 18{,}2}{18{,}2} \approx 293\,\%$.
b) Das kann sein, da jemand z. B. mehrere Handys haben kann oder sich ein neues kaufen will.

Seite 29

7 a) etwa 900 Millionen Tonnen
b) Man geht von 100 % aus und multipliziert wie beim Zinseszinsrechnen fortgesetzt mit dem „Wachstumsfaktor" 1,004 und erhält nach Subtraktion von 100 % auf diese Weise 2,01 % bzw. 4,07 % bzw. 8,31 %.

8 a) 0,25 % von 35 % von 510 Mill. km^2 = 0,25 % von 178,5 Mill. km^2 = 0,45 Mill. km^2.
b) 38,8 %
c) etwa 258 %
d) (35 % von 510 Mill. km^2) · 4,282 km = 764 Mill. km^3;
e) 764 Mill. km^3 : 357 000 km^2 = 2140 km.
Der See wäre 2140 km (!) tief.

9 a) Das Wort „sogar" deutet auf mehr hin, aber $\frac{1}{3} > \frac{1}{4}$!
b) Die Summe der Prozentzahlen von männlich und weiblich müsste 100 % ergeben.
c) Gemeint ist wohl: Der Zustand eines 70-Jährigen war der eines 10 Jahre jüngeren.
d) $\frac{1}{10} < \frac{1}{5}$, also wäre die Zahl der zu schnellen Fahrer gestiegen. Offenbar wird $\frac{1}{10}$ mit 10 %, $\frac{1}{5}$ mit 5 % identifiziert.

Exkursion – Von großen und kleinen Tieren

Seite 32

1 a) 20 %
b) 0,6 m (mittelgroßer Hund)

2 Elefant: 78 %, Strauß: 92 %, Krokodil: 57 %

3 180 cm

4 a) Es sind etwa 45 000 Arten von Wirbeltieren bekannt.
b) 20 700 Fischarten, 5400 Säugetierarten, 8550 Vogelarten, 7200 Kriechtierarten und 3150 Lurcharten.

Seite 33

5 56 % der Säugetiere sind Nagetiere und 14 % der Säugetiere sind Fledertiere.

6 In den Wäldern leben 25 % der Säugetiere auf den Bäumen, 67 % am Boden und 8 % unterirdisch.
In den Steppen leben 0 % der Säugetiere auf den Bäumen, 51 % am Boden und 49 % unterirdisch.
In den Wüsten leben 0 % der Säugetiere auf den Bäumen, 28 % am Boden und 72 % unterirdisch.

7 a) 7 °C
b) Die Anzahl der Herzschläge geht um etwa 99 %, die des Atemholens um etwa 95 % zurück.

8

Tier	Geburtsgewicht bezogen auf das Geburtsgewicht der Mutter	Zunahme bezogen auf das Geburtsgewicht
Elefant	4 %	2400 %
Känguru	0,003 %	3 000 000 %
Fledermaus	20 %	400 %
Seehund	10 %	900 %
Mensch	5,7 %	1700 %

II Häufigkeiten und Wahrscheinlichkeiten

1 Wahrscheinlichkeiten – Entscheidungshilfen

Seite 39

1 a) Rad (1): $\frac{2}{6}$; Rad (2): $\frac{4}{8}$; Rad (3): $\frac{3}{12}$
b) Rad (1): 80-mal; Rad (2): 120-mal;
Rad (3): 60-mal

2 a) $\frac{18}{37}$ b) $\frac{10}{37}$

3 a) „unter drei" hat die W. $\frac{2}{6}$. Svea hat die W. $\frac{4}{6}$ zu zahlen.
b) Michael würde etwa 100-mal, Svea 200-mal zahlen.
c) mögliche Abänderung: Michael zahlt, wenn 1, 2 oder 3 fällt, sonst Svea.

Seite 40

4 Weil eine W. höchstens 100 % betragen kann.

5 Individuelle Lösung

6 8 Felder blau (für „Regen") und 2 Felder gelb (für „nicht Regen") färben.

7 mit dem Würfel z. B. wie in Tabelle 1, mit dem Dodekaeder z. B. wie in Tabelle 2.

Würfel	1, 2	3, 4	5, 6
⟶	Eis essen	Kino	Radtour

Dodekaeder	1, 4, 7, 10	2, 5, 8, 11	3, 6, 9, 12
⟶	Eis essen	Kino	Radtour

8 a) $\frac{1}{365}$ b) $\frac{31}{365}$ c) 0

9 a) falsch (bzw. nur angenähert richtig), da die Monate unterschiedlich lang sind.
b) Der Wert ist angenähert richtig.
c) falsch, da der 1. Advent immer ein Sonntag ist.
d) richtig

2 Versuchsreihen ergeben Wahrscheinlichkeiten

Seite 42

1

	Helena	Susanne	Pascal
relative Häufigkeit	0,708	0,644	0,621
mögliche Schätzung	0,7	0,65	0,62

Da Pascal wesentlich öfter geworfen hat, kann man erwarten, dass seine Schätzung am besten ist.

2
a) Schätzung 1 gehört wohl zum Lego-Vierer
Schätzung 3 gehört wohl zum Lego-Sechser
Schätzung 2 gehört wohl zum Lego-Achter
b) Hier sollten am Ende alle Ergebnisse zusammengetragen werden. Beim Zusammentragen kann man eine Tabelle wie folgt anlegen, um zu erkennen, dass sich die Werte mit zunehmender Wurfzahl stabilisieren.

Wurfzahl	50	100	150	...
relative Häufigkeit				

3 z. B.

Ziffer	1	2	3	4	5	6	7	8	9
rel. Häufigkeit	0,26	0,22	0,12	0,04	0,08	0,04	0,14	0,06	0,05

Man beachte, dass die Anfangsziffern der Hausnummern keineswegs gleich wahrscheinlich sind (Benford-Gesetz).
Bei 30 Schülern (also 1500 Hausnummern) sollte etwa folgende Verteilung herauskommen:

Ziffer	1	2	3	4	5	6	7	8	9
rel. Häufigkeit	0,30	0,18	0,12	0,10	0,08	0,07	0,06	0,05	0,04

Seite 43

4 a) Auszählen vieler Texte. Die W. sind dann die relativen Häufigkeiten, die man dabei ermittelt.
b) Individuelle Lösung
c) Man kann die Häufigkeiten analysieren und mit der Tabelle den richtigen Buchstaben zuordnen, vgl. d).

d) Häufigkeitsanalyse des Textes. Schon nach etwa einem Viertel des Textes zeichnet sich z ≙ e ab:

a	b	c	d	e	f	g	h	i	j	k	l	m	n
I		II	IIII		I		III	IIII				III	卌

o	p	q	r	s	t	u	v	w	x	y	z
卌I							IIII		I	I	卌卌

und damit die Zuordnung:

a	b	c	d	e	f	g	h	i	j	k	l	m	n	o	p	q	r	s	t	u	v	w	x	y	z
f	g	h	i	j	k	l	m	n	o	p	q	r	s	t	u	v	w	x	y	z	a	b	c	d	e

Damit ergibt sich die Auflösung: mathematik | ist | eines | der | interessantesten | faecher | mit | sehr | hoher | wahrscheinlichkeit | kann | man | probleme | des | alltags | mit | hilfe | der | mathematik | loesen

5 a) Näherungsweise sollte sich ergeben:

Note	1	2	3	4	5	6
Würfel	16,7%	16,7%	16,7%	16,7%	16,7%	16,7%
4 Münzen	6,25%	25%	37,5%	25%	6,25%	0

b) und c) Individuelle Lösung

6 a) $\frac{5}{22} \cdot 13 \approx 3$. Drei Kugeln sind zu erwarten.
b) $\frac{31}{100} \cdot 13 \approx 4$. Vier Kugeln sind zu erwarten.
„Zu erwarten" heißt nicht „sicher sein". Geringe Abweichungen sind nicht ausgeschlossen.

7 Für die Strecke S–B würde er vier Stunden brauchen. Um einen 120 m langen Sportplatz zu überfliegen, würde er 2,88 sec brauchen.

3 Zusammenfassen von Ergebnissen – Summenregel

Seite 45

1 Wahrscheinlichkeiten für
a) (Fig. 1) blau: $\frac{3}{6} = \frac{1}{2}$; gelb: $\frac{1}{6}$; grün: $\frac{1}{3}$
(Fig. 2) blau: $\frac{4}{16} = \frac{1}{4}$; gelb: $\frac{4}{16} = \frac{1}{4}$; grün: $\frac{8}{16} = \frac{1}{2}$
b) (Fig. 1) gelb oder blau: $\frac{4}{6} = \frac{2}{3}$
(Fig. 2) gelb oder blau: $\frac{8}{16} = \frac{1}{2}$
c) gelb oder blau: 46% + 21% = 67%

2 a) $\frac{12}{30} = \frac{2}{5}$ b) $\frac{15}{30} = \frac{1}{2}$
c) Wenn Jonas ein Bonbon mit Himbeer- oder Pfefferminzgeschmack nimmt: $\frac{14}{29}$
Wenn Jonas kein Bonbon mit Himbeer- oder Pfefferminzgeschmack nimmt: $\frac{15}{29}$

3 a) $\frac{2}{6} = \frac{1}{3}$ b) $\frac{2}{6} = \frac{1}{3}$ c) $\frac{2}{6} = \frac{1}{3}$
Der Spieler weiß, dass sehr wahrscheinlich etwas Günstiges für ihn passiert.

4 a) Unter der Annahme, dass alle Wochentage als Geburtstage gleich wahrscheinlich sind, ist die Wahrscheinlichkeit, an einem Samstag oder Sonntag geboren zu werden $\frac{2}{7}$.
b) $\frac{3}{7}$; es waren nur „s" gefragt, nicht „S".
c) Bei a) sinkt die Wahrscheinlichkeit etwas, bei b) steigt sie etwas.

5 a) Etwa 33,2% + 19,8% + 16,5% = 69,5% der 98 Schüler und Schülerinnen der Klassenstufe 7 sehen mehr als 2 Stunden täglich fern, also etwa 68 Schüler und Schülerinnen.
b) Bei a) macht man die Annahme, dass sich die Prozentzahlen der Umfrage unmittelbar auf die Schüler und Schülerinnen des Richard-Wilhelmi-Gymnasiums übertragen lassen.

6

Farbe	blau	gelb	grün
Anteil a)	30%	20%	50%
Anteil b)	40%	10%	50%
Winkel im Glücksrad a)	108°	72°	180°
Winkel im Glücksrad b)	144°	36°	180°

4 Mehrstufige Zufallsexperimente – Pfadregel

Seite 47

1 W. ≙ Wahrscheinlichkeit

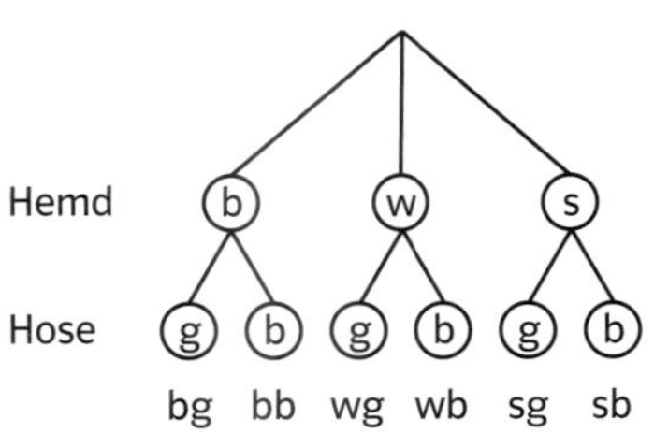

2 a) $\frac{1}{4}$
b) $\frac{1}{4} \cdot \frac{1}{4} = \frac{1}{16}$
c) $\frac{3}{4} \cdot \frac{3}{4} \cdot \frac{3}{4} = \frac{27}{64}$
d) $\frac{1}{4} \cdot \frac{1}{4} \cdot \frac{3}{4} + \frac{1}{4} \cdot \frac{3}{4} \cdot \frac{1}{4} + \frac{3}{4} \cdot \frac{1}{4} \cdot \frac{1}{4} = \frac{9}{64}$

d) Zu der Situation „2-mal gelb“ gehören die Ergebnisse $gg\bar{g}$, $g\bar{g}g$, $\bar{g}gg$ mit den W. $\frac{1}{4}\cdot\frac{1}{4}\cdot\frac{3}{4}=\frac{3}{64}$ bzw. $\frac{1}{4}\cdot\frac{3}{4}\cdot\frac{1}{4}=\frac{3}{64}$ bzw. $\frac{1}{4}\cdot\frac{1}{4}\cdot\frac{3}{4}=\frac{3}{64}$. Also ist die W. für „2-mal gelb“ $\frac{9}{64}$.

Baum zu c), d):

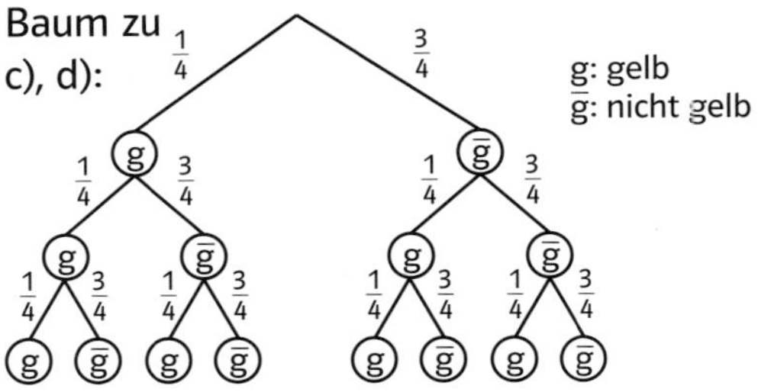

3 Lösung an einem Baumdiagramm.

a) $\frac{1}{2}\cdot\frac{1}{2}\cdot\frac{1}{2}=\frac{1}{8}$ aus dem Ergebnis ZZZ.

b) $3\cdot\frac{1}{2}\cdot\frac{1}{2}\cdot\frac{1}{2}=\frac{3}{8}$ aus den Ergebnissen ZWW, WZW, WWZ.

c) $4\cdot\frac{1}{2}\cdot\frac{1}{2}\cdot\frac{1}{2}=\frac{1}{2}$ aus den Ergebnissen von b) und WWW.

4 a) $\frac{2}{5}\cdot 0{,}6\cdot 0{,}85=0{,}204$ b) $\frac{3}{5}\cdot 0{,}4\cdot 0{,}15=0{,}036$

c) $\frac{2}{5}\cdot\frac{2}{5}\cdot\frac{2}{5}=0{,}064$

Seite 48

5

7a: Gewinn-W. $=\frac{1}{4}=0{,}25$

7b: Gewinn-W. $=\frac{1}{2}\cdot\frac{1}{2}=\frac{1}{4}=0{,}25$

7c: Gewinn-W. $=3\cdot\frac{1}{8}\cdot\frac{7}{8}\cdot\frac{7}{8}+3\cdot\frac{1}{8}\cdot\frac{1}{8}\cdot\frac{7}{8}+\frac{1}{8}\cdot\frac{1}{8}\cdot\frac{1}{8}$
$=0{,}3301$

Man würde am besten bei der 7c spielen!

Anmerkung: Bei 7c kann man auch erst die Wahrscheinlichkeit berechnen, keinmal auf Rot zu landen $\left(\frac{7}{8}\cdot\frac{7}{8}\cdot\frac{7}{8}\right)$ und das Ergebnis von 1 abziehen.

6 a) jeweils $\frac{1}{2}\cdot\frac{1}{2}\cdot\frac{1}{2}=\frac{1}{8}=12{,}5\,\%$

b) jeweils $\frac{6}{12}\cdot\frac{6}{11}\cdot\frac{5}{10}=\frac{3}{22}\approx 13{,}6\,\%$

c) mit Z: $\frac{1}{2}\cdot\frac{1}{2}\cdot\frac{1}{2}=\frac{1}{8}=12{,}5\,\%$; ohne Z:
$\frac{6}{12}\cdot\frac{5}{11}\cdot\frac{4}{10}=\frac{1}{11}\approx 9{,}1\,\%$

Er sollte mit Zurücklegen spielen.

7 a) $\frac{5}{6}\cdot\frac{5}{6}\cdot\frac{5}{6}=\frac{125}{216}=0{,}5787$

b) $\frac{2}{3}\cdot\frac{2}{3}\cdot\frac{2}{3}=\frac{8}{27}\approx 0{,}296$

c) $3\cdot\frac{1}{6}\cdot\frac{1}{6}\cdot\frac{5}{6}+\frac{1}{6}\cdot\frac{1}{6}\cdot\frac{1}{6}=\frac{16}{216}=\frac{2}{27}=0{,}0741$

8 Das Ereignis „Man gelangt ans Ziel“ hat die Ergebnisse rgl, lg mit den W. $\frac{1}{3}\cdot\frac{1}{2}\cdot\frac{1}{2}$ bzw. $\frac{1}{3}\cdot\frac{1}{2}$, also insgesamt $\frac{1}{4}$.

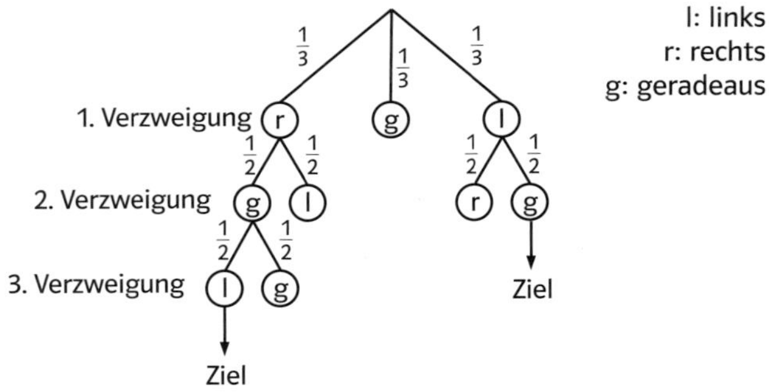

9 a) $6\cdot\frac{1}{6}\cdot\frac{1}{6}=\frac{1}{6}$

b) $0{,}1\cdot 0{,}1+0{,}005\cdot 0{,}005+0{,}47\cdot 0{,}47+0{,}32\cdot 0{,}32+0{,}005\cdot 0{,}005+0{,}1\cdot 0{,}1=0{,}3434$

Seite 49

10 z. B. erst eine Münze werfen und dann aus einer Urne mit 6 roten und 4 schwarzen Kugeln ziehen.
A = Wr, B = Ws, C = Zr, D = Zs

11 $\frac{3}{5}\cdot\frac{2}{4}\cdot\frac{1}{3}=\frac{1}{10}=10\,\%$

12 c) angenommen: Es wurde 1, 2, 3 als Gewinnzahl gezogen.

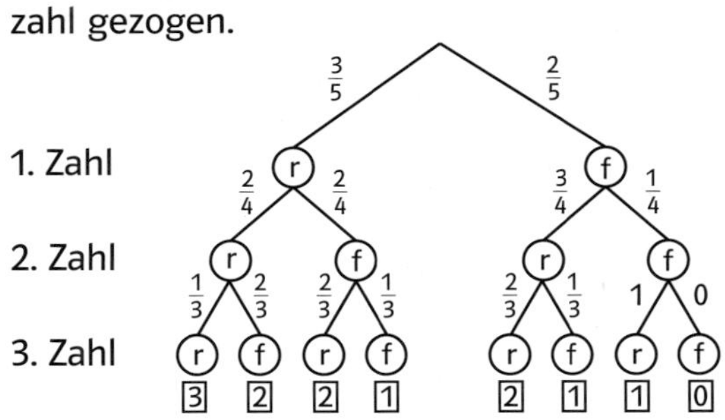

kein Treffer (Ergebnis mit 0) hat die W. 0 (eine ist immer richtig!)

ein Treffer (Ergebnisse mit 1) hat die W.
$\frac{3}{5}\cdot\frac{2}{4}\cdot\frac{1}{3}+\frac{2}{5}\cdot\frac{3}{4}\cdot\frac{1}{3}+\frac{2}{5}\cdot\frac{1}{4}\cdot\frac{3}{3}=0{,}3$

zwei Treffer (Ergebnisse mit 2) haben die W.
$\frac{3}{5}\cdot\frac{2}{4}\cdot\frac{2}{3}+\frac{3}{5}\cdot\frac{2}{4}\cdot\frac{2}{3}+\frac{2}{5}\cdot\frac{3}{4}\cdot\frac{2}{3}=0{,}6$

d) W. beim Lotto „3 aus 6“:

Treffer	0	1	2	3
W.	5 %	45 %	45 %	5 %

Man erwartet 50-mal 3 Richtige bei 1000 Tipps.

13 Ja, denn $25\cdot 0{,}72\,t+25\cdot 0{,}045\,t=19{,}125\,t<20\,t$

14 a) 488,36 € b) 420 €

15 Setze A als Endpunkt einer Kreisdiagonalen. Trage an diese beidseitig jeweils einen Winkel von 50° an. Die Schnittpunkte der Schenkel mit dem Kreis ergeben B und C (gleichschenkliges Dreieck $\beta=\gamma=40°$).

Wiederholen – Vertiefen – Vernetzen

Seite 50

1 a) Die oberen Angaben gehören eher zu Anjas Rundholz, weil ein höherer Zylinder leichter umfällt.
b) siehe Tabelle. Es ist dabei wegen der Symmetrie der Zylinder sinnvoll, für A und B gleiche Werte zu nehmen.

Mögliche Schätzwerte:

	A	B	R
Anja	0,29	0,29	0,42
Nico	0,14	0,14	0,72

2 a) $\frac{1}{5}$ b) $\frac{1}{4}$ c) $\frac{1}{3}$ (ohne Zurücklegen)

3 a) $\frac{7}{16}$ b) $\frac{8}{16}$ c) $\frac{9}{16}$ d) 1

4 a) Die Tabelle ergibt sich mit der Summenregel.

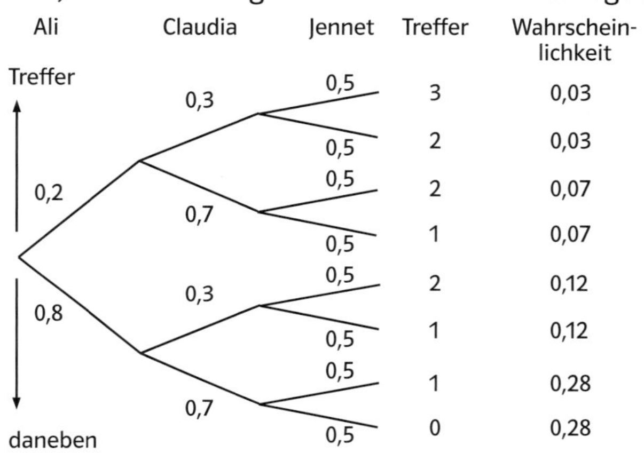

Treffer	Wahrscheinlichkeit
0	0,28
1	0,47
2	0,22
3	0,03

Einer der Fälle (kein Treffer – ein Treffer – zwei Treffer – drei Treffer) tritt sicher ein, also muss die Wahrscheinlichkeit 100 % betragen.
b) Die Wahrscheinlichkeiten bleiben gleich, da bei den Berechnungen der Wahrscheinlichkeiten nur die Faktoren vertauscht werden.

5
a) 512, 513, 514, 516
521, 523, 524, 526
531, 532, 534, 536
541, 542, 543, 546
561, 562, 563, 564
b) $\frac{1}{120}$ c) $\frac{1}{30}$

6 Dieser Zufallsversuch hat zwei Stufen. Die erste Stufe gibt an, ob Elke Fred trifft, die zweite gibt an, ob sie Thomas trifft. Daher gibt es folgende vier Ergebnisse.
1. „Elke trifft Fred und Thomas" mit der Wahrscheinlichkeit $0{,}5 \cdot 0{,}7 = 0{,}35$.
2. „Elke trifft Fred, aber Thomas nicht" mit der Wahrscheinlichkeit $0{,}5 \cdot 0{,}3 = 0{,}15$.
3. „Elke trifft Fred nicht, aber Thomas" mit der Wahrscheinlichkeit $0{,}5 \cdot 0{,}7 = 0{,}35$.
4. „Elke trifft weder Fred noch Thomas" mit der Wahrscheinlichkeit $0{,}5 \cdot 0{,}3 = 0{,}15$.
Zum Ereignis „Elke trifft wenigstens einen der beiden" gehören die Ergebnisse 1, 2, 3 mit der Wahrscheinlichkeit $0{,}35 + 0{,}15 + 0{,}35 = 0{,}85$ nach der Summenregel.
Es ist (vor allem bei mehrstufigen Zufallsversuchen) zu empfehlen, sich zunächst klar zu machen, was die Ergebnisse sind.

Seite 51

7 a) siehe Tabelle.
b) Die obere Trefferhäufigkeit gehört eher zu Markus – Rudi.
c) siehe Tabelle 4. Zeile

Team / Treffer	0	1	2
Markus – Rudi	0,09	0,82	0,09
Nina – Miriam	0,25	0,5	0,25
c)	0	1	0

8 a) Sie entspricht dem Anteil der Haushalte Baden-Württembergs an den Haushalten Deutschlands: $\frac{567}{5640} = 10{,}1\,\%$.
b) Der Anteil für die befragten Haushalte wird übertragen auf alle Haushalte.
c) 18,5 % von 12 Millionen = 2,22 Millionen in Deutschland, davon 10,1 % sind etwa 223 000 in BW.
d) Ein Haushalt steht stellvertretend für $\frac{33\,000\,000}{5640} \approx 5850$ Zuschauer.

9 a)

x	400	850	2700
markierte Schmetterlinge $= \frac{200}{x} \cdot 227$	114	53	17

b) Man kann schätzen, dass es $\frac{227}{25} \approx 9$-mal so viele Schmetterlinge wie markierte gibt.
Also: $\frac{227}{25} \cdot 200 = 1816 \approx 1800$.

10 Die „Fische" werden markiert oder durch „Fische" mit einer nicht vorkommenden Farbe ersetzt.

Exkursion – Wer höflich ist, gewinnt (fast immer)

Seite 53

1 R ⟷ W; R ⟷ G; R ⟷ B; W ⟷ G; W ⟷ B; G ⟷ B
(R ⟷ W bedeutet z. B.: Der Spieler mit dem roten Würfel spielt gegen den Spieler mit dem weißen Würfel.)

2

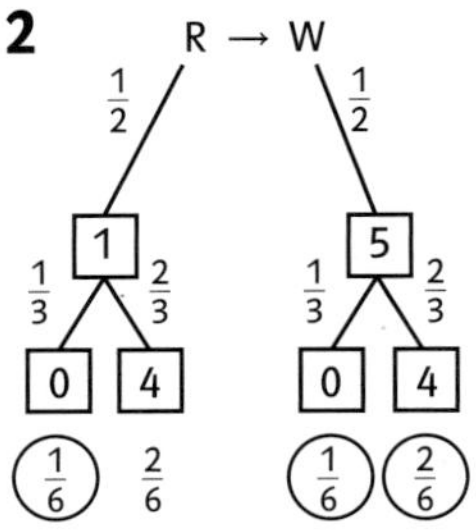

Eingekreiste Ergebnisse bedeuten: R gewinnt gegen W mit Chancenverhältnis $\frac{2}{3}:\frac{1}{3}$

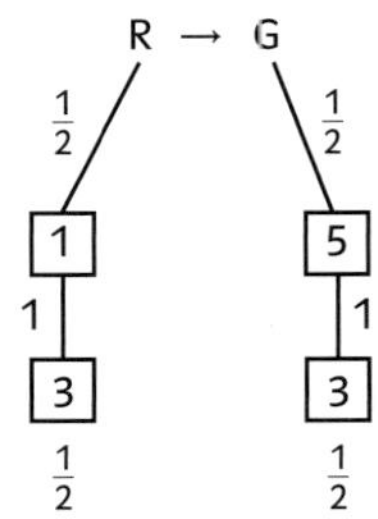

R und G haben beide gleiche Chancen. $\frac{1}{2}:\frac{1}{2}$

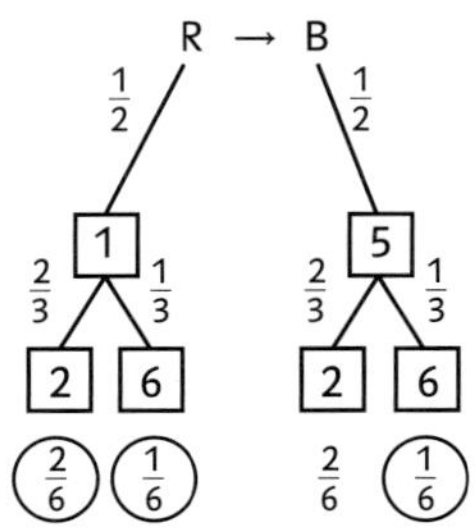

Eingekreiste Ergebnisse bedeuten: B gewinnt gegen R mit Chancenverhältnis $\frac{2}{3}:\frac{1}{3}$

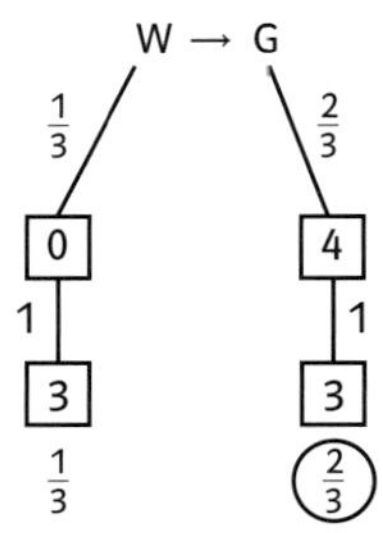

Eingekreiste Ergebnisse bedeuten: W gewinnt gegen G mit Wahrscheinlichkeit $\frac{2}{3}:\frac{1}{3}$

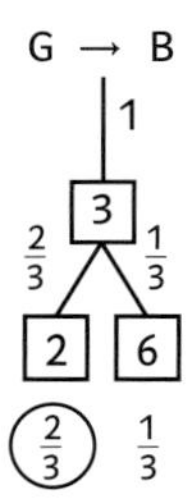

Eingekreiste Ergebnisse bedeuten: G gewinnt gegen B mit Wahrscheinlichkeit $\frac{2}{3}:\frac{1}{3}$

3 Tabelle, mit Hilfe von Aufg. 2 erstellt, entsprechend der vorgegebenen Tabelle auf Seite 53 (im Schülerbuch):

	R	W	G	B
R	x	2:1	1:1	1:2
W	1:2	x	2:1	4:5
G	1:1	1:2	x	2:1
B	2:1	5:4	1:2	x

4/5 In der Tabelle in Aufg. 3 sieht man:
Man lässt dem Gegenspieler immer die erste Wahl. Wählt er
- R, so wählt man B und gewinnt mit der Chance 2:1.
- W, so wählt man R und gewinnt mit der Chance 2:1.
- G, so wählt man W und gewinnt mit der Chance 2:1.
- B, so wählt man G und gewinnt mit der Chance 2:1.

Einfache Merkregel: Schaue auf die kleinste Zahl des gewählten Würfels. Wähle dann den Würfel, dessen kleinste Zahl um 1 größer ist. Ausnahme: Bei Grün wähle Weiß.

III Zuordnungen

1 Zuordnungen

Seite 59

1 Individuelle Lösung

2 Individuelle Lösung

3 Individuelle Lösung

4 a) Für 50 € bekommt man 61,45 US-$, für 300 € bekommt man 368,70 US-$ und für 3 € bekommt man 3,69 US-$.
b) Für 50 US-$ bekommt man 40,68 €, für 300 US-$ bekommt man 244,10 € und für 3 US-$ bekommt man 2,44 €.

5 a) Die deutsche Größe und die Fußlänge (in cm) sowie die englische Größe und die Fußlänge (in cm) werden einander zugeordnet.
b) Individuelle Messung
c) Die englische Größe 9 entspricht einer Fußlänge zwischen 28,4 cm und 28,8 cm.
d) Die Fußlänge 27 cm entspricht der deutschen Größe 41 und der englischen Größe 7.

6

Zahl	1	2	3	4	5	6	7	8	9	10
Anzahl der Teiler	1	2	2	3	2	4	2	4	3	4

Zahl	11	12	13	14	15	16	17	18	19	20
Anzahl der Teiler	2	6	2	4	4	5	2	6	2	6

7 Individuelle Lösung

2 Graphen von Zuordnungen

Seite 61

1 a)

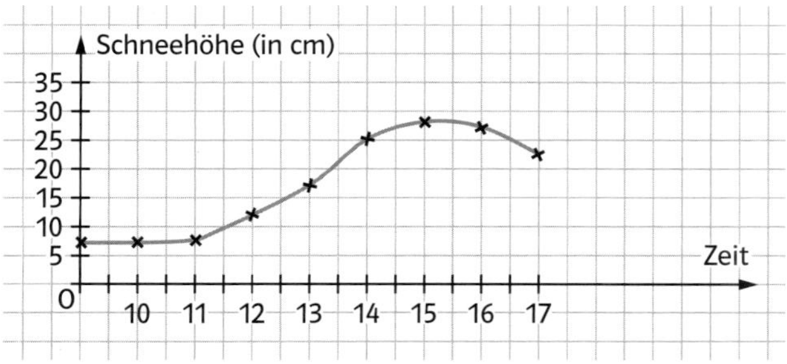

b) Um 12.30 Uhr wird der Schnee etwa 14 cm hoch gelegen haben.
c) Da die Schneehöhe zwischen 11.00 Uhr und 15.00 Uhr ansteigt, wird es vermutlich in diesem Zeitraum geschneit haben.

2 a)

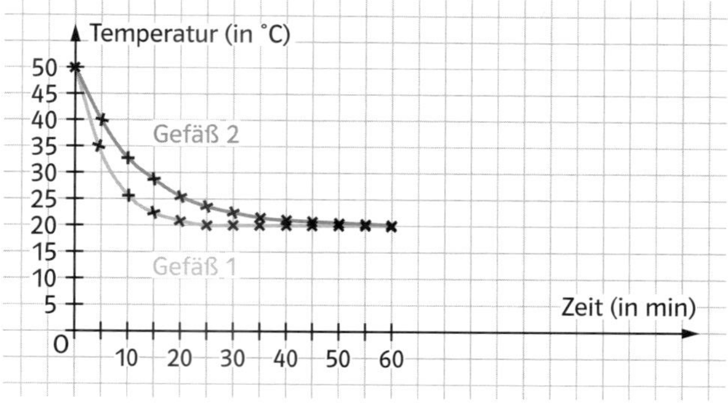

b) Nach 22 Minuten beträgt die Temperatur des Wassers im ersten Gefäß etwa 21 °C und im zweiten Gefäß etwa 25 °C.
c) Da die Temperatur im zweiten Gefäß langsamer abnimmt, könnte es z. B. besser isoliert sein.
Die Umgebungstemperatur wird vermutlich 20 °C betragen.

Seite 62

3 Individuelle Lösung

4 Graph a) gehört zu Gefäß 3, Graph b) zu Gefäß 2, Graph c) zu Gefäß 4 und Graph d) zu Gefäß 1.

5 Lässt man die Kugel im höchsten Punkt los, so beschleunigt sie zunächst, bremst nach der Mulde etwas ab um dann im letzten Abschnitt der Bahn wieder zu beschleunigen. Zur Zuordnung *Zeit t* ⟶ *Geschwindigkeit v* gehört der rechte Graph.

6 Linker Graph:
1) Die Zuordnung *Zeit t* ⟶ *Geschwindigkeit v* bei einer Kugel, die durch eine Mulde rollt.
2) Die Zuordnung *Zeit t* ⟶ *Höhe h* eines Wanderers, der über einen Berg läuft.
Mittlerer Graph:
1) Die Zuordnung *Zeit t* ⟶ *Geschwindigkeit v* bei einer Kugel, die mit Schwung eine Anhöhe hoch rollt.
2) Die Zuordnung *Zeit t* ⟶ *Höhe h* eines Schifahrers, der einen Hang hinunterfährt.
Rechter Graph:
Die Zuordnung *Zeit t* ⟶ *Geschwindigkeit v* bei einem Auto, das anfährt, kurz bremst und dann weiter beschleunigt.

7 a) Möglicher Text für den roten Weg: „Zunächst beschleunigt man den Wagen in Stadt A und fährt dann auf der Straße bis kurz vor Stadt B mit konstanter Geschwindigkeit. In Stadt B fährt man langsamer, um dann wieder bis zu den Serpentinen schneller zu fahren. Nachdem man die Kurven langsamer durchfahren hat, fährt man auf dem letzten Stück wieder schneller."
b) Mögliche Graphen:

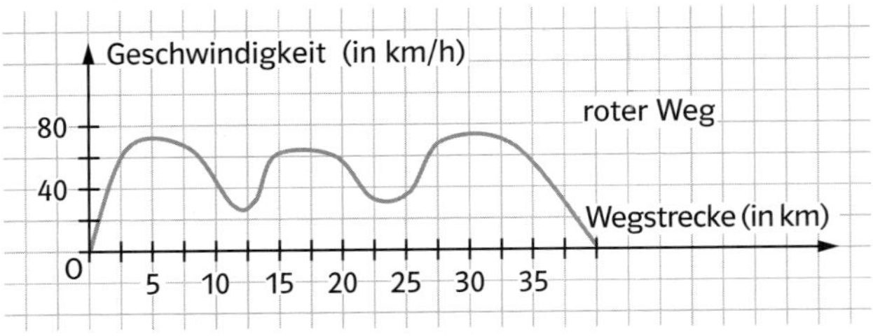

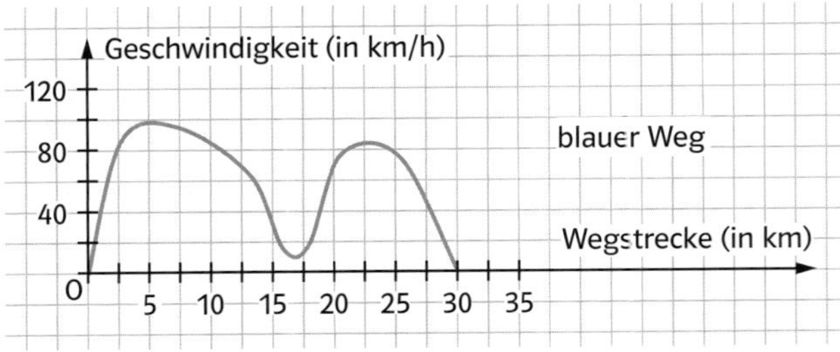

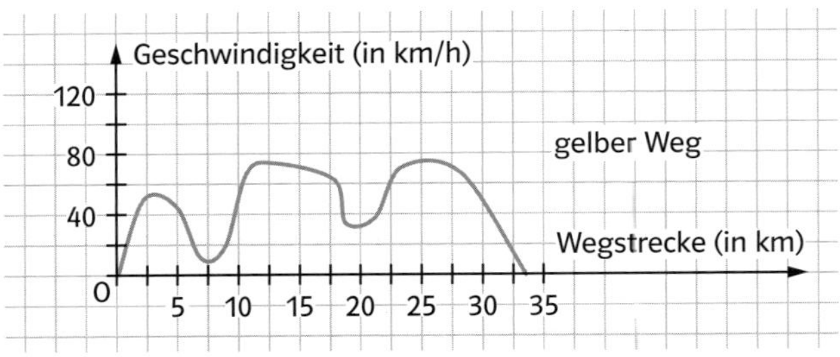

8 Individuelle Lösung

9 a) Um 21.00 Uhr betrug der Wasserverbrauch etwa $1{,}6\,m^3/h$, um 19.15 Uhr etwa $3{,}8\,m^3/h$.
b) Das Spiel begann vermutlich um 19.30 Uhr, Halbzeit wäre dann von 20.15 Uhr bis 20.30 Uhr gewesen. Da der Wasserverbrauch nach der regulären Spielzeit um 21.15 Uhr stark anstieg, wird es vermutlich keine Verlängerung gegeben haben.
c) Mögliche Graphen:

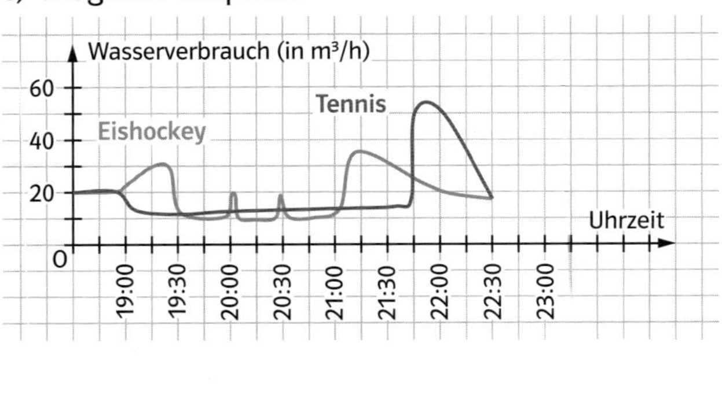

Seite 63

10 a) Der Busfahrer hat seine Fahrt um 4.45 Uhr begonnen und um 11.05 Uhr beendet.
b) Der Busfahrer hat zwischen 9.45 Uhr und 10.20 Uhr eine Pause eingelegt.
c) Die Höchstgeschwindigkeit betrug etwas mehr als 100 km/h.
d) Der Bus fuhr vermutlich zwischen 7.45 Uhr und 9.30 Uhr auf der Autobahn, da die Geschwindigkeit in dieser Zeit durchgehend sehr hoch war.
e) Individuelle Lösung

11 a) Der Graph des tatsächlichen Temperaturverlaufs dürfte keine Knicke haben.
b) Möglicher Graph:

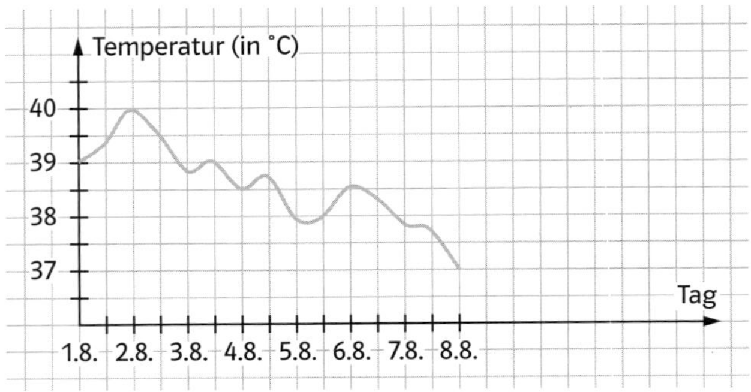

12
a) Fig. 3: A′ = B; B′ = A; C′ = C
Fig. 4: A′ = B; B′ = A; C′ = D; D′ = C
Fig. 5: A′ = A bzw. A′ = C; B′ = D bzw. B′ = B
C′ = C bzw. C′ = A; D′ = B bzw. D′ = D
b) Fig. 3: $\overline{AC} = \overline{BC}$ und die Winkel bei A und B sind gleich groß.
Fig. 4: $\overline{AB} = \overline{CD}$, $\overline{BC} = \overline{AD}$ und alle Winkel sind gleich groß.
Fig. 5: $\overline{AB} = \overline{BC} = \overline{CD} = \overline{AD}$ und gegenüberliegende Winkel sind gleich groß.
c) Fig. 3: Keine weiteren Symmetrieachsen, keine Punktsymmetrie
Fig. 4: Es gibt eine weitere Symmetrieachse, Punktsymmetrie liegt vor
Fig. 5: Keine weiteren Symmetrieachsen, Punktsymmetrie liegt vor
Fig. 6: Unendlich viele weitere Symmetrieachsen, Punktsymmetrie
d) Fig. 3: Gleichschenkliges Dreieck
Fig. 4: Rechteck
Fig. 5: Raute
Fig. 6: Kreis

3 Gesetzmäßigkeiten bei Zuordnungen

Seite 65

1 a) Fig. 1: $A = 3 \cdot s^2$; Fig. 2: $A = 2 \cdot s$

b) Fig. 1:

s (in cm)	1	2	3	4	5
A (in cm²)	3	12	27	48	75

Fig. 2:

s (in cm)	1	2	3	4	5
A (in cm²)	2	4	6	8	10

c)

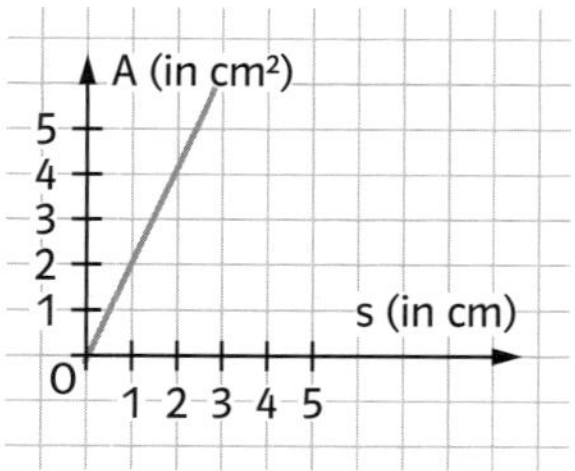

2 a) $A = k^3$

b)

k (in cm)	0,5	1	2	3	4
V (in cm³)	0,125	1	8	27	64

c)

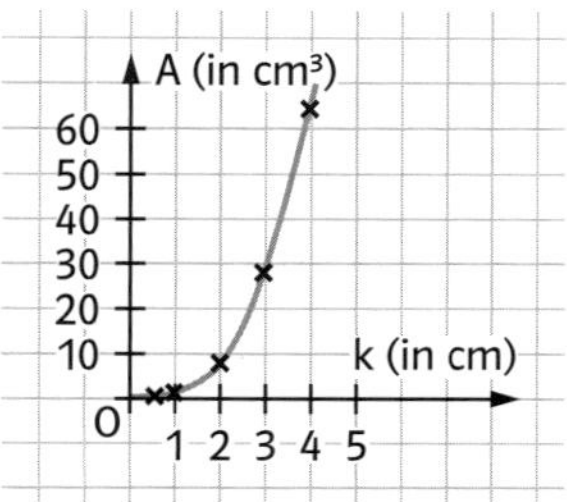

3 a)

l (in cm)	150	155	160	165	170	175	180	185	190	195
g (in kg)	50	55	60	65	70	75	80	85	90	95

b) $g = l - 100$

c) Für Menschen, deren Körpergröße unter 100 cm beträgt, kann die Formel nicht gelten.

4 a) $s = \frac{v}{10} \cdot \frac{v}{10} = \left(\frac{v}{10}\right)^2$

b)

v (in km/h)	20	30	50	100
s (in m)	4	9	25	100

c)

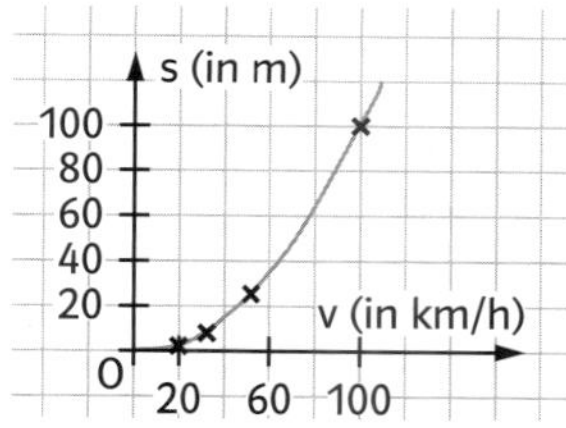

5 a) Der y-Wert lässt sich mit der Formel $y = 6 \cdot x$ berechnen:

x	0	1	2	3	4	5
y	0	6	12	18	24	30

b) Der y-Wert lässt sich mit der Formel $y = x^2$ berechnen:

x	1	2	3	4	5	9
y	1	4	9	16	25	81

c) Der y-Wert lässt sich mit der Formel $y = 2 + 3 \cdot x$ berechnen:

x	0	1	2	3	4	6
y	2	5	8	11	14	20

d) Der y-Wert lässt sich mit der Formel $y = 1 : x$ berechnen:

x	0,5	1	2	4	5	6
y	2	1	0,5	0,25	0,2	$\frac{1}{6}$

6 a) Für $x = \frac{1}{2}$ ist $y = \frac{3}{2}$, für $x = 5$ ist $y = 15$ und für $x = 10$ ist $y = 30$.

b) Für $x = \frac{1}{2}$ ist $y = -\frac{1}{2}$, für $x = 5$ ist $y = -5$ und für $x = 10$ ist $y = -10$.

c) Für $x = \frac{1}{2}$ ist $y = 2$, für $x = 5$ ist $y = \frac{1}{5}$ und für $x = 10$ ist $y = \frac{1}{10}$.

d) Für $x = \frac{1}{2}$ ist $y = 4$, für $x = 5$ ist $y = \frac{1}{25}$ und für $x = 10$ ist $y = \frac{1}{100}$.

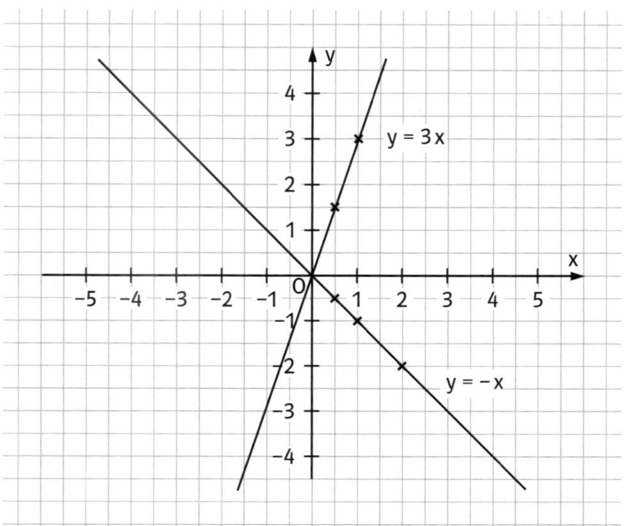

Seite 67

7 a)

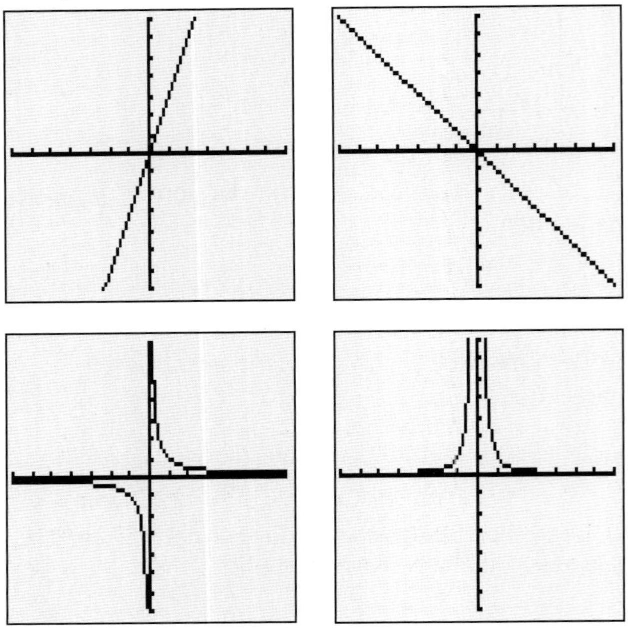

b) 6 a): Für $x = 2{,}5$ ist $y = 7{,}5$
6 b): Für $x = 2{,}5$ ist $y = -2{,}5$
6 c): Für $x = 2{,}5$ ist $y = 0{,}4$
6 d): Für $x = 2{,}5$ ist $y = 0{,}16$

8 a) $y = \frac{3}{2}x$

x	0	1	2	3	4	5	6
y	0	1,5	3	4,5	6	7,5	9

b) $y = \frac{3}{2}x + 2$

x	0	1	2	3	4	5	6
y	2	3,5	5	6,5	8	9,5	11

c) $y = x^2$

x	0	1	2	3	4	5	6
y	0	1	4	9	16	25	36

d) $y = x^2 - 4$

x	0	1	2	3	4	5	6
y	−4	−3	0	5	12	21	32

e) $y = -x^2 + 4$

x	0	1	2	3	4	5	6
y	4	3	0	−5	−12	−21	−32

f) $y = x^3$

x	0	1	2	3	4	5	6
y	0	1	8	27	64	125	216

g) $y = x^4$

x	0	1	2	3	4	5	6
y	0	1	16	81	256	625	1296

h) $y = x^3 - 6x$

x	0	1	2	3	4	5	6
y	0	−5	−4	9	40	95	180

a)

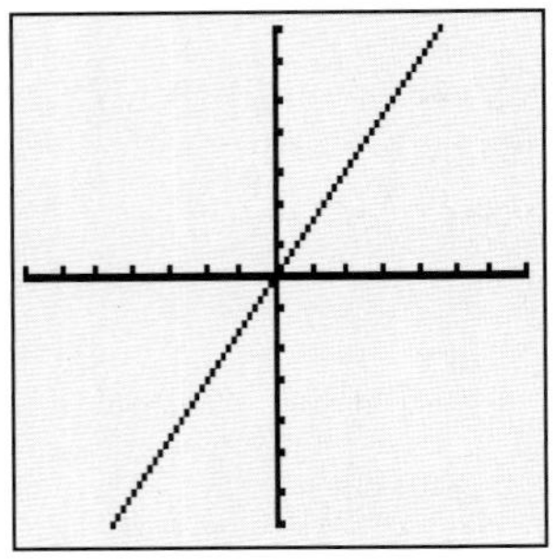

b)

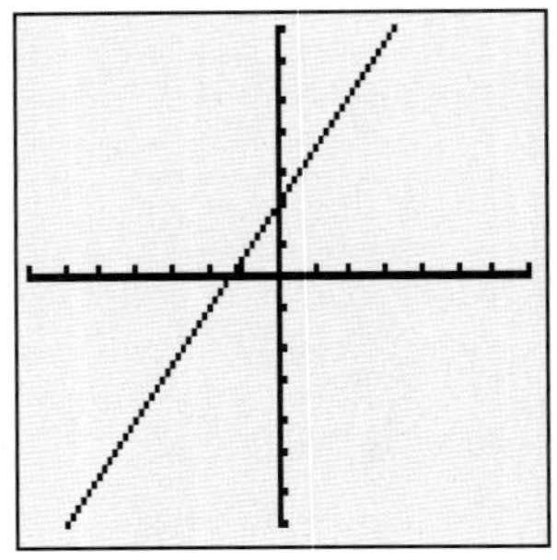

c)

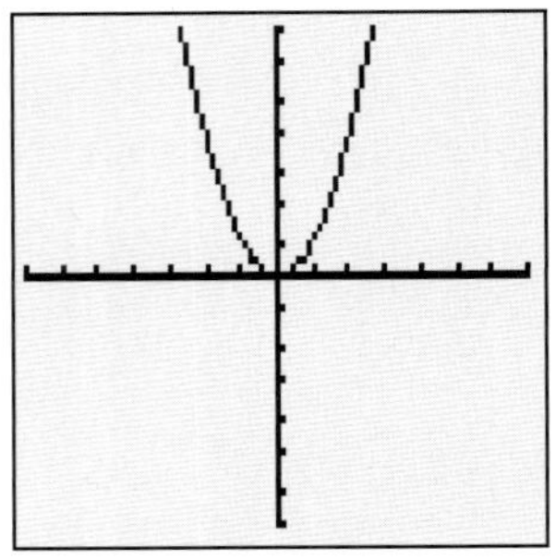

d)

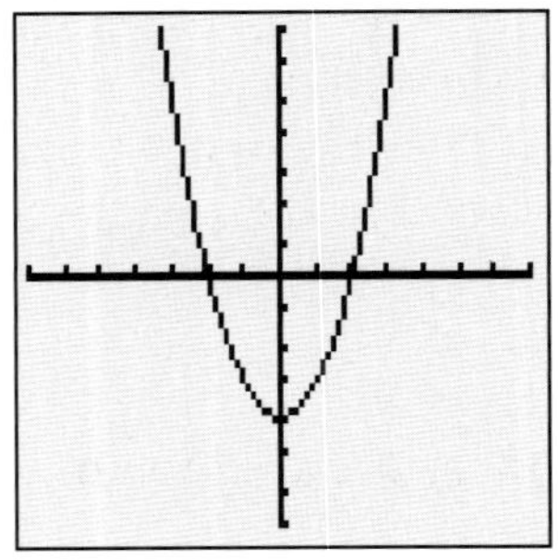

e)

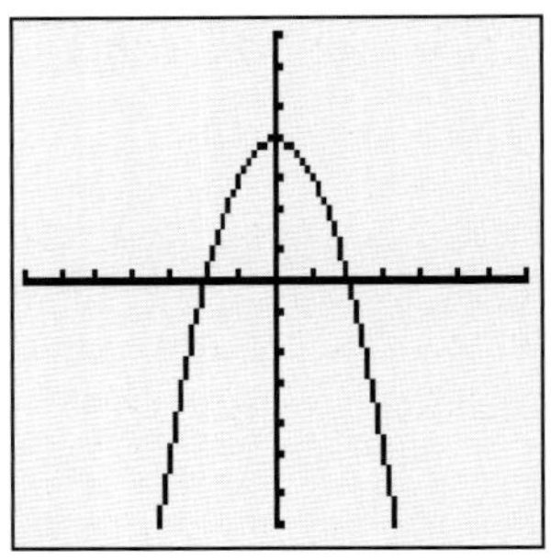

f)

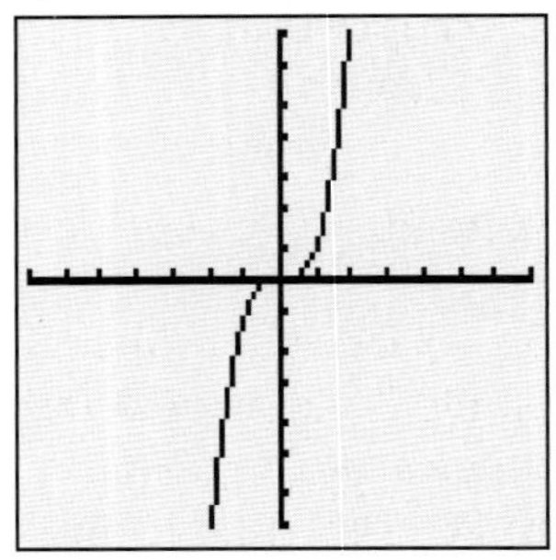

g)

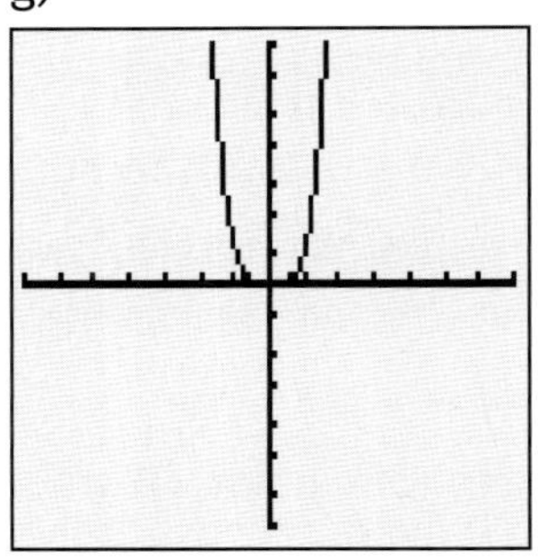

h)

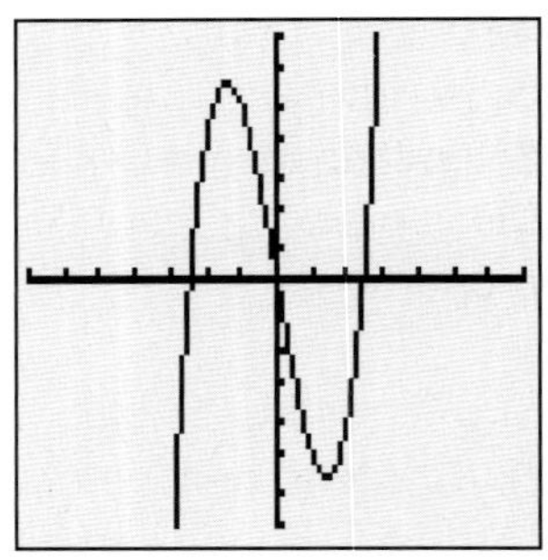

9 Die Oberfläche beträgt etwa $12{,}57\,\text{cm}^2$ ($3{,}14\,\text{cm}^2$, $201{,}06\,\text{cm}^2$, $78{,}54\,\text{m}^2$, $125\,663{,}71\,\text{km}^2$, $1{,}6935 \cdot 10^8\,\text{km}^2$), der Rauminhalt $4{,}19\,\text{cm}^3$ ($0{,}52\,\text{cm}^3$, $268{,}08\,\text{cm}^3$, $65{,}45\,\text{m}^3$, $4\,188\,790{,}21\,\text{km}^3$, $2{,}0722 \cdot 10^{11}\,\text{km}^3$)

10 a) Für den Flächeninhalt F (in cm²) gilt:
$F = 100 - x^2$
b) zum Beispiel

x (in cm)	1	2	3	4	5
F (in cm²)	99	96	91	84	75

c) Mit der Formel aus Teilaufgabe a) erkennt man, dass der Flächeninhalt halbiert wird, wenn $x^2 = 50$ ist. Durch Ausprobieren liefert $x \approx 7{,}07$.

11 a) Der y-Wert ist 0 für $x = -2; -1; 2; 1$.
b) Die y-Werte sind negativ für $-2 < x < -1$ und $1 < x < 2$.
c) Die y-Werte steigen an für etwa $-1{,}6 < x < 0$ und $x > 1{,}6$.
Die y-Werte fallen ab für etwa $x < -1{,}6$ und $0 < x < 1{,}6$.
d) Die y-Werte nehmen die niedrigsten Werte bei etwa $x = -1{,}6$ und bei etwa $x = 1{,}6$.

12 a) 14,5 b) 12 c) 6,5 d) $\frac{196}{13}$

13 a) 200 a = 2 ha b) 27,5 %; 60 %; 12,5 % c) 54 a

4 Proportionale und antiproportionale Zuordnungen

Seite 70

1 a) Da jedes Blatt die gleiche Dicke besitzt, ist die Zuordnung *Anzahl der Blätter* ⟶ *Höhe des Stapels* proportional.
b) Die Zuordnung *Alter* ⟶ *Körpergewicht* ist nicht proportional. Mit 40 ist man nicht doppelt so schwer wie mit 20.
c) Der Umfang U eines Quadrates lässt sich mit der Seitenlänge s mit der Formel $U = 4 \cdot s$ berechnen. Die Zuordnung *Seitenlänge* ⟶ *Umfang* ist daher proportional.

2 a)

x	0	1	2	3	5	7
y	0	2	4	6	10	14

b)

x	0	1	2	4	5	8
y	0	1,5	3	6	7,5	12

c)

x	3,5	7	10,5	14	28	35
y	11	22	33	44	88	110

d)

x	0,02	0,05	0,1	0,5	1	8,5
y	25	62,5	125	625	1250	10 625

3 a)

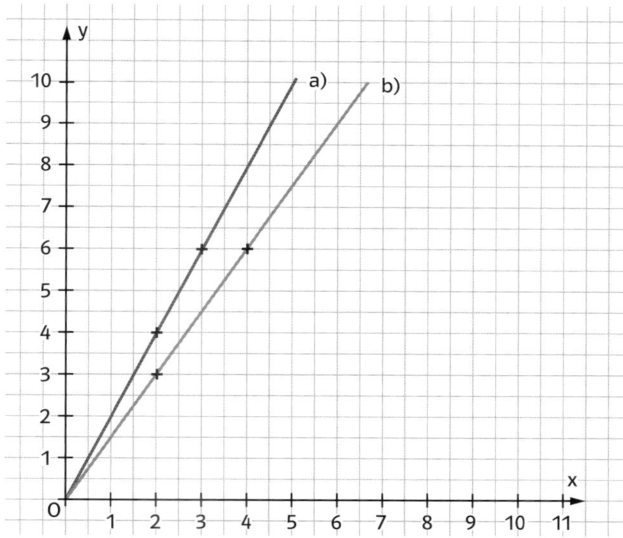

b) Beide Graphen sind Geraden, die durch den Ursprung gehen. Die Gerade von 2 a) steigt etwas schneller an als die Gerade von 2 b).

4 a) Zuordnung *Zeit* ⟶ *Volumen*, Proportionalitätsfaktor: 0,5;
Zuordnung *Gewicht* ⟶ *Preis*, Proportionalitätsfaktor: 1,5;
Zuordnung *Länge* ⟶ *Gewicht*, Proportionalitätsfaktor: 8,6;
Zuordnung *Zeit* ⟶ *Strecke*, Proportionalitätsfaktor: $\frac{5}{12}$.
b)

Zeit (in s)	Volumen (in l)
10	5
8	4
25	12,5

Gewicht (in kg)	Preis (in €)
0,5	0,75
1,2	1,80
4,3	6,45

Länge (in m)	Gewicht (in kg)
5	43
3,8	32,68
6,2	53,32

Zeit (in min)	Strecke (in km)
30	12,5
120	50
125	52,08

c)

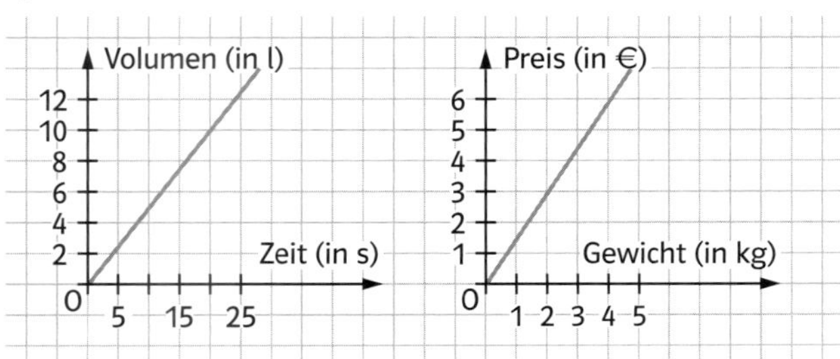

5 a) Für die Quotienten $\frac{\text{Ausdehnung}}{\text{Gewicht}}$ erhält man:
$\frac{2{,}5}{10} = 0{,}25$; $\frac{3{,}7}{15} \approx 0{,}247$; $\frac{6{,}3}{25} = 0{,}252$; $\frac{10{,}1}{40} = 0{,}2525$;
$\frac{13{,}7}{55} \approx 0{,}249$; $\frac{14{,}8}{60} \approx 0{,}247$; $\frac{16{,}3}{65} \approx 0{,}25$

Alle Quotienten sind annähernd gleich. „Annähernd" bedeutet in diesem Zusammenhang, dass die meisten Quotienten nicht genau 0,25 betragen, sondern nur nahe bei 0,25 liegen.

b)

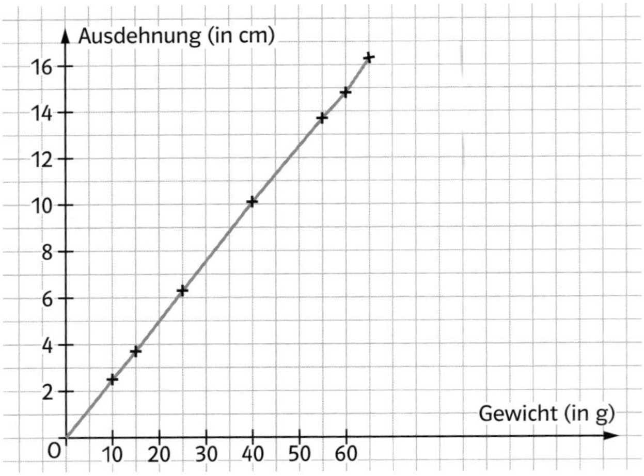

c) Aus dem Graphen kann man ablesen, dass man eine Ausdehnung von 7,5 cm erwarten wird.

Seite 71

6 Da die Wertepaare der ersten Zuordnung produktgleich sind $(1 \cdot 48 = 2 \cdot 24 = 3 \cdot 16 = 4 \cdot 12 = 6 \cdot 8 = 8 \cdot 6)$, kann diese Zuordnung antiproportional sein. Die Wertepaare der zweiten Zuordnung sind hingegen nicht produktgleich $(2 \cdot 2{,}5 = 5$ und $20 \cdot 0{,}3 = 6)$, die zweite Zuordnung kann also nicht antiproportional sein.

7 a)

x	4	6	8	12	16	24
y	30	20	15	10	7,5	5

b)

x	3	4	6	8	24	60
y	20	15	10	7,5	2,5	1

8 a)

a (in cm)	0,5	1	2	3	4	5	6	8	10	12
b (in cm)	24	12	6	4	3	2,4	2	1,5	1,2	1

b) $b = \frac{12}{a}$

c)

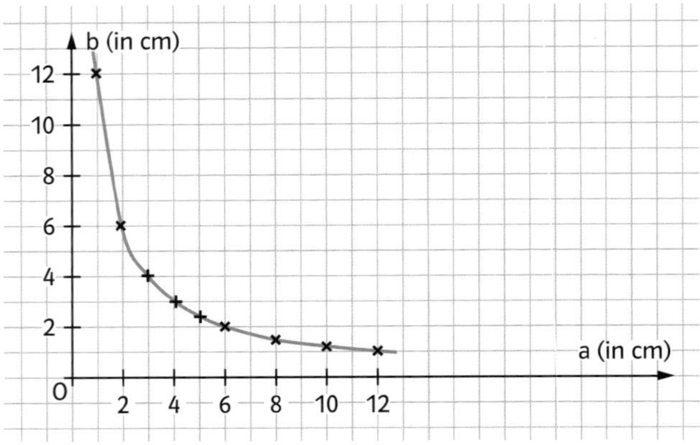

Weitere Wertepaare (gerundet): (7 | 1,7), (9 | 1,3), (11 | 1,1)

9 a) Ein Strauß mit 15 (20; 25; 30) Rosen kostet 18,75 € (25,00 €; 31,25 €; 37,50 €). Die Zuordnung *Anzahl der Rosen ⟶ Preis des Straußes* ist proportional.

b) Wenn sich 15 (20; 25; 30) Personen zu gleichen Teilen an den Kosten beteiligen, muss jeder 2,00 € (1,50 €; 1,20 €; 1,00 €) bezahlen? Die Zuordnung *Anzahl der Personen ⟶ Kosten pro Person* ist antiproportional.

10 Individuelle Lösung

5 Lineare Zuordnungen

Seite 74

1 a) Die Zuordnung *Sandmenge (in m^3) ⟶ Kosten* ist linear, weil die Kosten immer um 60 € zunehmen, wenn die Sandmenge um 1 m^3 zunimmt.

b) Wenn Familie Kern 8 m^3 (22 m^3) Sand bestellt, muss sie 570 € (1410 €) bezahlen.

c) Die Kosten k (in €) lassen sich mit der Sandmenge s (in m^3) mit der Formel $k = 60 \cdot s + 90$ berechnen.

d) Würde das Unternehmen mit einer proportionalen Zuordnung rechnen, so würde es bei kleinen Lieferungen wegen der Anfahrtskosten einen Verlust machen. Mit der Formel aus c) erkennt man, dass das Unternehmen bei einer Lieferung 90 € für die Anfahrt berechnet.

2 a) Die Zuordnung *Zeit t ⟶ Füllhöhe h* ist linear, weil die Füllhöhe pro Sekunde immer um 1,4 cm sinkt.

b)

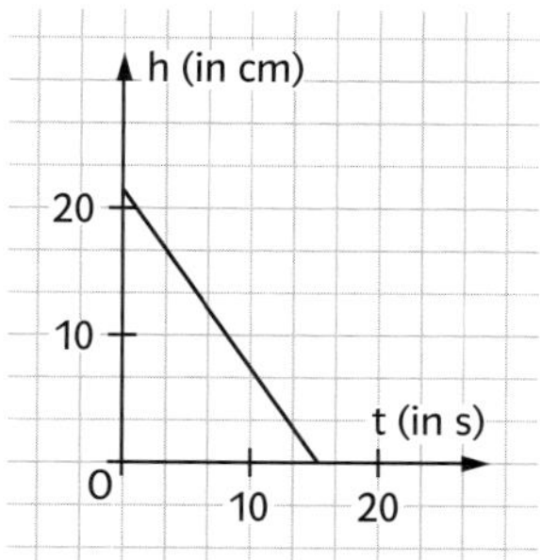

c) $h = -1{,}4 \cdot t + 22$

3 a) In den Gefäßen A und B steht das Wasser zu Beginn der Messung 2 cm hoch.
b) In Gefäß C steigt das Wasser 1 cm pro Sekunde.
c) In Gefäß D ist zu Beginn der Messung kein Wasser vorhanden.
d) In Gefäß B steigt das Wasser um 2 cm pro Sekunde.
e) In Gefäß D steigt Wasser am schnellsten, in Gefäß C am langsamsten.
f)

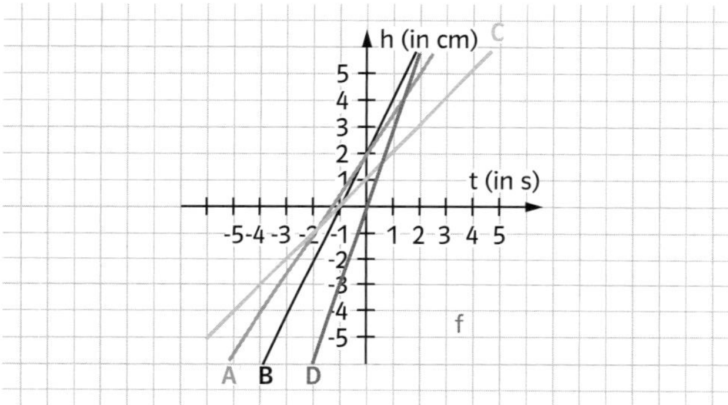

4

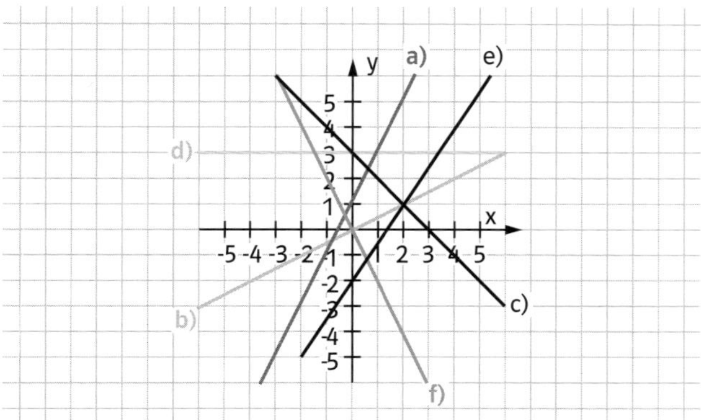

proportional sind b) und f)

5 a) Bei den Zuordnungen b) und c) nehmen die y-Werte für wachsende x-Werte zu.
b) Bei den Zuordnungen d) und e) nehmen die y-Werte für wachsende x-Werte ab.
c) Bei den Zuordnungen a) und f) sind die y-Werte konstant.
d) Die Zuordnungen a), b) und d) haben für $x = 0$ einen positiven y-Wert.

6

a) $y = 2 \cdot x + 2$ b) $y = \frac{2}{3} \cdot x - 1$ c) $y = \frac{4}{5} \cdot x + 2$
d) $y = -5 \cdot x$ e) $y = -\frac{1}{2} \cdot x - 1$ f) $y = -5$

Seite 75

7 a) Eine Einheit kostet 0,27 €.
b) Der Rechnungsbetrag r (in €) lässt sich mit der Anzahl der Einheiten a mit der Formel $r = 0{,}27 \cdot a + 9{,}5$ berechnen.
c) Wenn Frau Böttger 205 (857) Einheiten vertelefoniert hätte, wäre der Rechnungsbetrag 64,85 € (240,89 €) hoch.

8 a) Siehe Teilaufgabe c).
b) Nach 1,5 Stunden ist Freddy Friedlich 135 km gefahren, nach $2\frac{1}{4}$ Stunden etwas mehr als 200 km (202,5 km).
c)

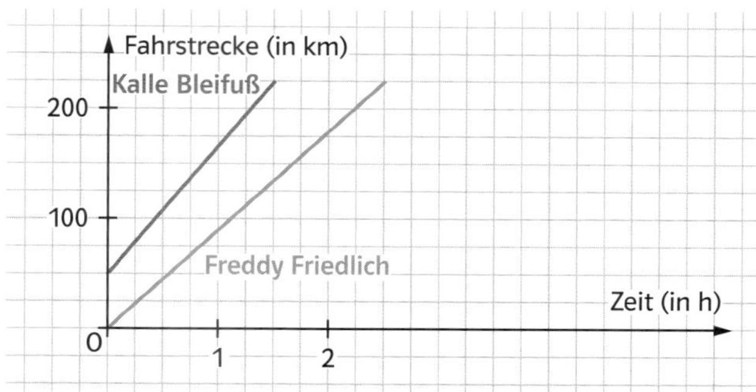

d) Die Gerade von Kalle Bleifuß steigt schneller an; pro Stunde legt er mehr Kilometer als Freddy Friedlich zurück (Freddy: 90 km/h; Kalle: 116,7 km/h).

9 a) 10,4 b) 2,43 c) $\frac{9}{5} = 1{,}8$
d) Man sollte Klammern setzen.
Von links nach rechts gerechnet ergibt sich 4.

10 Bei fehlenden Klammern muss man von links nach rechts rechnen.
a) 4 b) 12,5 c) 15
d) 2,5 e) 1,5 f) 160 €

Wiederholen – Vertiefen – Vernetzen

Seite 76

1 a) Da keine weiteren Angaben gemacht werden, kann für die Zuordnung *Uhrzeit* ⟶ *Temperatur* keine Gesetzmäßigkeit angegeben werden.
b) Die Zuordnung Anzahl von *Brötchen* ⟶ *Preis* ist proportional.

c) Für die Zuordnung Alter eines *Kindes* ⟶ *Körpergröße* gilt: Je älter das Kind ist, desto größer ist es in der Regel. Allerdings ist die Zuordnung nicht proportional.
d) Die Zuordnung *Anzahl der Arbeiter* ⟶ *Arbeitszeit* ist in den meisten Fällen antiproportional.

2 a)

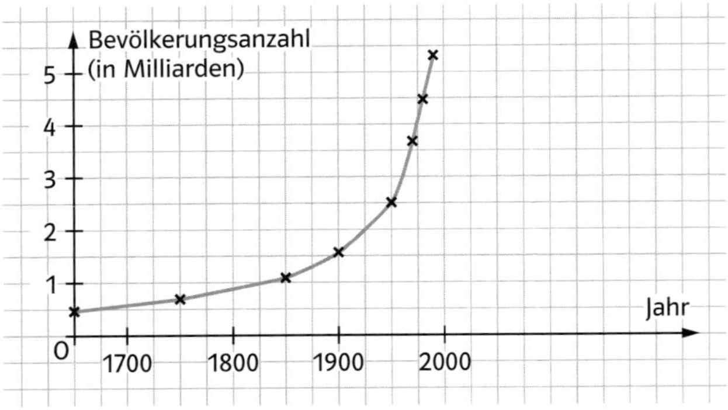

b) Im Jahr 1800 werden vermutlich 900 Millionen Menschen auf der Erde gelebt haben.
c) Die Bevölkerung wird in den nächsten Jahren wohl sehr stark zunehmen. So dürfte es bei anhaltender Entwicklung nur noch wenige Jahre dauern, bis die 10-Milliarden-Grenze überschritten ist.

3 a) Der Holzbestand beträgt nach 25, 41, 51 und 53 Jahren 300 m^3;
der Holzbestand beträgt nach 50, 63, 76 und 84 Jahren 400 m^3;
der Holzbestand beträgt nach 24, 26, 38 und 52 Jahren 275 m^3.
b) Das erste Mal wurde der Wald nach 25 Jahren durchforstet, das zweite Mal nach 50 Jahren und das dritte Mal nach 75 Jahren. Insgesamt wurden bei den Durchforstungen etwa 400 m^3 Holz geschlagen.

4 Da das Auto in der Kurve abbremsen wird, gehört der dritte Graph zur Zuordnung *Zeit t* ⟶ *Geschwindigkeit v*.

5 a) Die Reichweite w lässt sich mit dem Tankinhalt v mit der Formel $w = 12 \cdot v$ berechnen.
b) Die Zuordnung *Tankinhalt* ⟶ *Reichweite* ist proportional.

c)

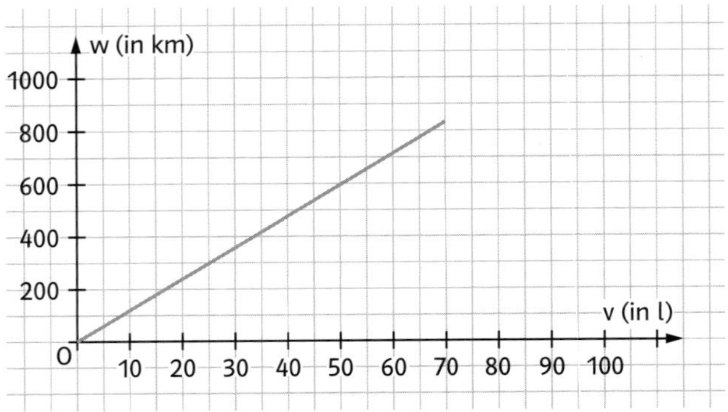

d) Wenn Herr Wassenberg nicht energiesparend fährt, müsste die Gerade etwas flacher verlaufen.

6 a)

Anzahl	1	2	3	4	5	6	7	8	9	10
Länge (in m)	2,4	1,2	0,8	0,6	0,48	0,4	0,34	0,3	0,27	0,24

b) Die Länge der Stücke l (in m) lässt sich mit der Anzahl der Stücke a mit der Formel $l = \frac{2,4}{a}$ berechnen.
c) Die Zuordnung *Anzahl der Stücke* ⟶ *Länge der Stücke* ist antiproportional.
d)

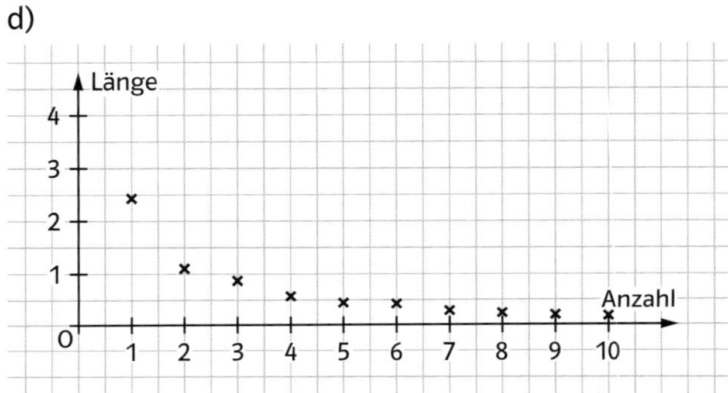

e) Da es nur ganze Stücke geben kann, ist es nicht sinnvoll, die eingetragenen Punkte zu verbinden.

Seite 77

7 A: proportional, B: Lineare Zuordnung, C: Antiproportionale Zuordnung, D: Kein Zuordnungstyp (scheinbar antiproportional, aber (4 | 8) passt nicht)
b)

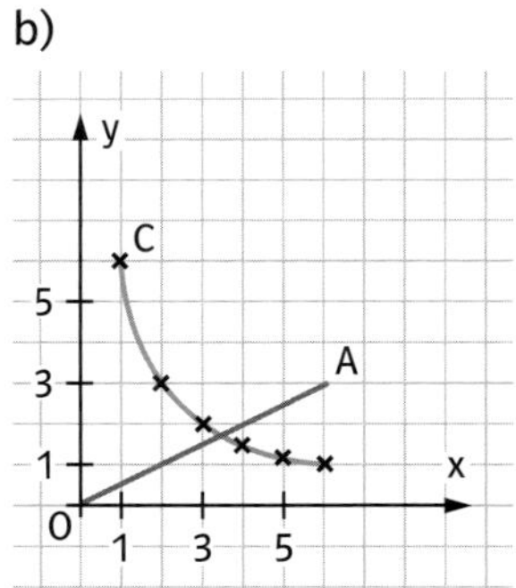

8

Marmeladenmenge (in g)	0	10	50	100	200	250	500	800
Früchtegehalt (in g)	0	5	25	50	100	125	250	400
Zuckergehalt (in g)	0	6,3	31,5	63	126	157,5	315	504

9 a) Es handelt sich um lineare Zuordnungen.
b) Für die Höhe h erhält man:
F1: $h(60) = 1120$; F2: $h(60) = 1180$; F3: $h(60) = 4730$.
c) F1: $h = 2 \cdot t + 1000$; F2: $h = 3 \cdot t + 1000$;
F3: $h = -4{,}5 \cdot t + 5000$.
d)

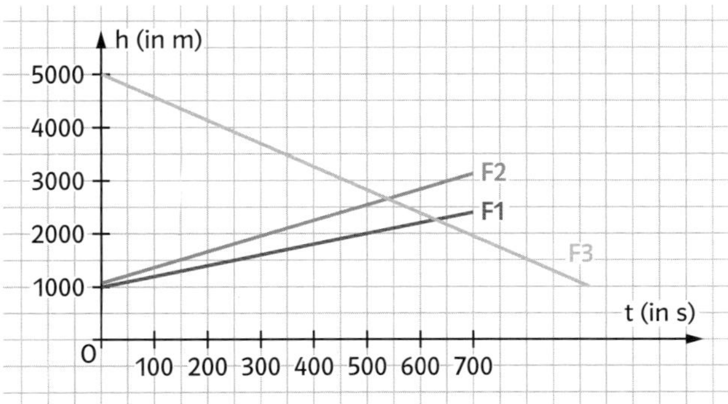

e) Die Flugzeuge F1 und F3 haben nach etwa 615 s die gleiche Höhe, die Flugzeuge F2 und F3 nach etwa 530 s.

10 a) $y = 3x - 1$ b) $y = \frac{1}{2}x + 2$ c) $y = \frac{2}{3}x + 1$
d) $y = -3x - 6$ e) $y = -\frac{1}{2}x - 3$ f) $y = 0$

11 Der Punkt P(3 | −5) liegt auf den Graphen von b) und c).

12 Individuelle Lösung

Seite 78

13 a) Da sich die Fahrtkosten pro gefahrenen km immer um 2,50 € erhöhen, ist die Zuordnung *Fahrtstrecke ⟶ Fahrkosten* linear.
b) Eine Fahrt von 12 km Länge würde 32 € kosten.
c) Für 22 € könnte man 8 km weit fahren.
d) Individuelle Lösung

14 a) Die drei Graphen gehören zu einer linearen Zuordnung. Wird der x-Wert um eine Einheit erhöht, so nimmt der y-Wert jeweils um zwei Einheiten zu. Die Graphen unterscheiden sich, weil die Achsen unterschiedlich beschriftet wurden.
b) Der erste Graph stellt die Zuordnung am besten dar. Beim zweiten Graphen ist nur ein kleiner Teil der Gerade abgebildet, beim dritten Graphen wurde die Skalierung auf der y-Achse zu groß gewählt.
c) Individuelle Lösung

15 a) Das Gefäß wird nach etwa 21,4 min überlaufen.
b) Wenn aus dem Wasserhahn die dreifache Wassermenge in gleicher Zeit tropft, würde das Gefäß nach 7,1 min überlaufen.
c) Das Gefäß würde nach 10,7 min überlaufen.

16 a) Da ein Papprechteck mit einem doppelten (n-fachen) Flächeninhalt auch das doppelte (n-fache) Gewicht hat, müsste die Zuordnung *Flächeninhalt ⟶ Gewicht* proportional sein.
b) Dass die Punkte nicht alle auf einer Geraden liegen, kann unterschiedliche Gründe haben. So kann beispielsweise
- der Flächeninhalt bzw. das Gewicht ungenau gemessen worden sein oder
- die Pappe unterschiedlich dick und damit unterschiedlich schwer sein.

c) Die Gerade geht durch den Ursprung und wurde „nach Augenmaß" so gewählt, dass sich die Abweichungen der Punkte nach oben und unten möglichst gut ausgleichen.
d) Da der Punkt P(40 | 37) weit von der Geraden entfernt liegt, kann man annehmen, dass Rebecca hier falsch gemessen hat.
e) Ein Rechteck aus Pappe mit dem Flächeninhalt 1 m^2 müsste etwa 4,9 kg wiegen.

Exkursion – Wir bauen Uhren

Seite 81

1 Fig. 1: Aus einer Flasche tröpfelt eine Flüssigkeit in ein Gefäß mit einer Skala. An der Füllhöhe im unteren Gefäß kann man die Zeit ablesen. Der Zeit wird der Flüssigkeitsstand im Gefäß zugeordnet.
Fig. 2: In einem Glasgefäß rieselt feiner Sand von dem oberen Teil durch eine Verengung in den unteren Teil. Der Zeit wird die Höhe des Sandes in einem der Gefäßteile zugeordnet.
Fig. 3: Da die Kerze gleichmäßig abbrennt, lässt sich an der aufgebrachten Skala die Zeit ablesen. Der Zeit wird die Höhe der Kerze zugeordnet.
Fig. 4: Wie Fig. 1.
Fig. 5: Beim Brennen der Kerze wird das Öl gleichmäßig verbraucht. Der Ölstand lässt sich am Gefäß ablesen. Der Zeit wird der Ölstand zugeordnet.

2 Individuelle Lösung

3 a)

Zeit (in min)	0	15	30	45	60	75	90	105	120
Ölstand (in cm)	6	5,25	4,5	3,75	3	2,25	1,5	0,75	0

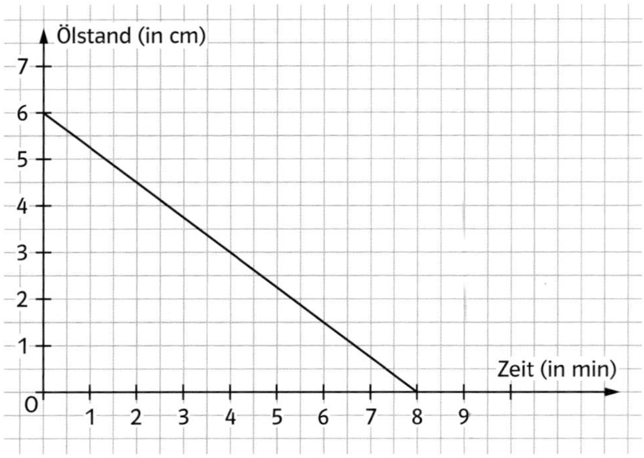

b) Damit der Ölspiegel alle 10 Minuten um 1 mm sinkt, muss die Grundfläche 45 cm^2 betragen, bei 2 mm wären es 22,5 cm^2 und bei 1 cm wären es 4,5 cm^2.
Da die Füllhöhe im dritten Gefäß am schnellsten sinkt, lässt sie sich hier am genausten ablesen.

4 a)

Brenndauer (in min)	0	30	60	90	120	150	180	200
Abbrand (in cm)	0	3	6	9	12	15	18	20

b)

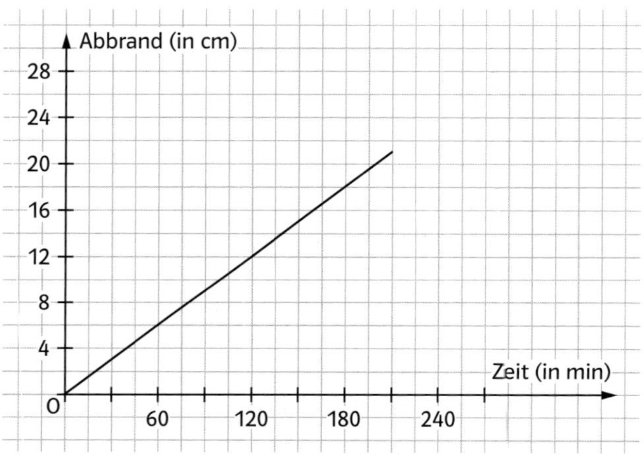

c) Es handelt sich um eine proportionale Zuordnung.
d) Nach 1,5 Stunden wird die Kerze 9 cm, nach 40 Minuten 4 cm abgebrannt sein.
e) Nach 3 Stunden und 20 Minuten wird die Kerze voraussichtlich vollständig abgebrannt sein.

IV Terme und Gleichungen

1 Aufstellen von Termen – Formeln

Seite 87

1 a) Festbetrag für die Reparaturkosten: 20 €
Kosten pro Viertelstunde: 11 €
b) 2 Stunden Arbeitszeit entsprechen 8 Viertelstunden. Die Reparaturkosten ergeben sich mit
$R = 20 + 11 \cdot 8 = 108$, also 108 €.
4,5 Stunden ≙ 18 Viertelstunden, also
$R = 20 + 11 \cdot 18 = 218$, also 218 €.
12 Stunden ≙ 48 Viertelstunden, also
$R = 20 + 11 \cdot 48 = 548$, also 548 €.

2 a) Alle Kantenlängen im Oktaeder sind gleich lang. Sei K die Länge einer Kante und D die benötigte Drahtlänge. Dann ist: $D = 12 \cdot K$.
$K = 5$, also $D = 12 \cdot 5 = 60$, also benötigt man 60 cm Draht.
$K = 8{,}5$, also $D = 12 \cdot 8{,}5 = 102$, also 102 cm Draht.
$K = 0{,}7$ m, also $D = 12 \cdot 0{,}7 = 8{,}4$, also 8,4 m Draht.
b) Mögliche Antworten:
- Zum Befestigen der Drähte an den Ecken muss man Schlaufen drehen, die zusätzlichen Draht benötigen.
- Beim Bauen könnte sich der Draht leicht biegen, so dass für eine Kante mehr Draht benötigt wird.

3 a) Sei e die Entfernung des Blitzes (in km) und z die Zeit zwischen Blitz und Donner (in s). Den Werten der Tabelle entnimmt man: $e = z : 3$.
b) $z = 12$, also $e = 12 : 3 = 4$, also ist das Gewitter 4 km entfernt.
$z = 15$, also $e = 15 : 3 = 5$, also 5 km Entfernung.
$z = 18$, also $e = 18 : 3 = 6$, also 6 km Entfernung.
c)

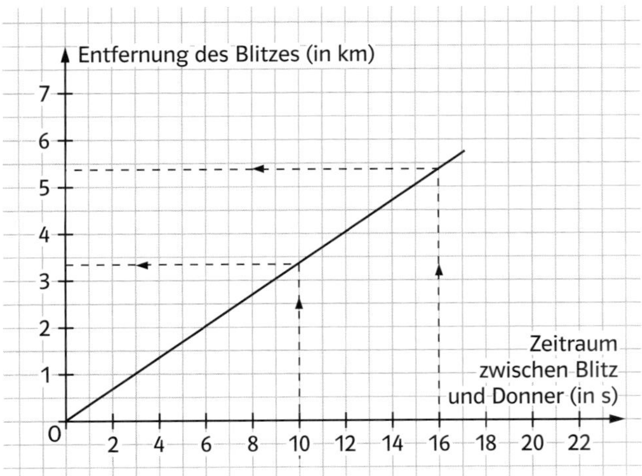

Mögliche Werte sind – die gestrichelten Linien geben an, wie man die Werte ablesen kann:
$z = 10$, also $e \approx 3{,}3$ (genauer Wert: $e = 3{,}\overline{3}$)
$z = 16$, also $e \approx 5{,}4$ (genauer Wert: $e = 5{,}\overline{3}$)
$z = 0$, also $e = 0$, der Blitz ist direkt „über" der Person.
d) $e = 12$ km – durch Ausprobieren erhält man $z = 36$, denn $36 : 3 = 12$.
Also ist der Zeitraum zwischen Blitz und Donner 36 Sekunden.

4 a) Sei b die Breite der quadratischen Pflastersteine (in cm) und A die Anzahl der benötigten Steine.
Dann ist: $A = (480 : b) \cdot (480 : b)$, denn die Anzahl der Steine pro Reihe ergibt sich aus dem Term $480 : b$ (beide Angaben in cm) und im quadratischen Hof gibt es ebenfalls $480 : b$ Reihen.
b) $b = 4$, also $A = (480 : 4) \cdot (480 : 4) = 14\,400$, also werden 14 400 Pflastersteine benötigt.
$b = 5$, also $A = (480 : 5)^2 = 9216$, also 9216 Steine.
$b = 6$, also $A = (480 : 6)^2 = 6400$, also 6400 Steine.
$b = 8$, also $A = (480 : 8)^2 = 3600$, also 3600 Steine.
c) Sei P der Preis für alle Steine (in €) und p der Preis pro Stein (in €).
Dann ist: $P = A \cdot p$.
$b = 4$, also $P = 14\,400 \cdot 0{,}05 = 720$, also 720 €.
$b = 5$, also $P = 9216 \cdot 0{,}08 = 737{,}28$, also 737,28 €.
$b = 6$, also $P = 6400 \cdot 0{,}12 = 768$, also 768 €.
$b = 8$, also $P = 3600 \cdot 0{,}21 = 756$, also 756 €.
Mögliche Antworten:
- Ich würde die Steine mit der Breite 4 cm kaufen, da sie insgesamt am günstigsten sind.
- Ich würde die großen Steine kaufen ($b = 8$), weil ich sie am hübschesten finde und sie auch nicht am teuersten sind.
- Ich würde die großen Steine kaufen ($b = 8$), weil sie am schnellsten verlegt sind.

2 Gleichwertige Terme – zielgerichtetes Umformen

Seite 89

1 a)

	$5 \cdot x - 1$	$7 \cdot x - 1 - 3 \cdot x$	$-x + 6 \cdot x - 1$
3	14	11	14
15	74	59	74
−5	−26	−21	−26
−7	−36	−29	−36

	1 + 4·x −2	(x − 1) + 4·x	4·x + 1
3	11	14	13
15	59	74	61
−5	−21	−26	−19
−7	−29	−36	−27

b) $5\cdot x - 1 = -x + 6\cdot x - 1 = (x - 1) + 4\cdot x$ (alle drei Terme sind äquivalent)
Begründung: $-x + 6\cdot x - 1 = 5\cdot x - 1$
$(x - 1) + 4\cdot x = x + 4\cdot x - 1 = 5\cdot x - 1$
$7\cdot x - 1 - 3\cdot x = 1 + 4\cdot x - 2$ (die beiden Terme sind äquivalent)
Begründung: $7\cdot x - 1 - 3\cdot x = 7\cdot x - 3\cdot x - 1 = 4\cdot x - 1$
$1 + 4\cdot x - 2 = 4\cdot x + 1 - 2 = 4\cdot x - 1$
c) Alle Terme, die man durch Umformungen nicht ineinander überführen kann, sind nicht äquivalent. Beispiele: $5\cdot x - 1$, $7\cdot x - 1 - 3\cdot x$ und $4\cdot x + 1$ oder $-x + 6\cdot x - 1$, $1 + 4\cdot x - 2$ und $4\cdot x + 1$ ...

2 a) $4\cdot s$ b) $5\cdot x$ c) $5\cdot t$ d) $-5\cdot d$
e) 0 f) k g) 6b h) $19\cdot f$
i) 30g j) 3,6s k) 3,2t l) 20,3y

3 a) $9\cdot x$; also 18; 27; −36 bzw. −45
b) $12\cdot x$; also 24; 36; −48 bzw. −60
c) $3{,}8\cdot x$; also 7,6; 11,4; −15,2 bzw. −19
d) $-1{,}04\cdot x$; also −2,08; −3,12; 4,16 bzw. 5,2
e) $\frac{7}{3}\cdot x$; also $\frac{14}{3} = 4\frac{2}{3}$; $\frac{21}{3} = 7$; $-\frac{28}{3} = -9\frac{1}{3}$ bzw. $-\frac{35}{3} = -11\frac{2}{3}$
f) $\frac{13}{12}\cdot x$; also $\frac{26}{12} = 2\frac{1}{6}$; $\frac{39}{12} = 3\frac{1}{4}$; $-\frac{52}{12} = -4\frac{1}{3}$ bzw. $-\frac{65}{12} = -5\frac{5}{12}$
g) $-\frac{11}{16}\cdot x$; also $-\frac{22}{16} = -1\frac{3}{8}$; $-\frac{33}{16} = -2\frac{1}{16}$; $\frac{44}{16} = 2\frac{3}{4}$ bzw. $\frac{55}{16} = 3\frac{7}{16}$
h) $\frac{5}{12}\cdot x$; also $\frac{10}{12} = \frac{5}{6}$; $\frac{15}{12} = 1\frac{1}{4}$; $-\frac{20}{12} = -1\frac{2}{3}$ bzw. $-\frac{25}{12} = -2\frac{1}{12}$

4 a) $7\cdot d$ b) $1000\cdot x$ c) $11\cdot f$ d) 0
e) $-x$ f) 0 g) $1\frac{2}{9}\cdot x$ h) $2\frac{1}{6}\cdot x$

5 a) 0, also jeweils 0
b) −20n, also −30; 40; 60 bzw. −120
c) $2{,}83\cdot n$; also 4,245; −5,66; −8,49 bzw. 16,98
d) $-13\cdot n$; also −19,5; 26; 39 bzw. −78
e) $5\cdot n$; also 7,5; −10; −15 bzw. 30
f) −36n; also −54; 72; 108 bzw. −216
g) $16\cdot n$; also 24; −32; −48 bzw. 96
h) $16\cdot n$, also wie bei g)

Seite 90

6 a)

	5·d − 3·d − 1	3·d + (1 − d)	d + 2·d + 3
1	1	3	6
8	15	17	27
22	43	45	69
60	119	121	183

	(1 − d) + 3·d	2·d − 1	6·d
1	3	1	6
8	17	15	48
22	45	43	132
60	121	119	360

b) $3\cdot d + (1 - d) = (1 - d) + 3\cdot d$, denn umgeformt ist
$3\cdot d + (1 - d) = 3\cdot d + 1 - d = 3\cdot d - d + 1 = 2\cdot d + 1$
und $(1 - d) + 3\cdot d = 1 - d + 3\cdot d = 1 + 2\cdot d = 2\cdot d + 1$
$5\cdot d - 3\cdot d - 1 = 2\cdot d - 1$, wegen $5\cdot d - 3\cdot d = 2\cdot d$
Die anderen Terme sind jeweils nicht äquivalent, weil man sie durch Umformen nicht ineinander überführen kann.
Für die Begründung reicht es nicht aus, mehrere Zahlen einzusetzen und die Werte miteinander zu vergleichen, denn so müsste man alle existierenden Zahlen prüfen, was unmöglich ist.
c) Die Terme $3\cdot d + (1 - d)$ und $(1 - d) + 3\cdot d$ kann man zu $2\cdot d + 1$ umformen – alle drei Terme sind äquivalent. Wenn nun d die Anzahl der Dreiecke beschreibt, kann man mit dem Term $2\cdot d + 1$ die Anzahl der Streichhölzer berechnen:
$d = 1 \Rightarrow$ 3 Hölzer
$d = 2 \Rightarrow$ 5 Hölzer
⋮ ⋮
$d = 4 \Rightarrow$ 9 Hölzer
Pro Dreieck werden 2 Hölzer benötigt und am Ende benötigt man noch 1 Streichholz, um das letzte Dreieck zu „schließen".
Da nun alle drei Terme äquivalent sind, kann man mit allen drei Termen die Anzahl der Streichhölzer berechnen.
Weil es keine negativen Anzahlen von Dreiecken gibt, kann d nicht negativ sein.

7 a)

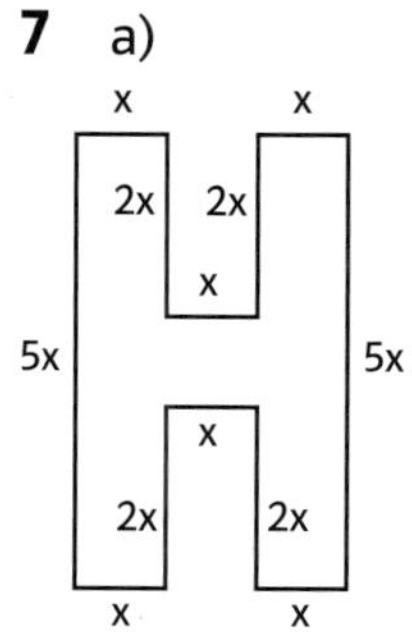

Horst fasst von oben bis zur Mitte zusammen, dann von unten bis zur Mitte. Am Schluss addiert er die beiden langen Seitenstücke.

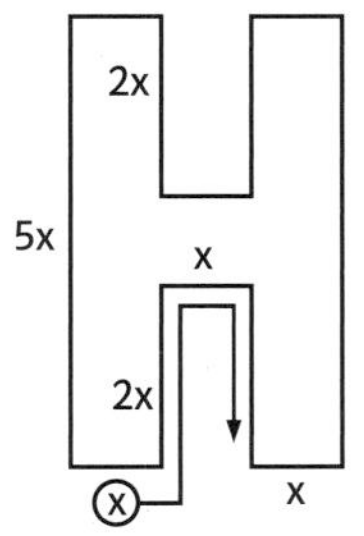

Helmut geht reihum:
Er beginnt links unten und addiert alle Teilstücke.

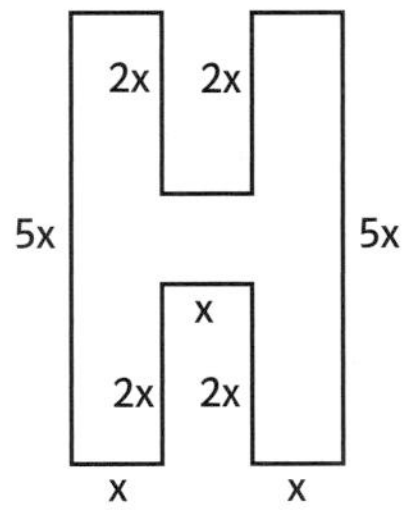

Hannah: außer bei den Stücken der Länge x fasst Hannah immer die Stücke einer Länge zusammen.
$2 \cdot (3 \cdot x)$
$4 \cdot (2 \cdot x)$
$2 \cdot (5 \cdot x)$

b) Horst
$2 \cdot x + 2 \cdot 2 \cdot x + x + 2 \cdot x + 2 \cdot 2 \cdot x + x + 2 \cdot 5 \cdot x$
$= 2x + 4x + x + 2x + 4x + x + 10x$
$= 24x$
Helmut
$x + 2 \cdot x + x + 2 \cdot x + x + 5 \cdot x + x + 2 \cdot x + x + 2 \cdot x + x$
$+ 5 \cdot x = x + 2x + x + 2x + x + 5x + x + 2x$
$+ x + 2x + x + 5x = 24x$
Hanna
$2 \cdot (3 \cdot x) + 4 \cdot 2x + 2 \cdot 5x$
$= 6x + 8x + 10x$
$= 24x$
Alle drei Terme kann man zu $24x$ umformen, weshalb sie äquivalent sind.
c) Mit dem äquivalenten Term $24x$ kann man die Drahtlänge für jedes x sehr schnell berechnen.

8 a) Sei r die Anzahl der gelaufenen Runden, S das Sponsorengeld von Susanne (in €) und V das Sponsorengeld des Vaters (in €). Dann sind
$S = 9 + 5 \cdot r$ und
$V = 7 + 4 \cdot r$.
b) $r = 4$, also $S = 9 + 5 \cdot 4 = 29$, sie erhält 29 €.
$r = 5$, also $S = 9 + 5 \cdot 5 = 34$, also 34 €.
$r = 9$, also $S = 9 + 5 \cdot 9 = 54$, also 54 €.
$r = 4$, also $V = 7 + 4 \cdot 4 = 23$, der Vater erhält 23 €.
$r = 5$, also $V = 7 + 4 \cdot 5 = 27$, also 27 €.
$r = 9$, also $V = 7 + 4 \cdot 9 = 43$, also 43 €.
c) Zusammen erhalten sie pro Runde $(S + V)$:
$9 + 5 \cdot r + 7 + 4 \cdot r = 16 + 9 \cdot r$
$r = 7$, also $16 + 9 \cdot 7 = 79$; beide zusammen erlaufen bei 7 Runden ein Sponsorengeld von 79 €.
d) Ja sie hat Recht, weil man beide Terme (wie in c)) addieren kann zu $16 + 9 \cdot r$.
e) Mögliche Antwort:
- $10 + 3 \cdot r$ beschreibt das Sponsorengeld, was Lisa pro gelaufene Runde erhält: für die Teilnahme erhält sie 10 € und für jede gelaufene Runde 3 €.
- $10 + 3 \cdot r$ beschreibt das Sponsorengeld, welches Peter und Heidi zusammen erlaufen: Peter bekommt für die Teilnahme 4 € und für jede gelaufene Runde weitere 2 €. Heide erhält für die Teilnahme 6 € und für jede Runde 1 €.

Seite 91

9 a) Sei l die Kantenlänge des Quadrates und f der Flächeninhalt des Quadrates. Weiter soll H die Kosten für die Holzleisten und S die Kosten für den Stoff beschreiben. Dann sind
$H = 4 \cdot l \cdot 2 = 8 \cdot l$ und
$S = f \cdot 4$ die Kosten für eine Leinwand.
b) $l = 40\,cm = 0{,}4\,m$, dann ist $f = 0{,}16\,m^2$,
also $H = 8 \cdot 0{,}4 = 3{,}2$ und $S = 4 \cdot 0{,}16 = 0{,}64$.
Für die Holzleisten muss Tom 3,20 € und für den Stoff 0,64 € pro Leinwand; insgesamt also: 15,36 € bezahlen.
$l = 80\,cm = 0{,}8\,m$, dann ist $f = 0{,}64\,m^2$,
also $H = 8 \cdot 0{,}8 = 6{,}4$ und $S = 4 \cdot 0{,}64 = 2{,}56$.
Holzleisten: 6,40 € und Stoff: 2,56 €, insgesamt also: 35,84 €
$l = 1\,m$, dann ist $f = 1\,m^2$
$H = 8 \cdot 1 = 8$ und $S = 4 \cdot 1 = 4$, also
Holzleisten: 8 € und Stoff: 4 €, insgesamt also: 48 €.
c) Tom benötigt vom Stoff mehr, als er berechnet hat, weil dieser um die Leisten gelegt und dort angeklebt wird, weshalb man eine größere Stoffmenge benötigt. Die größeren Mengen ergeben dann einen höheren Preis.

10 a) $4 \cdot s + s - s$, $s \cdot 4$ und $2 + s \cdot 1 + 3s - 2$, denn alle drei Terme kann man zu $4s$ vereinfachen.
$3s + 4 - s$, $-1 - 5s + 5 + 7s$; denn beide Terme kann man zu $2s + 4$ vereinfachen.
$3 \cdot s - 5$ und $-8 + s + 1 + 2s + 2$, da der zweite Term ebenfalls zu $3 \cdot s - 5$ umgeformt werden kann.
$4s - 5 + s$ ist zu keinem anderen Term äquivalent.
b) $3x + 1 - x$, $x + 1 + x$ und $0{,}8 + 2{,}1 + x \cdot 2 - 1{,}9$; denn alle drei Terme kann man zu $2x + 1$ vereinfachen.
$x + x + x + 5$ und $\frac{5}{2} \cdot x + 7{,}3 + 0{,}5x - 2{,}3$; denn beide Terme lassen sich zu $3x + 5$ vereinfachen.
$x + 10 + x - 5 + 2x$, $4x + 5$ und $-2 \cdot x + 3 + 6x + 2$; denn alle Terme lassen sich zu $4x + 5$ umformen.

11 a) Das Haus besitzt eine achsensymmetrische Fassade. Die Achse liegt dabei senkrecht mittig zwischen den oberen Fenstern.
Im Dach im oberen Ende enthält ein Trapez. Oberhalb der größeren Fenster sind im Dach Dreiecke zu erkennen. Die Fenster selber bestehen aus Dreiecken, Rechtecken und Quadraten.
Die nebeneinander liegenden Gauben (kleine oben und größere unten), der Fensterbereich in den

Gauben und die Fensterbereiche in der Hauswand haben jeweils gleiche Formen und Abmessungen.
Unterschiede:
- Kleines Fenster auf der rechten Hälfte des Daches
- Lichtschalter an der Wand in der rechten Hälfte des Hauses neben den Fenstern

b) Die Lage der Zimmer in beiden Haushälften ist vermutlich gleich. So könnte es sein, dass die Bäder beider Haushälften nebeneinander in der Mitte des ganzen Hauses liegen. Dies hat Vorteile bei der Installation der Wasserrohre und der Abwässer.

12

a) $n = 2$	b) $n = 3$	c) $n = 8$	d) $n = \frac{8}{3}$
e) $n = 20$	f) $n = 40$	g) $n = 8$	h) $n = 5$

13 $n + (-3)\cdot n + n\cdot 2$:
Zuerst wird die Schreibweise vereinfacht. $(-3)\cdot n$ sind $-3\cdot n$ und $n\cdot 2$ kann man als $2\cdot n$ schreiben. Daraus ergibt sich der Term $n - 3\cdot n + 2\cdot n$. Zusammengefasst ergibt das 0.
Die anderen Aufgabenteile in ähnlicher Weise.

3 Ausmultiplizieren und Ausklammern – Distributivgesetz

Seite 93

1 a) $5\cdot s + 6 = s\cdot 5 + 6$ oder $5\cdot s + 6 = 6 + 5\cdot s$
b) $c\cdot 9 = 9\cdot c$
c) $3\cdot t - 9 = t\cdot 3 - 9$ oder $3\cdot t - 9 = -9 + 3\cdot t$
d) $2\cdot(3\cdot x) = (2\cdot 3)\cdot x$
e) $2 + (3\cdot x + 4) = (2 + 3\cdot x) + 4$
f) $(d\cdot 3)\cdot 6 = d\cdot(3\cdot 6)$

2

a) $4\cdot d + 20$	b) $6\cdot x + 12$	c) $2\cdot s - 12$
d) $24t - 60$	e) $3 + 18\cdot x$	f) $-z - 2$
g) $-6 + 15\cdot k$	h) $5\cdot x + 10$	

3

a) $8\cdot(x + 2)$	b) $5\cdot(3 - 7\cdot a)$	c) $24\cdot(d - 2)$
d) $9(-4 + x)$	e) $\frac{1}{2}\cdot(b - 3)$	f) $\frac{5}{8}\cdot(3x + 1)$
g) $3{,}5\cdot(v - 3)$	h) $\frac{1}{4}\cdot(3 - c)$	

4 a) Figur 3 beschreibt den Term $4\cdot p - 4$ anschaulich. Jede Reihe enthält p Pfähle. Da es 4 Reihen gibt, benötigt man $4\cdot p$ Pfähle, wobei jetzt die Ecken jeweils doppelt gezählt wurden. Deshalb müssen insgesamt 4 Pfähle wieder abgezogen werden (die markierten Ecken). Es ergibt sich der Term $4\cdot p - 4$.

Wenn man beim Zaun jeweils die rechteckig unterlegten Pfähle zählt, ergeben sich 4 Reihen mit jeweils $p - 1$ Pfählen. Deshalb ergeben sich alle Pfähle des Zauns mit dem Term $4\cdot(p - 1)$ (Figur 2).
b)

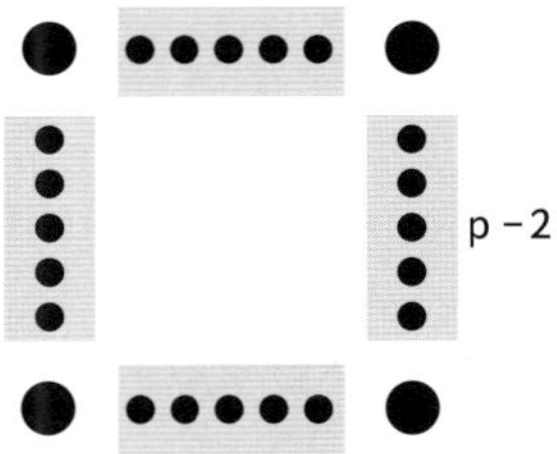

$4\cdot(p - 2) + 4$

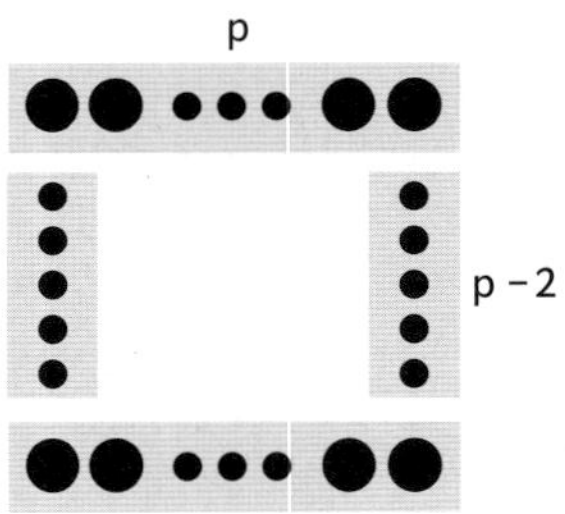

$2\cdot p + 2\cdot(p - 2)$

c) $p = 3$, also $4\cdot 3 - 4 = 8$ – man benötigt 8 Pfähle.
$p = 25$, also $4\cdot 25 - 4 = 96$ – man benötigt 96 Pfähle.
$p = 46$, also $4\cdot 46 - 4 = 180$ – man benötigt 180 Pfähle.
$4\cdot(p - 2) + 4 = 4p - 8 + 4 = 4p - 4$
$2p + 2(p - 2) = 2p + 2p - 4 = 4p - 4$
Wenn $p = 1$ wäre, würde sich kein quadratisches Grundstück einzäunen lassen, weil pro Reihe also auch insgesamt nur ein Pfahl zur Verfügung steht. Die Terme ergeben sogar 0 Pfähle $(4\cdot 1 - 4 = 0)$, was bedeutet, dass man mit 1 Pfahl pro Reihe kein quadratisches Grundstück einzäunen kann.

Seite 94

5 a) $4\cdot(5 + x) + 3\cdot(2x - 4)$
$= 20 + 4\cdot x + 6\cdot x - 12$ Distributivgesetz
$= 4x + 6x + 20 - 12$ Kommutativgesetz
$= 10x + 8$
b) $7\cdot(n - 2) + 5(1 + 2n)$
$= 7n - 14 + 5 + 10n$ Distributivgesetz
$= 7n + 10n - 14 + 5$ Kommutativgesetz
$= 17n - 9$
c) $5\cdot(d + 3) + 4(2 - 2d)$
$= 5d + 15 + 8 - 8d$ Distributivgesetz
$= 5d - 8d + 15 + 8$ Kommutativgesetz
$= -3d + 23$
d) $-5\cdot(4 + 2v) + 1{,}5\cdot(2 - 4v)$
$= -20 - 10v + 3 - 6v$ Distributivgesetz
$= -10v - 6v - 20 + 3$ Kommutativgesetz
$= -16v - 17$
e) $-\frac{3}{5}\cdot\left(\frac{5}{2}\cdot x + 1\right) + \frac{1}{4}\cdot\left(\frac{3}{2} - 4x\right)$
$= -\frac{3}{2}x - \frac{3}{5} + \frac{3}{8} - x$ Distributivgesetz
$= -\frac{3}{2}x - x - \frac{3}{5} + \frac{3}{8}$ Kommutativgesetz
$= -2\frac{1}{2}x - \frac{9}{40}$
f) $-\frac{5}{6}\left(\frac{3}{4}b - \frac{4}{9}\right) - \left(-\frac{3}{7}\right)\cdot\left(14 - \frac{7}{9}b\right)$
$= -\frac{5}{8}b + \frac{10}{27} + 6 - \frac{1}{3}b$ Distributivgesetz
$= -\frac{5}{8}b - \frac{1}{3}b + \frac{10}{27} + 6$ Kommutativgesetz
$= -\frac{23}{24}b + 6\frac{10}{27}$

6 a) $(3 \cdot n + 5) + 10 \cdot n = 3n + 5 + 10n = 3n + 10n + 5 = 13n + 5$
b) $7 + x \cdot 2 + 15 - x = 7 + 2x + 15 - x = 2x - x + 7 + 15 = x + 22$
$2 \cdot (-x) + 22 + 3 \cdot x = -2x + 22 + 3x = 3x - 2x + 22 = x + 22$
also sind beide Terme äquivalent
c) $7 \cdot s - (3 - 2 \cdot s) = 7s - 3 + 2s = 7s + 2s - 3 = 9s - 3$
d) $5 \cdot x + 3 - 9 \cdot x = 5x - 9x + 3 = -4x + 3$
e) $2 \cdot (5 - 2 \cdot d) - 13 = 10 - 4d - 13 = -4d + 10 - 13 = -4d - 3$
$4 \cdot (1 - d) - 7 = 4 - 4d - 7 = -4d + 4 - 7 = -4d - 3$
also sind beide Terme äquivalent
f) $(3v + 5) \cdot 5 - v = 15v + 25 - v = 15v - v + 25 = 14v + 25$
$32 + 7 \cdot (2v - 1) = 32 + 14v - 7 = 14v + 32 - 7 = 14v + 25$
also sind beide Terme äquivalent

7 a) $2 + d \cdot 4 = 2 + 4d = 4d + 2$, also äquivalent
b) $2 \cdot (1 + 2x) = 2 + 4x$ ist nicht äquivalent zu $4 + 4x$
c) $s \cdot 7 - 27 = 7s - 27$ ist nicht äquivalent zu $27 - 7s = -7s + 27$
d) $5a - 55 = 5 \cdot (a - 11)$, also äquivalent
e) $3 \cdot (0{,}5 + 2t) = 1{,}5 + 6t$ ist nicht äquivalent zu $6t + 2{,}5$
f) $5 \cdot x + 2{,}5 = 5 \cdot (x + 0{,}5) = (x + 0{,}5) \cdot 5$, also äquivalent; $(x + 0{,}5) \cdot 5 = 5x + 2{,}5$

8 a) $4x + (2x - 5) = 4x + 2x - 5 = 6x - 5$
b) $9v - (2 - 5v) + 10 = 9v - 2 + 5v + 10 = 14v + 8$
c) $-(7 - 6x) + 4x + 5 = -7 + 6x + 4x + 5 = 10x - 2$
d) $r \cdot 13 + 3 \cdot (5r + 7) = 13r + 15r + 21 = 28r + 21$
e) $(-10) \cdot d - (7 + 7d) \cdot 2 = -10d - 14 - 14d = -24d - 14$
f) $5 \cdot (-8z) - 2(6z + 2) = -40z - 12z - 4 = -52z - 4$
g) $5a + [3a - (4a + 1)] = 5a + [3a - 4a - 1] = 4a - 1$
h) $[(7x - 4) - (5x + 8)] + 9 = [7x - 4 - 5x - 8] + 9 = 2x - 3$
i) $\frac{3}{5}d - \left[\left(\frac{4}{5}d - \frac{1}{3}\right) + \frac{5}{3}\right] = \frac{3}{5}d - \left[\frac{4}{5}d - \frac{1}{3} + \frac{5}{3}\right] = \frac{3}{5}d - \frac{4}{5}d - \frac{4}{3} = -\frac{1}{5}d - \frac{4}{3}$

9 a) Weg in drei Stücke unterteilt. Betrachte zuerst eines davon. Beachte: n ist Grundlinienzahl außen.

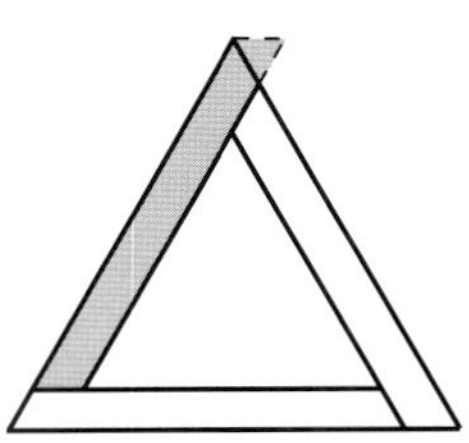

$3 \cdot 2(n - 1) - 3 \cdot 1$
$2(n - 1)$ grau
1 Überstand

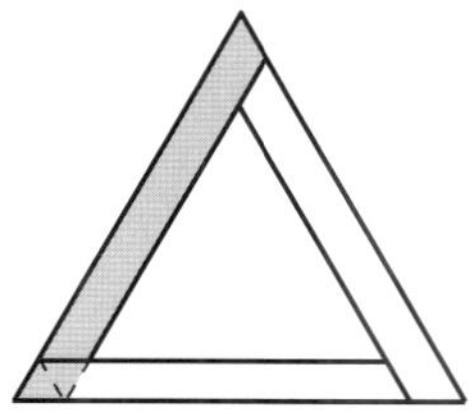

$3 \cdot (2n - 1) - 3 \cdot 2$
$2n - 1$ grau
2 stehen über

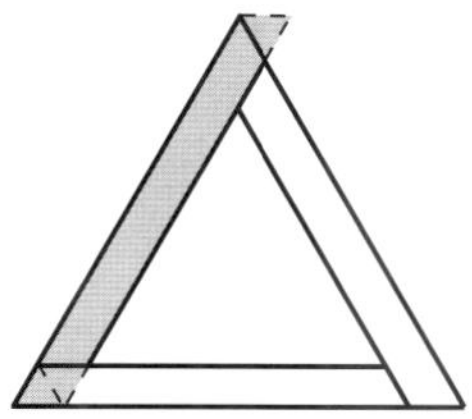

$3 \cdot (2n - 3)$
$2n$ ist grau
3 stehen über

b) $3 \cdot (2n - 3) = 6n - 9$
$3 \cdot (2n - 1) - 3 \cdot 2 = 6n - 3 - 6 = 6n - 9$
$3 \cdot 2(n - 1) - 3 \cdot 1 = 6n - 6 - 3 = 6n - 9$
Damit sind alle drei Terme äquivalent.
c) Kantenlänge der Platten: 2 m
$50 : 2 = 25$. Entlang einer Grundseite der Pyramide können 25 Platten anliegen. Damit liegen an einer Außenseite des Weges 28 Platten an.
Also $n = 28$. Dann ist $6 \cdot n - 9 = 6 \cdot 28 - 9 = 159$.
Man benötigt 159 Platten.
Kantenlänge: 2,50 m
$50 : 2{,}5 = 20$. Also $20 + 3 = 23$ Platten liegen an einer Außenseite des Weges an.
Dann: $6 \cdot 23 - 9 = 129$.
Man benötigt 129 Platten.

Seite 95

10 a) Mutter
b bezeichnet die Breite des Grundrisses und die halbe Länge beträgt 6 m. Der Term $6 \cdot b$ beschreibt damit die farblich unterlegte Fläche. Nun muss man die mit x schraffierte Fläche wieder abziehen ($-3 \cdot 4$). Da der Grundriss symmetrisch ist, benötigt man diesen zusammengesetzten Term $6 \cdot b - 3 \cdot 4$ zweimal.
Tochter
$b - 3$ ist das untere Teilstück der Breite des Grundrisses. Mit dem Term $12 \cdot (b - 3)$ berechnet man somit die farblich unterlegte Fläche (unteres Rechteck). Mit dem Term $2 \cdot 3$ bestimmt man die mit x schraffierte Fläche – diese gib es zweimal.
Also $12 \cdot (b - 3) + 2 \cdot (2 \cdot 3)$.
b)

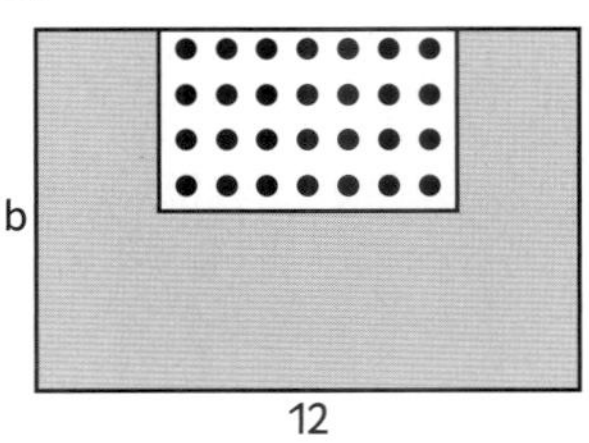

Vater

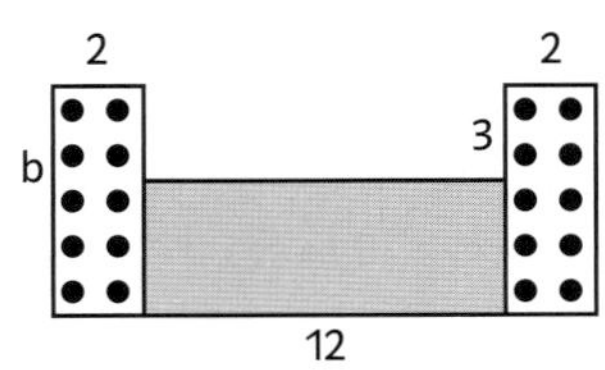

Sohn

c) $12 \cdot b - 3 \cdot 8 = 12b - 24$ (Vater)
$2 \cdot (6 \cdot b - 3 \cdot 4) = 2 \cdot (6b - 12) = 12b - 24$ (Mutter)
$12 \cdot (b - 3) + 2 \cdot (2 \cdot 3) = 12b - 36 + 2 \cdot 6 = 12b - 24$ (Tochter)
$8 \cdot (b - 3) + 2 \cdot (2 \cdot b) = 8b - 24 + 4b = 12b - 24$ (Sohn)
Alle Terme lassen sich zu $12b - 24$ umformen, womit die Äquivalenz gezeigt wurde.
d) $b = 7\,m$, $12 \cdot 7 - 24 = 60$ Die Fläche beträgt $60\,m^2$.
$b = 8\,m$, $12 \cdot 8 - 24 = 72$ Die Fläche beträgt $72\,m^2$.
$b = 10\,m$, $12 \cdot 10 - 24 = 96$ Die Fläche beträgt $96\,m^2$.
Es wurde der Term $12b - 24$ zur Berechnung gewählt, weil er am schnellsten zu berechnen ist.
e) durch Ausprobieren erhält man $b = 9\,m$: Die Probe ergibt: $12 \cdot 9 - 24 = 84$.

11 a) Mögliche Beispiele:
$5 + 6 + 7 = 18$ ist durch 3 teilbar
$4 + 5 + 6 = 15$ ist durch 3 teilbar
$21 + 22 + 23 = 66$ ist durch 3 teilbar
Die Behauptung kann nur an einigen Beispielen überprüft werden. Für eine allgemeine Begründung müsste man alle existierenden Zahlen testen – dies ist unmöglich.
b) Sei n die erste der drei aufeinander folgenden Zahlen
- dann ist die Summe: $n + (n + 1) + (n + 2)$, vereinfacht ergibt sich $n + n + n + 1 + 2 = 3 \cdot (n + 1)$. Dividiert man die Summe durch 3, so erhält man die mittlere Zahl $n + 1$.

12 Sei n die Zahl, dann wird die Summe mit dem Term $(n + 3) + 2 \cdot n$. Vereinfacht ergibt sich $3 \cdot n + 3 = 3 \cdot (n + 1)$. Da sowohl $3 \cdot n$ als auch 3 durch 3 teilbar sind, ist auch die Summe $3 \cdot n + 3$ durch 3 teilbar, die Division durch 3 ergibt $n + 1$, die um Eins größere Zahl.

13 a) Für die ersten 500 € erhält Guido ($5\% \cdot 500 = 25$) 25 €. Für die restlichen 1600 € ($2100 - 500 = 1600$) erhält er ($3\% \cdot 1600 = 48$) 48 €. Insgesamt kann er also mit mindestens ($25 + 48 = 73$) 73 € Finderlohn rechnen.
b) Für Beträge bis 500 €:
sei g der Geldbetrag und F der Finderlohn jeweils in €. Dann ist $F = \frac{5}{100} \cdot g$.
Für Beträge über 500 €:
Dann ist $F = 25 + \frac{3}{100} \cdot (g - 500)$. 25 ist der Finderlohn (in €) der ersten 500 € des Geldbetrages. $(g - 500)$ ist der Restbetrag. Mit $\frac{3}{100} \cdot (g - 500)$ bestimmt man den Finderlohn für diesen Restbetrag.
c) Mit der Formel aus b) ist:
$F = 25 + \frac{3}{100} \cdot (8000 - 500) = 250$
Das Vierfache von 250 € ist 1000 €.
Dieser Betrag ist $\frac{1000}{8000} = 12{,}5\,\%$ des Wertes des Diamanten.
d) 71 € ist über 25 €, womit der Betrag des Wertes des gefundenen Ringes über 500 € betragen muss. Die restlichen ($71 - 25 = 46$) 46 € stammen demnach vom Mehrwert über 500 € des Ringes. 3 % des Mehrwertes sind 46 €. Der Mehrwert ist also $\left(\frac{46}{3} \cdot 100 \approx 1533{,}33\right)$ 1533,33 €. Der Wert des Rings beträgt ungefähr ($500 + 1530 = 2030$) 2030 €.

4 Gleichungen und Ungleichungen

Seite 97

1 a) $b = 2$ b) $g = 8$ c) $d = 8$ d) $x = -5$
e) $v = 0{,}5$ f) $c = 4$ g) $a = \frac{1}{7}$ h) $x = 9$

2

x	−7	−6	−5	−4	−3	−2	−1	0
7 + 5x	−28	−23	−18	−13	−8	−3	2	7
2x + 25	11	13	15	17	19	21	23	25

x	1	2	3	4	5	6	7
7 + 5x	12	17	22	27	32	37	42
2x + 25	27	29	31	33	35	37	39

a) $x = 5$ b) $x = -6$
c) $x = -6$ d) $x = 4{,}5$
e) $x = -7; -6; -5; -4; -3; -2; -1; 0; 1; 2$ f) $x = -4; -3; -2; -1; 0; 1; 2; 3; 4; 5; 6; 7$
g) $x = -7$ h) $x = 6$

3
a) $4x + 1 = 9$ $x = 2$
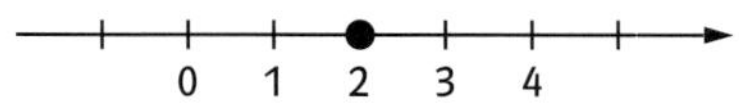

b) $4n - 5 = 5$ $x = 2{,}5$
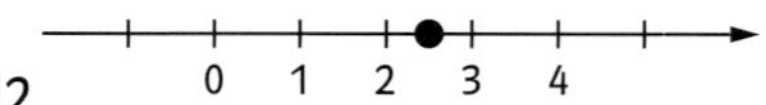

c) $0 = 6d + 12$ $x = -2$
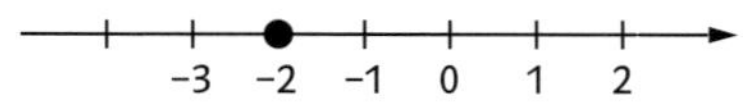

d) $t > 2$ $t > 2$
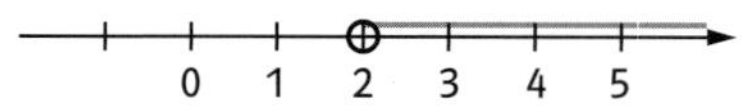

e) $x < 0$ $x < 0$
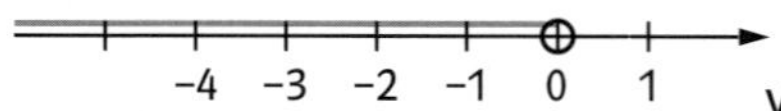

f) $2v - 34 > 0$ $v > 17$
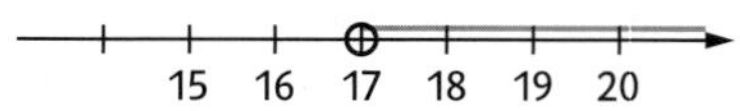

4 a) Sei p der Preis für einen CD-Rohling. Dann ist $6 \cdot p + 11 = 20$. Durch Ausprobieren oder rückwärts denken erhält man $p = 1{,}5$. Denn $6 \cdot 1{,}5 + 11 = 9 + 11 = 20$ (Probe). Ein CD-Rohling kostete demnach 1,50 €.
b) Im Supermarkt zahlt Anna für 13 Tafeln Schokolade 6,37 €. Wie teuer ist eine Tafel Schokolade?
Lösung: Sei p der Preis für eine Tafel Schokolade. Dann ist $13 \cdot p = 6{,}37$. Also $p = 0{,}49$. Dann kostet eine Tafel Schokolade 0,49 €.

5 a) 10 Sekunden ≙ 2 Liter
1,5 Stunden = 90 Minuten = 5400 Sekunden
5400 Sekunden ≙ $2 \cdot \frac{5400}{10}$ Liter = 1080 Liter
Felix verbraucht jeden Abend ca. 1080 Liter Wasser.
b) 1000 Liter = $1\,m^3$, denn
$1\,m^3 = 1\,m \cdot 1\,m \cdot 1\,m = 10\,dm \cdot 10\,dm \cdot 10\,dm$
$= 1000\,dm^3 = 1000$ Liter
Damit kosten 1000 Liter Wasser 1,15 €.
c) 1000 Liter ≙ 1,15 €
1080 Liter ≙ $1{,}15 \cdot 1{,}08$ € = 1,242 € ≈ 1,24 €
Die abendliche Bewässerung kostet demnach 1,24 €.
d) Sei z die Bewässerungsdauer in Sekunden. Dann wurden $2 \cdot \frac{z}{10}$ Liter Wasser verbraucht (siehe a)).
Die Kosten kann man dann mit dem Term $1{,}15 \cdot \left(2 \cdot \frac{z}{10}\right) : 1000$ berechnen (siehe c)).
Da 6,90 € bezahlt werden, muss man die Gleichung $1{,}15 \cdot \left(2 \cdot \frac{z}{10}\right) : 1000 = 6{,}9$ lösen. Zuerst vereinfacht man die linke Seite der Gleichung zu $0{,}00023 \cdot z = 6{,}9$. Durch Ausprobieren oder rückwärts denken erhält man $z = 30\,000$.
Die Bewässerungszeit ist demnach 30 000 Sekunden = 500 Minuten = $8\frac{1}{3}$ Stunden lang.
(Auch der Dreisatz kann als Lösungsweg verwendet werden.)

6 a) $x = -3$
b) $x = 2{,}5$; es gibt keine ganzzahlige Lösung
c) $x = -1;\ -2;\ -3;\ \ldots$ für Lösungen aus $\mathbb{N}$
$x = -\frac{1}{2};\ -\frac{3}{2};\ -\frac{5}{3};\ -\frac{21}{5};\ \ldots$ für Lösungen aus $\mathbb{Q}$; $x < 0$
d) $x = 3;\ 4;\ 5;\ \ldots$ für Lösungen aus $\mathbb{N}$
$x = 2\frac{2}{3};\ 3\frac{1}{2};\ \frac{12}{3};\ \ldots$ für Lösungen aus $\mathbb{Q}$; $x > 2{,}5$

7 a) Sei a der Preis für eine große Portion Popcorn im Kino. Dann beschreibt die Gleichung $14 \cdot a = 35$ die Kosten für 14 Portionen. Wie teuer ist dann eine Portion?
Antwort: Eine Portion kostet 2,50 €.
b) Sei e der Preis für eine Telefoneinheit. Dann beschreibt die Gleichung $120 \cdot e + 20 = 32$ die Telefonkosten eines Monats, wenn die Monatsgrundgebühren 20 € betragen und insgesamt 120 Einheiten vertelefoniert wurden. Wie viel kostet eine Einheit, wenn die Gesamtkosten 32 € betragen?
Antwort: Eine Einheit kostet 0,10 €.
c) $5 \cdot k < 50$. Eine Kinokarte kostet am Familientag 5 €. Franziska hat etwas weniger als 50 € zur Verfügung. Wie viele Personen könnte sie ins Kino einladen? Antwort: Sie könnte $K = 1,\ 2,\ 3,\ \ldots$ oder 9 Personen einladen.
d) Sei a die Anzahl von Getränkekisten. Wie viele Kisten muss man auf einer Mauer (Höhe: 1,60 m) übereinander stapeln, um eine Gesamthöhe von über 2,90 m zu erreichen, wenn eine Kiste 40 cm hoch ist?
Antwort: Aus $0{,}4 \cdot a + 1{,}6 > 2{,}9$ ergibt sich $a > 3{,}25$. Also benötigt man mindestens 4 Kisten.
e) Wie viel kostet ein Stift, wenn 2 Stifte 4,60 € kosten? Sei s die Anzahl der Stifte.
Antwort: Aus $2 \cdot s = 4{,}6$ ergibt sich $s = 2{,}3$. Also kostet 1 Stift 2,30 €.
f) In einem Jahrgang der 5. Klassen auf dem Herberts-Gymnasium werden bis zu 150 Schüler aufgenommen. Wie stark sind dann die einzelnen Klassen, wenn 5 Klassen gebildet werden sollen?
Sei a die Anzahl der Schüler pro Klasse.
Antwort: Aus $5 \cdot a \leq 150$ ergibt sich $a \leq 30$. Also sollten pro Klasse ca. 30 Schüler eingeschult werden.

5 Lösen von Gleichungen durch Äquivalenzumformungen

Seite 99

1 a) $8b = 3b + 5 \quad |-3b$
$5b = 5$
beide Gleichungen sind äquivalent
b) $6n - 6 = 3 - 3n \quad |+3n$
$9n - 6 = 3 \quad |+6$
$9n = 9 \quad |:3$
$3n = 3$
$6n = 6 \quad |:2$
$3n = 3$
damit sind beide Gleichungen äquivalent
c) $15 - 3x = 0 \quad |:3$
$5 - x = 0$
$2x = 5 + x \quad |-2x$
$0 = 5 - x$
$5 - x = 0$
also sind beide Gleichungen äquivalent
d) $2d + 3 - (+d) = -5d$
$2d + 3 - d = -5d \quad |$vereinfachen
$d + 3 = -5d \quad |+5d$
$6d + 3 = 0$

$d + 4 = -2 - 11d \quad |+11d$
$12d + 4 = -2 \quad |+2$
$12d + 6 = 0 \quad |:2$
$6d + 3 = 0$
also sind beide Gleichungen äquivalent

2

a) $5x - 10 = 25 \quad |+10$
$5x = 35 \quad |:5$
$x = 7$

b) $4k + 12 = 62 \quad |-12$
$4k = 50 \quad |:4$
$k = 12{,}5$

c) $3{,}4t + 83 = 100 \quad |-83$
$3{,}4t = 17 \quad |:3{,}4$
$t = 5$

d) $8b + 12 = 12 \quad |-12$
$8b = 0 \quad |:8$
$b = 0$

e) $5{,}5p + 10 = 26{,}5 \quad |-10$
$5{,}5p = 16{,}5 \quad |:5{,}5$
$p = 3$

f) $5 - 2{,}5y = 7{,}5 \quad |-5$
$-2{,}5y = 2{,}5 \quad |:(-2{,}5)$
$y = -1$

g) $0{,}1g + 8 = 18 \quad |-8$
$0{,}1g = 10 \quad |\cdot 10$
$g = 100$

h) $d\cdot(-3) = 15 \quad |:(-3)$
$d = -5$

i) $\frac{1}{2}a + 6 = 13 \quad |-6$
$\frac{1}{2}a = 7 \quad |\cdot 2$
$a = 14$

j) $\frac{1}{4} - x = \frac{3}{4} \quad |-\frac{1}{4}$
$-x = \frac{2}{4} \quad |\cdot(-1)$
$x = -\frac{1}{2}$

k) $\frac{3}{4} = \frac{1}{4}b + 3 \quad |\cdot 4$
$3 = b + 12 \quad |-12$
$-9 = b$

l) $7 - \frac{1}{2}x = 1 \quad |-7$
$-\frac{1}{2}x = -6 \quad |\cdot(-2)$
$x = 12$

3

a) $9b + 3 = 7b + 11 \quad |-7b$
$2b + 3 = 11 \quad |-3$
$2b = 8 \quad |:2$
$b = 4$

b) $5 + 7x = 45 + 3x \quad |-3x$
$5 + 4x = 45 \quad |-5$
$4x = 40 \quad |:4$
$x = 10$

c) $5d + 4 = 4 + d \quad |-d$
$4d + 4 = 4 \quad |-4$
$4d = 0 \quad |:4$
$d = 0$

d) $16v + 7 = 15v + 1 \quad |-15v$
$v + 7 = 1 \quad |-7$
$v = -6$

e) $8n - 15 = 3n \quad |-3n$
$5n - 15 = 0 \quad |+15$
$5n = 15 \quad |:5$
$n = 3$

f) $12k = 15k - 60 \quad |-15k$
$-3k = -60 \quad |:(-3)$
$k = 20$

g) $5{,}5 + 3t = t - 2{,}5 \quad |-t$
$5{,}5 + 2t = -2{,}5 \quad |-5{,}5$
$2t = -8 \quad |:2$
$t = -4$

h) $5{,}5z = -9 + 4{,}5z \quad |-4{,}5z$
$z = -9$

i) $\frac{1}{2}a + 6 = 13 - a \quad |+a$
$\frac{3}{2}a + 6 = 13 \quad |-6$
$\frac{3}{2}a = 7 \quad |\cdot\frac{2}{3}$
$a = \frac{14}{3} = 4\frac{2}{3}$

j) $6 - \frac{1}{2}x = 1 + 2x \quad |+\frac{1}{2}x$
$6 = 1 + 2\frac{1}{2}x \quad |-1$
$5 = \frac{5}{2}x \quad |\cdot\frac{2}{5}$
$2 = x$

k) $\frac{3}{4}b = \frac{1}{4}b + 3 \quad |-\frac{1}{4}b$
$\frac{2}{4}b = 3 \quad |\cdot 2$
$b = 6$

l) $(-\frac{1}{4})\cdot x = \frac{3}{4}x - 1 \quad |+\frac{1}{4}x$
$0 = x - 1 \quad |+1$
$1 = x$

4

$2b - 3 = 3b + 1$	$\Rightarrow b = -4$
$10 - n = 23$	$\Rightarrow n = -13$
$6d + 2(d - 13) = d\cdot 5 - 5$	$\Rightarrow d = 7$
$5\cdot(b + 3) = 25$	$\Rightarrow b = 2$
$8 + 0{,}5x = 2{,}5x$	$\Rightarrow x = 4$
$(v - 5)\cdot 3 + 5v + 3 = 4v$	$\Rightarrow v = 3$
$\frac{4}{7}b = -8$	$\Rightarrow b = -14$
$x:8 = 5$	$\Rightarrow x = 40$
$2\cdot(x + 1) = 10$	$\Rightarrow x = 4$
$3{,}5\cdot(x + 1) = 10{,}5$	$\Rightarrow x = 2$
$(-\frac{3}{4} + k)\cdot 2 + \frac{5}{4} = \frac{1}{4}$	$\Rightarrow k = \frac{1}{4}$

Seite 100

5

a) $32x + 43 - 20x = -25 - 45x + 30 \quad |$vereinfachen
$12x + 43 = -45x + 5 \quad |+45x$
$57x + 43 = 5 \quad |-43$
$57x = -38 \quad |:57$
$x = -\frac{38}{57} = -\frac{2}{3}$

Probe:
LS: $32\cdot\left(-\frac{38}{57}\right) + 43 - 20\cdot\left(-\frac{38}{57}\right) = -21\frac{1}{3} + 43 + 13\frac{1}{3} = 35$
RS: $-25 - 45\cdot(-\frac{38}{57}) + 30 = 5 + 30 = 35$

b) $12 - 9b + 15 - 5b = 14 - 8b + 6 \quad |$vereinfachen
$27 - 14b = 20 - 8b \quad |+14b$
$27 = 20 + 6b \quad |-20$
$7 = 6b \quad |:6$
$\frac{7}{6} = b$

Probe: LS: $12 - 9\cdot\frac{7}{6} + 15 - 5\cdot\frac{7}{6} = 10\frac{2}{3}$
RS: $14 - 8\cdot\frac{7}{6} + 6 = 10\frac{2}{3}$

c) $-41 + 26t = 2t + 20t - 53 + 72 \quad |$vereinfachen
$-41 + 26t = 22t + 19 \quad |-22t$
$-41 + 4t = 19 \quad |+41$
$4t = 60 \quad |:4$
$t = 15$

Probe: LS: $-41 + 26\cdot 15 = 349$
RS: $2\cdot 15 + 20\cdot 15 - 53 + 72 = 349$

d) $4f + 49 - 13f - 78 + 23f = 0$ | vereinfachen
$14f - 29 = 0$ | +29
$14f = 29$ | :14
$f = \frac{29}{14} = 2\frac{1}{14}$
Probe: LS: $4 \cdot \frac{29}{14} + 49 - 13 \cdot \frac{29}{14} - 78 + 23 \cdot \frac{29}{14} = 0$

e) $3 \cdot (a - 4) + 3 \cdot (4 - a) + 2a - 1 = 3$ | erstes Vereinfachen
$3a - 12 + 12 - 3a + 2a - 1 = 3$ | vereinfachen
$2a - 1 = 3$ | +1
$2a = 4$ | :2
$a = 2$
Probe: LS:
$3 \cdot (2 - 4) + 3 \cdot (4 - 2) + 2 \cdot 2 - 1 = -6 + 6 + 4 - 1 = 3$

f) $13 \cdot (s - 5) - 4 \cdot (s - 1) + s = 5$ | Ausmultiplizieren
$13s - 65 - 4s + 4 + s = 5$ | vereinfachen
$10s - 61 = 5$ | + 61
$10s = 66$ | :18
$s = \frac{66}{10} = 6\frac{3}{5}$
Probe: LS: $13 \cdot \left(\frac{33}{5} - 5\right) - 4\left(\frac{33}{5} - 1\right) + \frac{33}{5}$
$= 13 \cdot \left(\frac{8}{5}\right) - 4 \cdot \left(\frac{28}{5}\right) + \frac{33}{5}$
$= \frac{104}{5} - \frac{112}{5} + \frac{33}{5} = 5$

g) $3 \cdot (2x - 5) + 6 = 5 \cdot (3 - 5x) + 6x$ | Ausmultiplizieren
$6x - 15 + 6 = 15 - 25x + 6x$ | vereinfachen
$6x - 9 = 15 - 19x$ | +19x
$25x - 9 = 15$ | +9
$25x = 24$ | :25
$x = \frac{24}{25}$
Probe: LS: $3 \cdot \left(2 \cdot \frac{24}{25} - 5\right) + 6 = -3{,}24$
RS: $5 \cdot \left(3 - 5 \cdot \frac{24}{25}\right) + 6 \cdot \frac{24}{25} = -3{,}24$

h) $4 \cdot (v + 3) - 5 \cdot (3v - 8)$
$= 12 - 2 \cdot (3v + 1)$ | Ausmultiplizieren
$4v + 12 - 15v + 40 = 12 - 6v - 2$ | vereinfachen
$-11v + 52 = 10 - 6v$ | +6v
$-5v + 52 = 10$ | −52
$-5v = -42$ | :(−5)
$v = \frac{42}{5} = 8\frac{2}{5} = 8{,}4$
Probe: LS: $4 \cdot (8{,}4 + 3) - 5 \cdot (3 \cdot 8{,}4 - 8) = -40{,}4$
RS: $12 - 2 \cdot (3 \cdot 8{,}4 + 1) = -40{,}4$

6
a) $s + 6 + s + 4 = s + 4 + s + s + s$ | vereinfachen
$2s + 10 = 4s + 4$ | −2s
$10 = 2s + 4$ | −4
$6 = 2s$ | :2
$3 = s$
Die Seitenlänge s beträgt 3 Einheiten.

b) $5 + s + 5 + s =$
$s + s - 1 + 2 \cdot s + 2 + s + 3 + 4$ | vereinfachen
$2 \cdot s + 10 = 5 \cdot s + 8$ | −2s
$10 = 3 \cdot s + 8$ | −8
$2 = 3 \cdot s$ | :3
$\frac{2}{3} = s$
Die Seitenlänge von s beträgt $\frac{2}{3}$ Längeneinheiten.

7 a) $400 - 35m$ beschreibt den Kontostand von Shanon, da sie anfangs 400 € auf ihrem Konto hat und monatlich 35 € abgezogen werden (Reitstunden).
b) Zur Beantwortung muss man die Gleichung lösen:
$400 - 35m = 150 + 15m$ | +35m
$400 = 150 + 50m$ | −150
$250 = 50m$ | :50
$5 = m$
Nach 5 Monaten haben Kilian und Shanon gleich viel Geld auf ihrem Konto. Der Kontostand beträgt dann $(150 + 15 \cdot 5 = 225)$ 225 €.

8
a) $4z + 26 = 6 \cdot z$ | −4z
$26 = 2z$ | :2
$13 = z$
Guido hat sich die Zahl 13 gedacht.
b) Ich denke mir eine Zahl. Diese Zahl verdreifache ich, subtrahiere sieben und multipliziere das Ergebnis mit vier. Das erhaltene Ergebnis ist genauso groß wie das Achtfache der gedachten Zahl.
Antwort: $(3 \cdot z - 7) \cdot 4 = 8 \cdot z$, also $z = 7$
Die gedachte Zahl war 7 (mögliche Schülerantwort).

9 Individuelle Lösungen, Beispiele:

a) $2 \cdot x + 3 = 11$
$(x - 2) \cdot 5 = 10$

b) $x \cdot 10 - 15 = x + 48$
$(2 - x) \cdot 3 = -22 + x$

c) $2 \cdot (x + 3) = -4$
$24 = -4 \cdot x + 4$

d) $3 \cdot (x + 5) + 1 = -5 \cdot x$
$\frac{1}{2} \cdot x = -1$

e) $x + 2 \cdot x = 14 - x$
$4 \cdot (x - 0{,}5) = 12$

f) $10 \cdot (-x) = 17$
$x + x = -3{,}4$

g) $20 = 5(3{,}5 + x)$
$\frac{1}{2} \cdot x = \frac{1}{4}$

h) $(4 \cdot x + 2) \cdot 3 = -3$
$x + 6 + x = 4{,}5$

(jeweils 2 mögliche Schülerlösungen)

Seite 101

10 a) Im ersten Schritt müssen 12 subtrahiert werden:
$12 + 2b = 22$ | −12
$2b = 10$ | :2
$b = 5$

b) Im zweiten Schritt muss man ein d auf beiden Seiten subtrahieren und nicht durch d dividieren.

$2d + 3 = d + 3 \quad | -3$
$2d = d \quad | -d$
$d = 0$

c) Im ersten Schritt wurde falsch ausmultipliziert und im letzten Schritt wurde x auf der linken Seite der Gleichung falsch subtrahiert.

$-2(x + 3) = x \quad |$ vereinfachen
$-2x - 6 = x \quad | +6$
$-2x = x + 6 \quad | -x$
$-3x = 6 \quad | :(-3)$
$x = -2$

d) Im ersten Schritt wurde falsch ausmultipliziert und die Äquivalenzumformungen im zweiten Schritt wurden falsch durchgeführt:

$3 \cdot (2 - s) = 2s - (s + 6) \quad |$ vereinfachen
$6 - 3s = s - 6 \quad | +6 + 3s$
$12 = 4s \quad | :4$
$3 = s$

11 a) $K = 0{,}95 + 0{,}10 \cdot a$. Mit $a = 36$ folgt:
$K = 0{,}95 + 0{,}10 \cdot 36 = 4{,}55$
Andrea muss 4,55 € für den Film bezahlen.
b) Die Formel für das Format 10 × 15 für einen Film lautet: $K = 0{,}95 + 0{,}15 \cdot a$.
Für vier Filme erhöht sich die Filmentwicklung:
$K = 4 \cdot 0{,}95 + 0{,}15 \cdot a$.
Mit $K = 23{,}3$ hat man die Gleichung
$23{,}3 = 4 \cdot 0{,}95 + 0{,}15 \cdot a$. Nun löst man nach a auf, um die Anzahl der Bilder zu erhalten:

$23{,}3 = 4 \cdot 0{,}95 + 0{,}15 \cdot a \quad | -(4 \cdot 0{,}95)$
$19{,}5 = 0{,}15 \cdot a \quad | :0{,}15$
$130 = a$

Melanie hat demnach 130 Bilder entwickeln lassen. Also hat sie $(4 \cdot 36 - 130 = 14)$ 14 Bilder zurückgegeben.
c) Die Formeln für 2 Filme lauten:
$K_{9 \times 13} = 2 \cdot 0{,}95 + 0{,}1 \cdot a$
$K_{10 \times 15} = 2 \cdot 0{,}95 + 0{,}15 \cdot a$
Mit $a = 2 \cdot 36 = 72$ folgt:
$K_{9 \times 13} = 1{,}9 + 0{,}1 \cdot 72 = 9{,}1$
$K_{10 \times 13} = 1{,}9 + 0{,}15 \cdot 72 = 12{,}7$
Da beide Gleichungen nicht den Preis von 11,65 € ergeben, hat Klaus Bilder zurückgegeben.
Also: $K_{9 \times 13}$: $1{,}9 + 0{,}1 \cdot a = 11{,}65 \quad | -1{,}9$
$0{,}1 \cdot a = 9{,}75 \quad | :0{,}1$
$a = 97{,}5$
$K_{10 \times 13}$: $1{,}9 + 0{,}15 \cdot a = 11{,}65 \quad | -1{,}9$
$0{,}15 \cdot a = 9{,}75 \quad | :0{,}15$
$a = 65$
Da man nur ganze Bilder entwickeln lassen kann, hat Klaus das Format 10 × 15 gewählt und $(2 \cdot 36 - 65 = 7)$ 7 Bilder zurückgegeben.

12 a) Wanne A: $20 + 0{,}6 \cdot m$ } m steht für die
Wanne B: $10 + 1{,}6 \cdot m$ } Anzahl der Minuten
b) $20 + 0{,}6 \cdot m = 10 + 1{,}6m \quad | -10 - 0{,}6m$
$10 = 1m$
Nach 10 Minuten sind beide Wannen gleich hoch gefüllt.
c) $20 + 0{,}6 \cdot 10 = 26$ und $10 + 1{,}6 \cdot 10 = 26$
Das Wasser steht dann 26 cm hoch.

13
a) Beginn: 180 €
Nach 1 Jahr: 183,24 €
Nach 2 Jahren: 186,54 €
Nach 3 Jahren: 189,90 €
Nach 4 Jahren: 193,32 €
Nach 5 Jahren: 196,80 €
Sie erhält 16,80 € Zinsen.
b) Beginn: 180 €
Nach 1 Jahr: 181,80 €
Nach 2 Jahren: 184,35 €
Nach 3 Jahren: 187,67 €
Nach 4 Jahren: 191,80 €
Nach 5 Jahren: 196,79 €
Sie erhält 16,79 € Zinsen.
Es wäre um 1 ct schlechter.

6 Lösen von Ungleichungen

Seite 103

1
a) $b + 15 < 20 \quad | -15$
$b < 5$

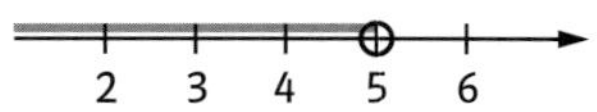

b) $56 > c - 13 \quad | +13$
$69 > c$

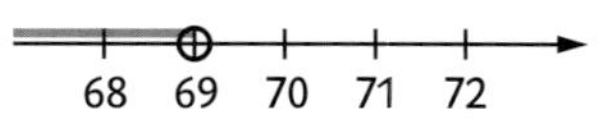

c) $3{,}5t + 16 < 86 \quad | -16$
$3{,}5t < 70 \quad | :3{,}5$
$t < 20$

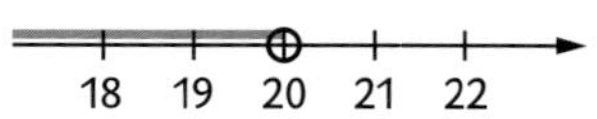

d) $-2{,}6x + 7{,}2 > x \quad | +2{,}6x$
$7{,}2 > 3{,}6x \quad | :3{,}6$
$2 > x$

e) $8d + 3 < 6d + 7 \quad | -6d$
$2d + 3 < 7 \quad | -3$
$2d < 4 \quad | :2$
$d < 2$

f) $12f > 15f - 12 \quad | -15f$
$-3f > -12 \quad | :(-3)$
$f < 4$

g) $5{,}5 - 4k > k + 2{,}5 \quad | -k$
$5{,}5 - 5k > 2{,}5 \quad | -5{,}5$
$-5k > -3 \quad | :(-5)$
$k < 0{,}6$

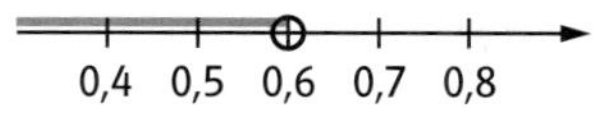

h) $-1{,}5 - 4{,}5x > 1{,}5 \quad | +1{,}5$
$-4{,}5x > 3 \quad | :(-4{,}5)$
$x < -\frac{3}{4{,}5}$
$x < -\frac{6}{9}$
$x < -\frac{2}{3}$

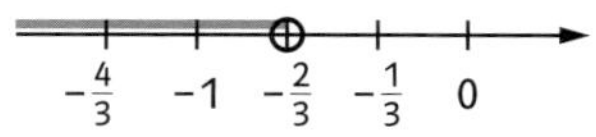

2

a) $22v + 21 - 20v < -15 + 20 - 5v \quad |$ vereinfachen
$2v + 21 < 5 - 5v \quad | +5v - 21$
$7v < -16 \quad | :7$
$v < -\frac{16}{7}$

b) $-3 - 6x \le 12x - 24x - 23 - 32 \quad |$ vereinfachen
$-3 - 6x \le -12x - 55 \quad | +12x + 3$
$6x \le -52 \quad | :6$
$x \le -\frac{52}{6} = -\frac{26}{3} = -8\frac{2}{3}$

c)
$5 \cdot (2d + 3) \ge 27 - 3d - 2 \cdot (1 + d) \quad |$ ausmultiplizieren
$10d + 15 \ge 27 - 3d - 2 - 2d \quad |$ vereinfachen
$10d + 15 \ge 25 - 5d \quad | +5d - 15$
$15d \ge 10 \quad | :15$
$d \ge \frac{10}{15} = \frac{2}{3}$

d) $16 \cdot (10 - 11x) < (-2 + 20x) \cdot 7 \quad |$ ausmultiplizieren
$160 - 176x < -14 + 140x \quad | +176x + 14$
$174 < 316x \quad | :316$
$\frac{174}{316} < x$
$\frac{87}{158} < x$

e) $2 \cdot (x - 3) + 3 \cdot (3 - x) \ge x - 10 \quad |$ ausmultiplizieren
$2x - 6 + 9 - 3x \ge x - 10 \quad |$ vereinfachen
$-x + 3 \ge x - 10 \quad | +x + 10$
$13 \ge 2x \quad | :2$
$6{,}5 \ge x$

f)
$-3 \cdot (2 + 9t) \ge 8t + 3 \cdot (t + 27 - 2t) \quad |$ ausmultiplizieren
$-6 - 27t \ge 8t + 3t + 81 - 6t \quad |$ vereinfachen
$-6 - 27t \ge 5t + 81 \quad | +27t - 81$
$-87 \ge 32t \quad | :32$
$-\frac{87}{32} \ge t$
$-2\frac{23}{32} \ge t$

3

a) $4 \cdot l > 50 \quad | :4$
$l > 12{,}5$ l muss länger als 12,5 m sein

b) $2 \cdot l + 2 \cdot (l + 3) > 50$
$4l + 6 > 50 \quad | -6$
$4l > 44 \quad | :4$
$l > 11$ l muss länger als 11 m sein

c) $2l + 2 \cdot (l + 1) + 2 > 50 \quad |$ ausmultiplizieren
$2l + 2l + 2 + 2 > 50 \quad |$ vereinfachen
$4l + 4 > 50 \quad | -4$
$4l > 46 \quad | :4$
$l > 11{,}5$ l muss länger als 11,5 m sein

d) $l + 1 + 2l + 3 > 50 \quad |$ vereinfachen
$3l + 4 > 50 \quad | -4$
$3l > 46 \quad | :3$
$l > 15\frac{1}{3}$ l muss länger als 15,3 m sein

4

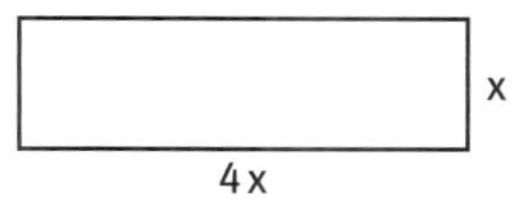

$U = 2 \cdot x + 2 \cdot 4 \cdot x$
$= 10 \cdot x$

$10 \cdot x \le 26 \quad | :10$
$x \le 2{,}6$

Die eine Seite beträgt höchstens 2,6 cm und die andere höchstens 10,4 cm.

5 $75 + K \cdot 14 \le 650$

a) 75 steht für das Gewicht von Fritz (75 kg). Jede Kiste wiegt 14 kg, deshalb wiegen k Kisten $k \cdot 14$ kg. Da der Fahrstuhl maximal 650 kg tragen kann, ist die Summe aller Gewicht kleiner oder gleich 650.

b) $75 + k \cdot 14 \le 650 \quad | -75$
$k \cdot 14 \le 575 \quad | :14$
$k \le 41{,}07\ldots$

Demnach kann Fritz höchstens 41 Kisten transportieren.

c) Es sind nur positive Zahlen als Lösungen sinnvoll. Dabei können ganze (natürliche) Zahlen vorkommen, aber auch Lösungen der rationalen Zahlen sind sinnvoll, wenn bspw. anteilige Kisten gekauft wurden.

6 a) Die Kosten werden durch den Term $525 + 1 \cdot c$ beschrieben: Tonstudiokosten (525 €) und Kosten pro kopierte CD (1 €).

b) $8c > 525 + c \quad | -c$
$7c > 525 \quad | :7$
$c > 75$

c) Tara muss mindestens 76 CDs verkaufen, damit ihre Einnahmen größer sind als die Kosten.

d) Der Gewinn ist gegeben durch die Einnahmen weniger der Kosten, also: Gewinn $= 8 \cdot c - 525 + c$.
Man erhält die Ungleichung:
$8c - 525 + c > 10\,000 \quad | +525$
$7c > 10\,525 \quad | :7$
$c > 1503{,}57$

Tara muss also mindestens 1504 CDs verkaufen, um mehr als 10 000 € einzunehmen.

7 a) Normaltarif:
$4{,}70 + 0{,}1615 \cdot h = \text{Kosten}$
Umwelttarif:
$\frac{49{,}92}{12} + 0{,}2001 \cdot h = \text{Kosten}$
} h steht für die Anzahl der Kilowattstunden

Die Kosten sind jeweils für einen Monat dargestellt.
Mit $h = 206\,\text{kWh}$ ist
$\text{Kosten}_{\text{Normaltarif}} = 4{,}7 + 0{,}1615 \cdot 206 = 37{,}969$
$\text{Kosten}_{\text{Umwelttarif}} = \frac{49{,}92}{12} + 0{,}2001 \cdot 206 = 45{,}3806$
Beim Normaltarif zahlen Janinas Eltern 37,97 € und beim Umwelttarif 45,38 €.
b) $4{,}7 + 0{,}1615 \cdot h \geq 4{,}16 + 0{,}2001 \cdot h \quad | -0{,}1615 \cdot h - 4{,}16$
$0{,}54 \geq 0{,}0386 \cdot h \quad | : 0{,}0386$
$13{,}989\ldots \geq h$
Ab 14 kWh ist der Umwelttarif teurer als der Normaltarif.
Bis 13,989 kWh ist der Umwelttarif günstiger.

7 Lösen von Problemen mit System

Seite 105

1 a) Susannes Freundin meint, dass sich der Abstand zwischen dem Alter von Susanne und dem Alter ihrer Mutter von gut 32 Jahren mit jedem Jahr verringert. Dies ist falsch, denn der Abstand bleibt immer derselbe.
b) Sei a die Anzahl der Jahre, bis die Mutter doppelt so alt ist wie ihre Tochter Susanne.
Dann ist: $(13 + a) \cdot 2 = 45 + a$, denn in a Jahren ist Susanne $13 + a$ und ihre Mutter $45 + a$ Jahre alt. Dann soll Susannes Mutter doppelt so alt sein wie Susanne.
Auflösen der Gleichung ergibt:
$(13 + a) \cdot 2 = 45 + a$
$26 + 2a = 45 + a$
$a = 19$
In 19 Jahren ist Susanne 32 und ihre Mutter 64 Jahre alt, demnach ist die Forderung erfüllt.

2 a) – insgesamt hat Kira 300 Würstchen.
- 100 Würstchen wurden zu je 0,4 € verkauft, also $100 \cdot 0{,}4 = 40$ € wurden eingenommen.
- alle Kosten wären beglichen worden, wenn 300 Würstchen zu je 1 € verkauft worden wären, also Kosten $= 300 \cdot 1\text{€} = 300\text{€}$.

b) Aus a) ergibt sich die Gleichung
$300 = 40 + 200 \cdot p$, wobei p der neue Preis der Würstchen ist.
Auflösen nach p ergibt:
$300 = 40 + 200 \cdot p \quad | -40$
$260 = 200 \cdot p \quad | : 200$
$p = 1{,}3$
Die restlichen 200 Würstchen müssen demnach für je 1,30 € verkauft werden, um die Kosten noch abzudecken.

Seite 106

3 a) $n + (n + 1) + (n + 2) < 96$, wobei n die erste der natürlichen aufeinander folgenden Zahlen ist.
Also: $3n + 3 < 96 \quad | : 3$
$n + 1 < 32 \quad | -1$
$n < 31$
Die kleinste der drei aufeinander folgenden natürlichen Zahlen darf höchstens 30 sein, damit die Summe kleiner als 96 ist.
b) Sei z die erste Zahl. Dann ist $z + 70$ die zweite – größere – Zahl.
$3 \cdot (z + 70) < 5 \cdot z \quad |$ ausmultiplizieren
$3z + 210 < 5z \quad | -3z$
$210 < 2z \quad | : 2$
$105 < z$
Die kleinere Zahl z muss größer als 105 sein, also bspw. 106. Die größere Zahl ist dann jeweils um 70 größer.

kleine Zahl	größere Zahl
106	176
107	177
120	190
⋮	⋮

4 a)
- Die Mutter fährt mit 1300 m pro Minute. Sei t die Anzahl der Minuten, dann legt die Mutter in t Minuten $1300 \cdot t$ Meter Wegstrecke zurück.
- Phillip legt in t Minuten $85 \cdot t$ Meter Wegstrecke zurück.
- Beide zusammen sollen 12 km = 12 000 m zurücklegen,
also: $1300 \cdot t + 85 \cdot t = 12\,000$
$1385 \cdot t = 12\,000 \quad | : 1385$
$t \approx 8{,}66$

Beide treffen sich nach ca. 8,66 Minuten (8 Minuten 40 Sekunden).
b) Nach ca. 8,66 Minuten hat Phillip $85 \cdot 8{,}66 \approx 736{,}5$ Meter zurückgelegt.
Das sind $\frac{736{,}5}{12\,000} \approx 0{,}0614$, also ca. 6,14 % des Gesamtweges.
c) $1300 \frac{\text{m}}{\text{min}} = 78\,\text{km/h}$ ist zu prüfen $\quad 1\,\text{km} = 1000\,\text{m}$; $1\,\text{h} = 60\,\text{min}$
also $78 \frac{\text{km}}{\text{h}} = 78 \cdot \frac{1000\,\text{m}}{60\,\text{min}} = 1300 \frac{\text{m}}{\text{min}}$

5 a) $[(4z + 14) \cdot 2 - z] : 7 = z + 4 \quad | \cdot 7$
$(4z + 14) \cdot 2 - z = 7 \cdot z + 28$
$8z + 28 - z = 7z + 28$
$7z + 28 = 7z + 28 \quad | -28$
$7z = 7z \quad | : 7$
$z = z$
Diese Gleichung ist für alle Zahlen erfüllt, denn $z = z$ gilt immer.

b)
- Vierfache einer Zahl: $4 \cdot z$
- addiere dann 14: $4 \cdot z + 14$
- verdopple das Ergebnis: $(4 \cdot z + 14) \cdot 2$
- ziehe die gedachte Zahl wieder ab: $(4 \cdot z + 14) \cdot 2 - z$
- das Ergebnis durch 7 dividieren: $[(4 \cdot z + 14) \cdot 2 - z] : 7$

c) $[(4z + 14) \cdot 2 - z] : 7$ Durch Termumformungen
$= [8z + 28 - z] : 7$
$= [7z + 28] : 7$
$= z + 4$

d) Auf der linken Seite der Gleichung (die auszuführende Rechenvorschrift) steht ein komplex erscheinender Term. Wenn man diesen vereinfacht, erhält man den einfachen Term $z + 4$. Beide Terme sind äquivalent. Daher muss man von dem genannten Endergebnis 4 abziehen, um die Zahl z zu erhalten.

e) Beispiel für individuelle Lösung
$[(5 \cdot z - 8) \cdot 3 + z] : 8 = 2z - 3$
„Verfünffache die gedachte Zahl, ziehe 8 ab und multipliziere das Ergebnis mit 3. Addiere dann die gedachte Zahl und dividiere durch 8."
Beim erhaltenen Endergebnis muss man 3 addieren und dann halbieren, um die gedachte Zahl zu erhalten.

6 a) 0,5 kg ≙ 100 %
0,01 kg ≙ 2 % Fruchtfleisch
Nach einer gewissen Lagerzeit:
0,01 kg ≙ 4 %, da sich der Fruchtfleischanteil verdoppelt hat. Die Fruchtfleischmasse bleibt aber konstant, weil nur das Wasser verdunstet.
$\cdot 25 \downarrow$ $\quad \downarrow \cdot 25$
0,25 kg ≙ 100 %
Die Gurke wiegt jetzt 0,25 kg.
b) $PW = 0{,}5 \cdot 0{,}02 = 0{,}01\,kg$ $G = 0{,}5\,kg$; $p = 2\,\%$
Der neue Grundwert entspricht der neuen Masse der Gurke:
$G = 0{,}01 : 0{,}04 = 0{,}25\,kg$ $PW = 0{,}01\,kg$; $p = 4\,\%$

Seite 107

7 Sei g das Gewicht des Fisches in Pfund und a der %-Anteil des Mittelstückes des Fisches:
$\frac{1}{3} + \frac{1}{4} + a = 1$, also $a = \frac{5}{12}$ oder $\frac{1}{3}g + \frac{1}{4}g + 10 = g$
Also: $\frac{5}{12}$ ≙ 10 Pfund $\frac{7}{12}g + 10 = g$
1 ≙ 24 Pfund = g $10 = \frac{5}{12}g$
$24 = g$
Der Fisch wiegt demnach insgesamt 24 Pfund.

8 Sei s die Länge einer Seite des Würfels. Dann benötigt Klaus für ein Paket die Klebebandlänge:
$6 \cdot \left(\frac{1}{2} \cdot s\right) + 3 \cdot s = 6 \cdot s.$
Pro Paket hat er $160\,m : 70 \approx 2{,}29\,m$ Klebeband zur Verfügung.
Also: $6 \cdot s \approx 2{,}29$
$s \approx 0{,}38$, demnach ist eine Seitenlänge des Würfels ca. 38 cm lang.

9 a) $45 \cdot t = 30$ mit t als Variable für die gefahrene Zeit in Stunden.
Also: $t = \frac{30}{45} = \frac{2}{3}h = 40\,min$
Zusammen mit der Pause benötigen sie 60 min.
b) Hin- und Rückfahrt: die Strecke beträgt
$2 \cdot 30 = 60\,km$.
Der Verbrauch ergibt sich anteilig mit:
100 km ≙ 3 l
60 km ≙ 1,8 l.
Daraus ergeben sich Mischbenzinkosten von
$1{,}8 \cdot 1{,}1 = 1{,}98$ €.

10
- Florian läuft entgegen der Rollrichtung 4 Stufen pro Sekunde.
- Die Rolltreppe fährt 115 Stufen in 45 Sekunden, also $2{,}\overline{5}$ Stufen pro Sekunde.
- Da sich beide Bewegungen gegenseitig „aufheben", ergibt sich pro Sekunde eine effektive Laufleistung von $4 - 2{,}\overline{5} = 1{,}\overline{4}$ Stufen pro Sekunde.
- Sei t die Zeit in Sekunden, bis Florian unten angekommen ist, dann gilt
  $1{,}\overline{4} \cdot t = 115$, also $t \approx 79{,}6$.

Demnach braucht Florian ca. 80 Sekunden, bis er entgegen der Rolltreppenlaufrichtung unten angekommen ist.

11 a) Achsenspiegelung
1. Man zeichnet durch den Punkt P eine Hilfslinie, die senkrecht zur Spiegelachse verläuft.
2. Man legt den Spiegelpunkt P′ so auf der Hilfslinie fest, dass der Punkt P und der Spiegelpunkt P′ den gleichen Abstand von der Spiegelachse haben.

Punktspiegelung
1. Man legt das Spiegelzentrum Z fest.
2. Man verbindet den Punkt P mit dem Spiegelzentrum Z und verlängert die Strecke über Z hinaus.
3. Man trägt die Länge der Strecke $\overline{PZ}$ nochmals an Z an. Der Endpunkt der Strecke ist der Spiegelpunkt P′.

b)

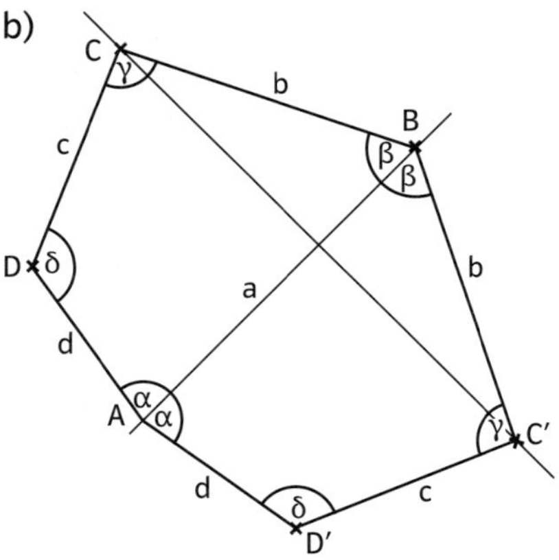

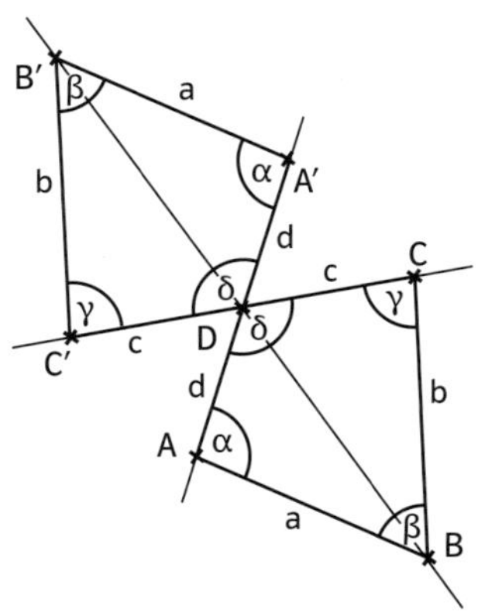

Wiederholen – Vertiefen – Vernetzen

Seite 108

1 a) ja, denn $\frac{n}{2} = \frac{1}{2} \cdot n$

b) nein, $\frac{2}{n}$ ist der n-te Teil von 2

c) ja, denn $0{,}5 \cdot n = \frac{1}{2} \cdot n$

d) nein, $\frac{1}{2n}$ ist der $2 \cdot n$-te Teil von 1

e) ja

f) nein

g) nein

h) ja, denn $\frac{2}{4} \cdot n = \frac{1}{2} \cdot n$

2 a)

11x+35			
5x+18	6x+17		
2x+14	3x+4	3x+13	
2·(x+5)	4	3·x	13

b)

8·n+12			
4·n+4	4n+8		
2n+1	2n+3	2n+5	
n	n+1	n+2	n+3

3

a) $x \geq 1$
$x + 5 \geq 6$
$3x - 1 \geq 2x$

b) $x > 0$
$2x + 3 > x + 3$
$-2x < 0$

c) $-1{,}5 < x \leq 2$
$-1{,}5 + x < 2x \leq 2 + x$
$3{,}5 < x + 5 \leq 7$

4 a)

n	Anzahl Kaninchen	Anzahl Zaunelemente	Fläche des Geheges (in m²)
1	1	12	2,25
2	4	24	9
3	9	36	20,25

b) $n = 1$: $2{,}25 : 1 = 2{,}25\,m^2$ für 1 Kaninchen
$n = 2$: $9 : 4 = 2{,}25\,m^2$ für 1 Kaninchen
$n = 3$: $20{,}25 : 9 = 2{,}25\,m^2$ für 1 Kaninchen
Getestet an den 3 Beispielen hat Fibona Recht.

c) Anzahl der Kaninchen: $K = n^2$, denn
bei $n = 1$ gibt es eine Reihe mit 1 Kaninchen;
bei $n = 2$ gibt es zwei Reihen mit je zwei Kaninchen;
bei $n = 3$ gibt es drei Reihen mit je drei Kaninchen;
⋮

Anzahl der Zaunelemente: $Z = 12 \cdot n$, denn pro Kaninchen am Zaun gibt es drei Zaunelemente, also $3 \cdot n$. Da es 4 Seiten gibt, kann man die Gesamtanzahl der Zaunelemente mit $4 \cdot 3n = 12n$ berechnen.

Fläche des Geheges: $A = 2{,}25 \cdot n^2$, denn pro Kaninchen am Zaun gibt es drei Zaunelemente je 0,50 m, also $3 \cdot 0{,}5 = 1{,}5\,m$.
Bei n Kaninchen pro Reihe ergibt sich eine Länge von $1{,}5 \cdot n$. Die Fläche ergibt sich dann aus $1{,}5 \cdot n \cdot 1{,}5 \cdot n = 2{,}25 \cdot n^2$.

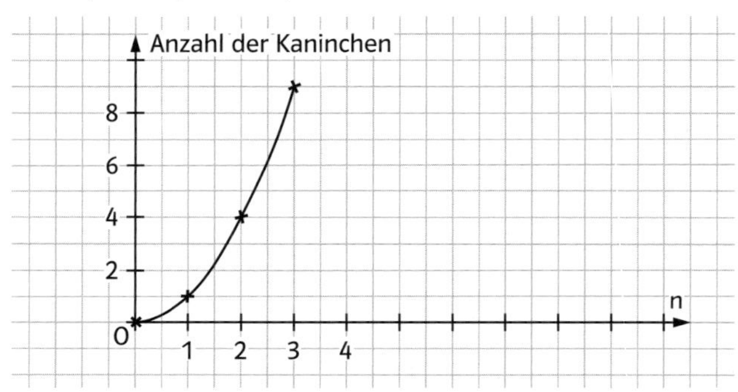

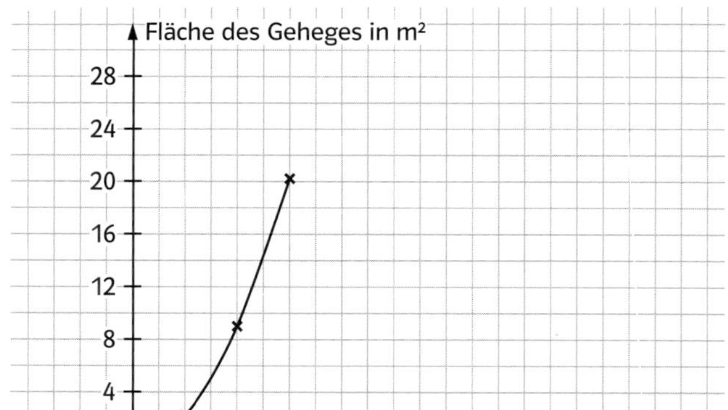

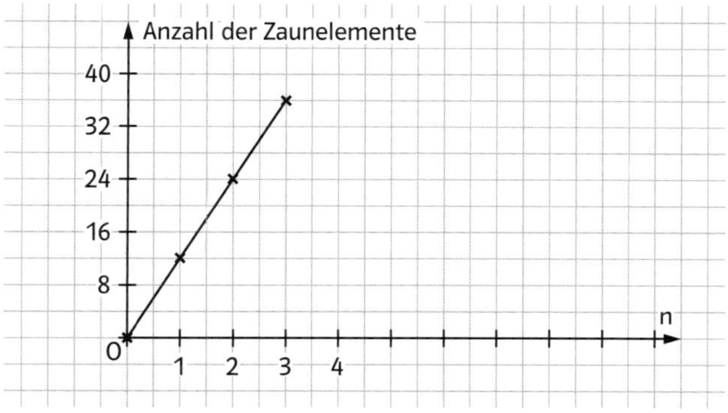

d) An den Graphen der Zuordnungen aus c) kann man erkennen, dass der Graph für die Anzahl der Kaninchen immer steiler wird, wobei der Graph für die Anzahl der Zaunelemente konstant ansteigt (proportionale Zuordnung). Daher nimmt die Anzahl der Kaninchen im Vergleich schneller zu!

5 a) $3000:400 = 7{,}5$
Die Teilnehmer müssen 7,5 Runden laufen.
b) Gleichmäßige Laufgeschwindigkeiten sind vorauszusetzen, da man ansonsten nicht kalkulieren kann, ob Linda oder Rebecca eventuell Pausen eingelegt haben, in denen sie langsamer oder sogar gar nicht gelaufen sind, ...
Berechnung der Laufgeschwindigkeiten:
Rebecca: $3000:12\frac{32}{60} \approx 239{,}36\,\frac{m}{min}$
Linda: $3000:14\frac{55}{60} \approx 201{,}12\,\frac{m}{min}$
Wenn Rebecca Linda überrundet, läuft sie 400 m weiter. Also muss am „Treffpunkt“ gelten:
$239{,}36 \cdot t = 201{,}12 \cdot t + 400$, wobei t die Anzahl der Minuten angibt.
Auflösen der Gleichung ergibt:
$239{,}36 \cdot t = 201{,}12 \cdot t + 400 \quad | -201{,}12 \cdot t$
$38{,}24 \cdot t = 400 \quad | :38{,}24$
$t \approx 10{,}46$
Nach 10,46 Minuten, also nach 10 Minuten und 27,6 Sekunden, hat Rebecca Linda überrundet.
c) $239{,}36 \cdot 10{,}46 \approx 2503{,}7$
$2503{,}7:400 \approx 6{,}26$
Die Überrundung findet in der 7. Runde von Rebecca statt bzw. in der 6. Runde von Linda.

Seite 109

6 a)
- Aus dem Wasserhahn kommen in 1,5 Minuten (gleich 90 Sekunden) 10 l Wasser, also $\frac{10}{90}$ l pro Sekunde.
- 10 l Wasser laufen in 55 Sekunden durch den Abfluss, also $\frac{10}{55}$ l pro Sekunde.
- Wenn das Becken halb gefüllt ist, fasst es 5 l Wasser.
- Der Term $\frac{10}{55} \cdot t - \frac{10}{90} \cdot t$ beschreibt, wie viel Liter Wasser pro Sekunde (t beschreibt die Anzahl der Sekunden) effektiv abläuft, wenn der Wasserhahn geöffnet ist.
- Die Gleichung $\frac{10}{55} \cdot t - \frac{10}{90} \cdot t = 5$ beschreibt nun, nach wie viel Sekunden 5 l Wasser effektiv abgelaufen sind.

b) $\frac{10}{55} \cdot t - \frac{10}{90} \cdot t = 5 \quad |\text{vereinfachen}$
$0{,}\overline{07} \cdot t = 5 \quad | :0{,}\overline{07}$
$t \approx 70{,}71$
Der Messwert und der berechnete Wert stimmen gut überein. Die Differenz ergibt sich aus experimentellen Ungenauigkeiten.
c) Die Ungleichung $\frac{10}{55} \cdot t - \frac{10}{90} \cdot t \geq 5$ beschreibt, nach wie viel Sekunden 5 l oder mehr abgelaufen sind.

7 Sei a die Anzahl der Lotusblüten.
$\frac{a}{3} + \frac{a}{5} + \frac{a}{6} + \frac{a}{4} = \frac{20}{60}a + \frac{12}{60}a + \frac{10}{60}a + \frac{15}{60}a = \frac{57}{60}a$
Also ist der Rest: $\frac{3}{60}a = 6 \quad | \cdot \frac{60}{3}$
$a = \frac{6 \cdot 60}{3} = 120.$
Das Bündel enthält 120 Lotusblüten.
Oder: $a - \frac{a}{3} - \frac{a}{5} - \frac{a}{6} - \frac{a}{4} = 6$
$\frac{1}{20}a = 6$
$a = 120$

8 a) $x \cdot (x - 2) = 0$
Bei $x = 0$ ist $0 \cdot (0 - 2) = 0$ und bei $x = 2$ ist $2 \cdot (2 - 2) = 2 \cdot 0 = 0.$
Demnach sind $x = 0$ und $x = 2$ die Lösungen der Gleichung $x \cdot (x - 2) = 0.$
b) Zu Rolf: Rolf erhält die Lösung $x = 2$. Diese Lösung ist zwar richtig, aber unvollständig. Wenn man durch x dividiert, fällt also eine Lösung $(x = 0)$ weg. Außerdem müsste man voraussetzen, dass $x \neq 0$ gilt, wenn durch x dividiert werden sollte.
Zu Nina: Wenn man Gleichungen mit 0 multipliziert, ergibt sich immer die Gleichung $0 = 0$. Der Wert und damit die Anzahl der Lösungen bleibt aber nicht erhalten – bei der veränderten Gleichung kommen mehr Lösungen in Frage, als bei der Originalgleichung. Das kann nicht stimmen.

9 a) $5(4x - 6) = -10(3 - 2x)$
$20x - 30 = -30 + 20x \quad | +30$
$20x = 20x \quad | :20$
$x = x$
Diese Gleichung ist allgemein, also für alle Zahlen gültig.

b) $5(3x - 6) = -10(3 - 2x)$
$15x - 30 = -30 + 20x \quad | +30$
$15x = 20x \quad | -15x$
$0 = 5x \quad | :5$
$0 = x$
Diese Gleichung hat die Lösung $x = 0$.
c) $5(4x - 6) = -10(2 - 3x)$
$20x - 30 = -20 + 30x \quad | +30$
$20x = 10 + 30x \quad | -30x$
$-10x = 10 \quad | :(-10)$
$x = -1$
Diese Gleichung hat die Lösung $x = -1$.
d) $5(4x - 6) = -10(4 - 2x)$
$20x - 30 = -40 + 20x \quad | -20x$
$-30 = -40$
Diese Gleichung ist unwahr, da $-30 \neq -40$. Deshalb ist sie nicht lösbar.
e) $6x - 14 = 2(-7 + 2x) + 2x$
$6x - 14 = -14 + 4x + 2x \quad | +14$
$6x = 6x \quad | :6$
$x = x$
Diese Gleichung ist allgemein gültig.
f) $6x - 14 = 2(-4 + 3x) + 2x$
$6x - 14 = -8 + 6x + 2x \quad | +8$
$6x - 6 = 8x \quad | -6x$
$-6 = 2x \quad | :2$
$-3 = x$
Diese Gleichung hat die Lösung $x = -3$.
g) $6x - 14 = 2(-7 + 3x) + 2x$
$6x - 14 = -14 + 6x + 2x \quad | +14$
$6x = 8x \quad | -6x$
$0 = 2x \quad | :2$
Diese Gleichung hat die Lösung $x = 0$.
h) $6x - 14 = 2(-6 + 2x) + 2x$
$6x - 14 = -12 + 4x + 2x \quad | +14$
$6x = 2 + 6x \quad | -6x$
$0 = 2$
Diese Gleichung ist nicht lösbar, da $0 \neq 2$.

Exkursion – Zahlenzauberei

Seite 110

1 a) $(z + 1) \cdot 100 + z \cdot 10 + (z - 1) \cdot 1 - [(z - 1) \cdot 100 + z \cdot 10 + (z + 1) \cdot 1]$
$= 100z + 100 + 10z + z - 1 - [100z - 100 + 10z + z + 1]$
$= \cancel{100z} + 100 + \cancel{10z} + \cancel{z} - 1 - \cancel{100z} + 100 - \cancel{10z} - \cancel{z} - 1$
$= 200 - 2 = 198$
b) größtmögliche Zahl: $(z + 1) \cdot 10 + z \cdot 1$
kleinstmögliche Zahl: $z \cdot 10 + (z + 1) \cdot 1$,
wobei z die kleinere Ziffer beschreibt.
Also: $(z + 1) \cdot 10 + z - [z \cdot 10 + (z + 1) \cdot 1]$
$= \cancel{10z} + 10 + \cancel{z} - \cancel{10z} - \cancel{z} - 1$
$= 10 - 1 = 9$
Das Ergebnis ist immer 9.

Für vier aufeinander folgende Ziffern sei z die kleinste Ziffer.
größtmögliche Zahl:
$(z + 3) \cdot 1000 + (z + 2) \cdot 100 + (z + 1) \cdot 10 + z \cdot 1$
kleinstmögliche Zahl:
$(z \cdot 1000 + (z + 1) \cdot 100 + (z + 2) \cdot 10 + (z + 3)$
Also: $(z + 3) \cdot 1000 + (z + 2) \cdot 100 + (z + 1) \cdot 10 + z \cdot 1$
$- [z \cdot 1000 + (z + 1) \cdot 100 + (z + 2) \cdot 10 + (z + 3)]$
$= 1000z + 3000 + 100z + 200 + 10z + 10 + z$
$- [1000z + 100z + 100 + 10z + 20 + z + 3]$
$= \cancel{1000z} + 3000 + \cancel{100z} + 200 + \cancel{10z} + 10 + \cancel{z}$
$- \cancel{1000z} - \cancel{100z} - 100 - \cancel{10z} - 20 - \cancel{z} - 3$
$= 3000 + 200 + 10 - 100 - 20 - 3$
$= 3087$
Hier erhält man immer das Ergebnis 3087.

2 a) Sei r die Anzahl der Erbsen unter dem roten Becher. Dann ist die Anzahl der Erbsen unter dem blauen Becher $13 - r$.
Es gilt nach der folgenden Rechenvorschrift:
$6 \cdot r + 5 \cdot (13 - r)$. Durch Vereinfachen erhält man: $6 \cdot r + 65 - 5r = r + 65$.
Das Ergebnis wird einem gesagt, etwa 67.
Dann ist $r + 65 = 67 \quad | -65$
$r = 2$.
Also 2 Erbsen unter dem roten Becher und 11 $(13 - 2 = 11)$ Erbsen unter dem blauen Becher.
Bei einem Ergebnis von etwa 75 wären $r + 65 = 75$, also $r = 10$ und $13 - 10 = 3$.
b) „Ich habe 9 Münzen. Verteile sie in deinen Händen. Multipliziere die Anzahl der Münzen in deiner linken Hand mit 5 und die in der rechten Hand mit 4. Addiere beide Ergebnisse und nenne mir das Ergebnis." – „37."
Lösung:
Sei l die Anzahl der Münzen in der linken Hand:
$5 \cdot l + 4 \cdot (9 - l) = 5l + 36 - 4l = l + 36$
Mit $l + 36 = 37$ folgt $l = 1$.
Sie hat 1 Münze in der linken und 8 Münzen in der rechten Hand
(eine mögliche Schülerlösung).

Seite 111

3 a)

Zahl	Ereignis
2	8
4	16
5	20
7	28
10	40

b) Sei z die gedachte Zahl.
$(z + 5) \cdot 4 - 20 = 4 \cdot z + 20 - 20 = 4z$
Das Ergebnis muss man einfach durch 4 dividieren.

c) „Denke dir eine Zahl, addiere dann 7 und multipliziere das Ergebnis mit 5. Subtrahiere nun 29 und füge die gedachte Zahl hinzu. Dividiere nun durch 6."

$[(z + 7) \cdot 5 - 29 + z] : 6$
$= [5z + 35 - 29 + z] : 6 = [6z + 6] : 6 = z + 1$

Vom Ergebnis muss man nun 1 subtrahieren, um die gedachte Zahl zu erhalten.

4 a) Sei z die gedachte Zahl.
Wenn man die Vorschrift übersetzt, ergibt sich folgender Term:
$[(z + 4) \cdot 2 + 5] \cdot 4 - 8z = [2z + 8 + 5] \cdot 4 - 8z$
$= 8z + 52 - 8z = 52$
Da das Ergebnis bei allen Zahlen 52 ist, stimmt es mit der Zahl auf dem Zettel überein.
Text: „Der Term $[(z + 4) \cdot 2 + 5] \cdot 4 - 8z = 52$ erklärt alles."
b) $[(z - 3) \cdot 3 + 14] \cdot 2 - 6z = 10$
„Denke dir eine Zahl und subtrahiere 3. Multipliziere das Ergebnis mit 3 und addiere 14. Multipliziere nun mit 2 und subtrahiere das Sechsfache der gedachten Zahl. Das Ergebnis steht schon auf dem Zettel."
c) Man sollte diesen Trick mit jeder Rechenvorschrift nur einmal durchführen, weil dies Ergebnis ansonsten immer dasselbe wäre, was sehr auffällig ist.

5 a) Nach der 2. Anweisung liegen im
linken Stapel 2,
mittleren Stapel 9 und
rechten Stapel 4 Hölzer. Damit nach der 3. Anweisung im mittleren Stapel 6 Hölzer liegen, müssen noch 3 Hölzer aus dem mittleren Stapel beispielsweise auf den rechten Stapel verschoben werden. Es fällt bei verschiedenen Anfangssituationen auf, dass nach der 2. Anweisung im mittleren Stapel immer 9 Hölzer liegen.
b)

	linker Stapel	mittlerer Stapel	rechter Stapel
Anfangssituation	z	z	z
nach der 1. Anweisung	z − 3	z + 6	z − 3
nach der 2. Anweisung	z − 3	z + 6 − (z − 3)	z − 3 + (z − 3)
		= 9	= 2z − 6

z beschreibt die Anzahl der Hölzer in jedem Stapel in der Anfangssituation.
c) Da die Anzahl der Hölzer nach der 2. Anweisung im mittleren Stapel immer 9 ist, kann Kristine die dritte, vierte oder fünfte Anweisung so wählen, dass am Ende im mittleren Stapel so viele Hölzer liegen, wie von der Person genannt wurde.

V Beziehungen in geometrischen Figuren

1 Abstände

Seite 117

1

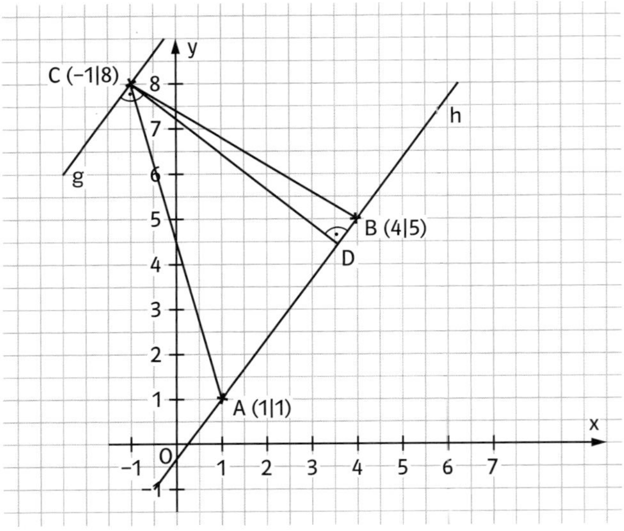

a) $\overline{AB}$ = 5 cm; $\overline{AC}$ = 7,3 cm; $\overline{BC}$ = 5,8 cm

b) $\overline{CD}$ ist das Lot von C auf die Gerade AB. Die Gerade g parallel zur Geraden AB geht durch C. Die Gerade g ist senkrecht zum Lot $\overline{CD}$. Für den Abstand der Geraden g zur Geraden AB gilt $\overline{CD}$ = 5,8 cm.

c) Das Lot $\overline{CD}$ ist die Höhe zur Seite $\overline{AB}$ im Dreieck ABC.

Der Flächeninhalt wird berechnet aus
$(5 \cdot 5{,}8) : 2\,cm^2 = 14{,}5\,cm^2$.

2

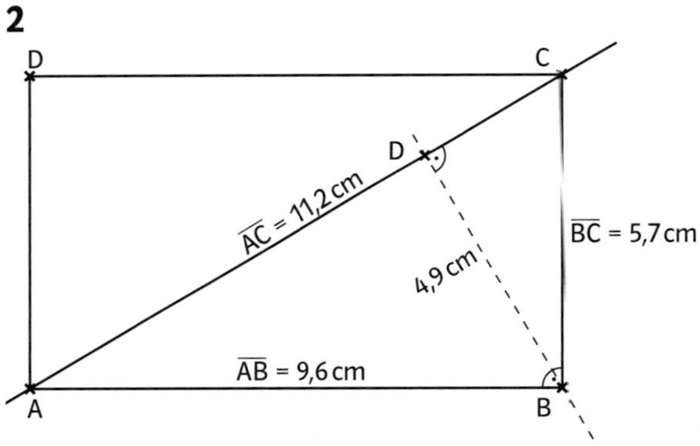

a) Die Strecke $\overline{BD}$ ist das Lot von B auf die Gerade AC; es ist $\overline{BD}$ = 4,9 cm. Der Punkt B hat von der Geraden AB den Abstand 4,9 cm.

b) 1. Lösung

Der Flächeninhalt des Dreiecks ABC wird berechnet mit der Grundseite $\overline{AC}$ und der zugehörigen Höhe $\overline{BD}$: $(11{,}2 \cdot 4{,}9) : 2\,cm^2 \approx 27{,}4\,cm^2$.

c) 2. Lösung

Der Flächeninhalt des Dreiecks ABC ist aber auch halb so groß wie der des Rechtecks ABCD. Dies ergibt $(9{,}6 \cdot 5{,}7) : 2\,cm^2 \approx 27{,}4\,cm^2$.

3 a)

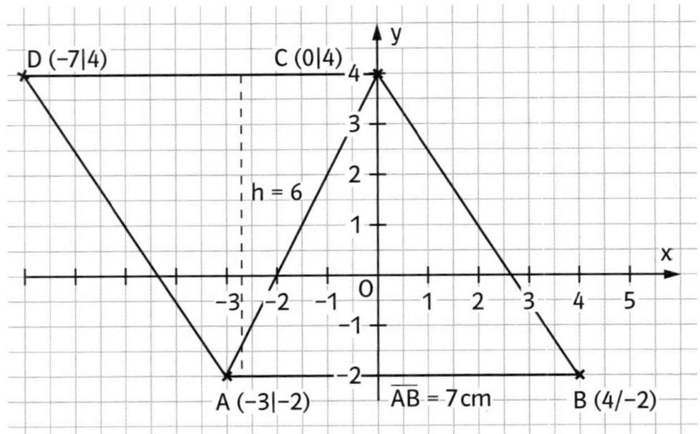

Flächeninhalt des Parallelogramms ABCD:
$\overline{AB} \cdot h = 7 \cdot 6\,cm^2 = 42\,cm^2$.

b)

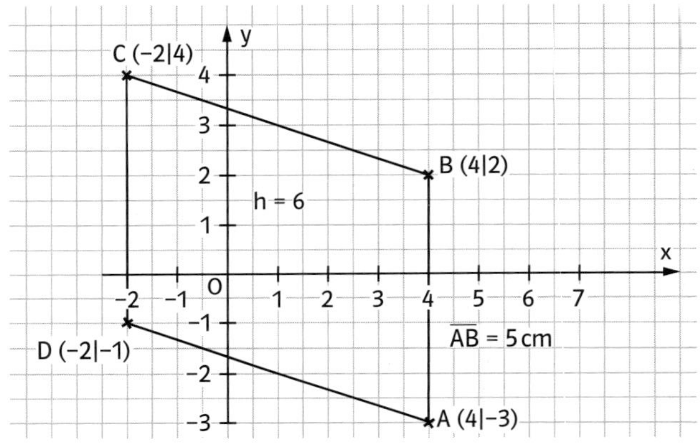

Flächeninhalt des Parallelogramms ABCD:
$5 \cdot 6\,cm^2 = 30\,cm^2$.

4 a)

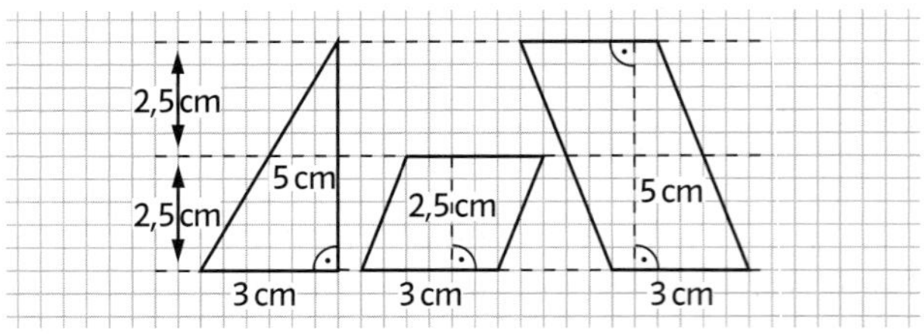

Das Dreieck hat eine 3 cm lange Seite und eine zugehörige Höhe mit 5 cm Länge.
Sein Flächeninhalt beträgt deshalb
$(3 \cdot 5) : 2\,cm^2 = 7{,}5\,cm^2$.
Das große Parallelogramm stimmt in einer Seitenlänge und mit der Höhe mit dem Dreieck überein.

Deshalb ist sein Flächeninhalt doppelt so groß wie der des Dreiecks, also $15\,cm^2$.
Der Flächeninhalt des kleinen Parallelogramms beträgt $7{,}5\,cm^2$, weil eine Seitenlänge so groß ist wie die Seite des großen Parallelogramms und die zugehörige Höhe aber nur halb so groß ist.
b)

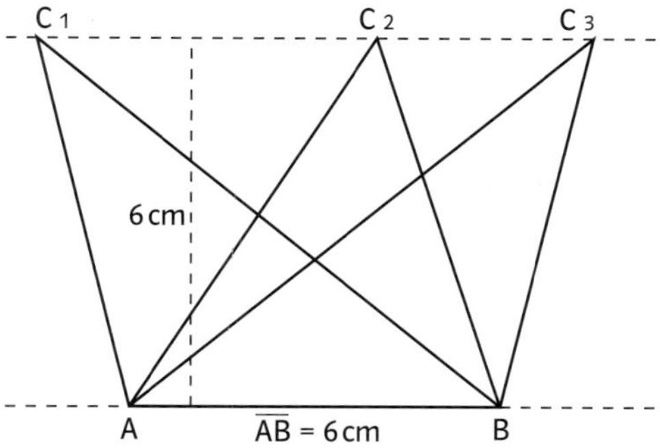

Ein Dreieck mit einer 6 cm langen Seite muss eine 6 cm lange Höhe haben, damit seine Fläche $18\,cm^2$ beträgt. Deshalb muss der gesuchte Punkt auf einer Parallele zur Geraden AB im Abstand 6 cm liegen.

5 a)

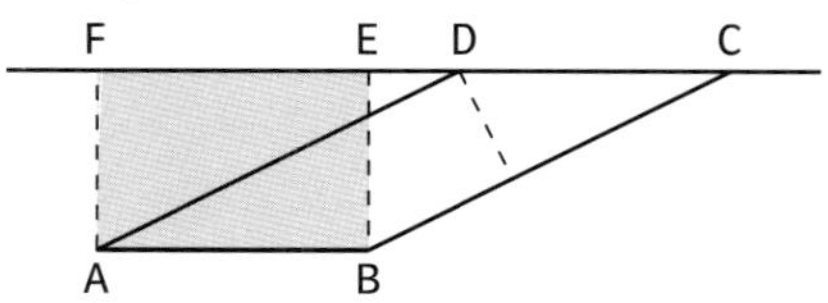

Gegeben ist das Parallelogramm ABCD. Das gesuchte Rechteck soll die Seite $\overline{AB}$ haben. Seine Höhe muss mit der Höhe des Parallelogramms zur Seite $\overline{AB}$ übereinstimmen, damit der Flächeninhalt gleich bleibt. Dazu zeichnet man die Lote von A und B auf die Gerade durch C und D.
Lösung: Rechteck ABEF.
b)

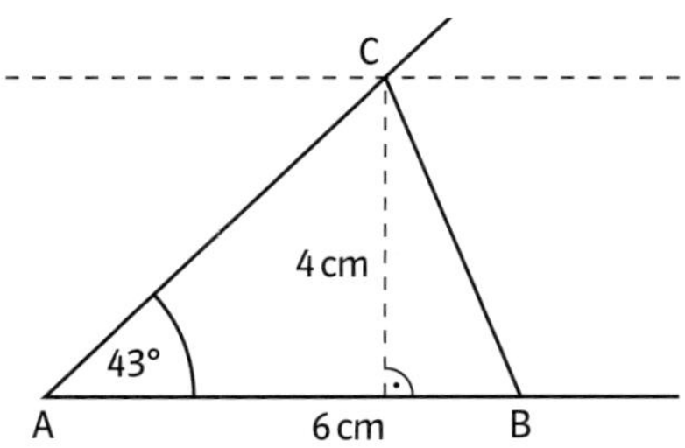

Das Dreieck ABC hat z. B. einen Flächeninhalt von $12\,cm^2$, weil AB = 6 cm lang ist und die zugehörige Höhe 4 cm lang ist.
Den Punkt C erhält man als Schnittpunkt einer Parallelen zu AB im Abstand 4 cm.

6 a) Das bisherige und das neue Spielfeld werden im Maßstab 1 : 1000 gezeichnet. Dann kommt der Streifen für die Zuschauer hinzu. (Hier verkleinert.)

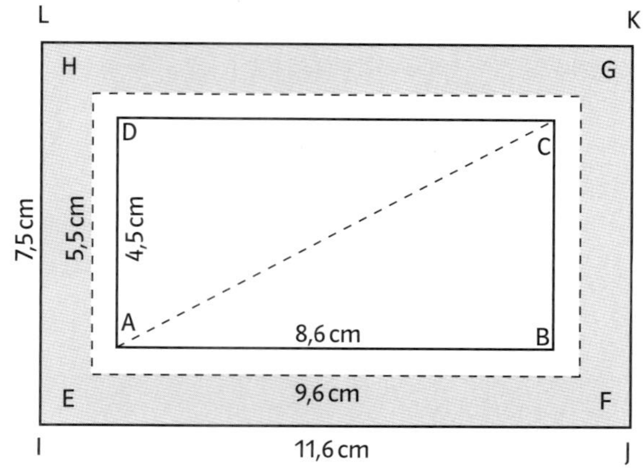

a) Man misst $\overline{AC}$ = 9,7 cm. Die bisherige Diagonale des Spielfeldes ist 97 m.
Man misst $\overline{EG}$ = 11,1 cm. Die neue Spielfeld-Diagonale ist 111 m.
b) Fläche des alten Spielfeldes $86 \cdot 45\,m^2 = 3870\,m^2$
Fläche des neuen Spielfeldes $96 \cdot 55\,m^2 = 5280\,m^2$
Prozentanteil des neuen Spielfeldes zum alten:
$\frac{5280}{3870} \approx 1{,}36 = 136\,\%$
Das neue Spielfeld ist 36 % größer als das alte.
c) Flächenanteil der Zuschauer:
$2 \cdot (116 \cdot 10)\,m^2 + 2 \cdot (55 \cdot 10)\,m^2 = 3420\,m^2$
Gesamtfläche der Sportanlage $116 \cdot 75\,m^2 = 8700\,m^2$
Anteil des Zuschauerbereiches $\frac{3420}{8700} \approx 0{,}393 = 39{,}3\,\%$;
dies sind etwa $\frac{2}{5}$ der Gesamtfläche!

2 Abstände von Punkten und Geraden – Ortslinien

Seite 119

1

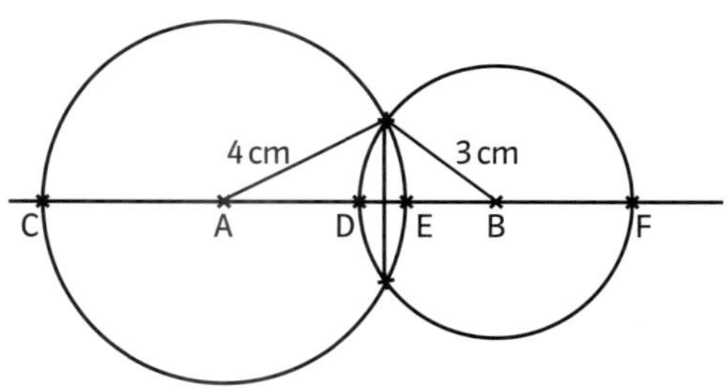

a) Die Schnittpunkte der beiden Kreise haben von A den Abstand 4 cm und von B den Abstand 3 cm.
b) Die beiden Schnittpunkte haben den Abstand 3,56 cm.
c) Mit der Beschriftung in der Zeichnung gilt:
$\overline{CD}$ = 7 cm; $\overline{CE}$ = 8 cm; $\overline{CB}$ = 10 cm; $\overline{CF}$ = 13 cm;
DE = 1 cm; $\overline{DB}$ = 3 cm; $\overline{DF}$ = 6 cm; $\overline{EB}$ = 2 cm
d) Der größte Abstand zweier Punkte auf den Kreisen ergibt sich für C und F mit 13 cm.

2 a)

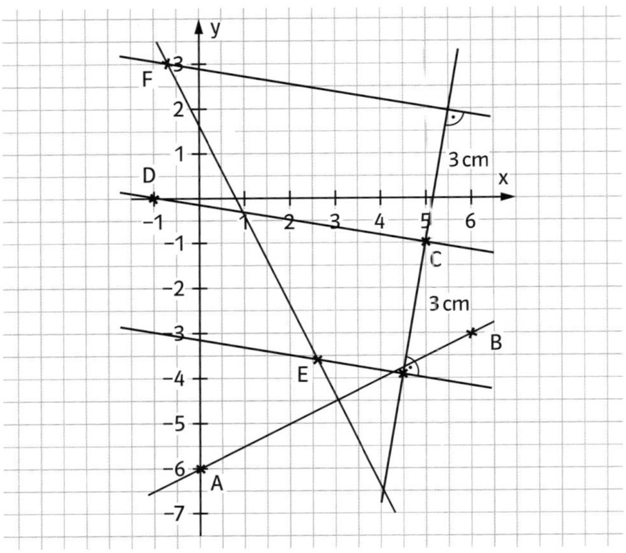

Die Punkte E und F ergeben sich aus den Schnittpunkten der Mittelsenkrechten der Strecke $\overline{AB}$ mit den beiden Parallelen zur Geraden durch C und D im Abstand 3 cm: Es gilt in etwa: E(2,6 | − 3,6); F(− 0,7 | 3).

b)

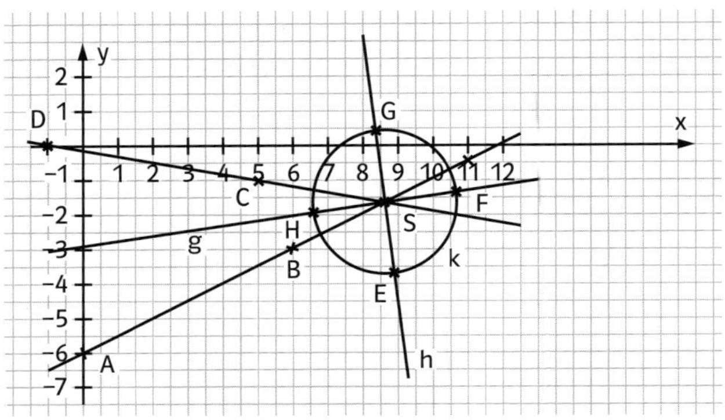

Die Punkte E, F, G und H ergeben sich als Schnittpunkte der Winkelhalbierenden g und h mit dem Kreis um S mit Radius 3 cm, wobei S der Schnittpunkt der Geraden durch A und B und der Geraden durch C und D ist.
Es gilt in etwa: E(9 | − 3,6); F(10,7 | − 1,3); G(8,3 | 0,4); H(6,6 | − 1,9).

3 a)

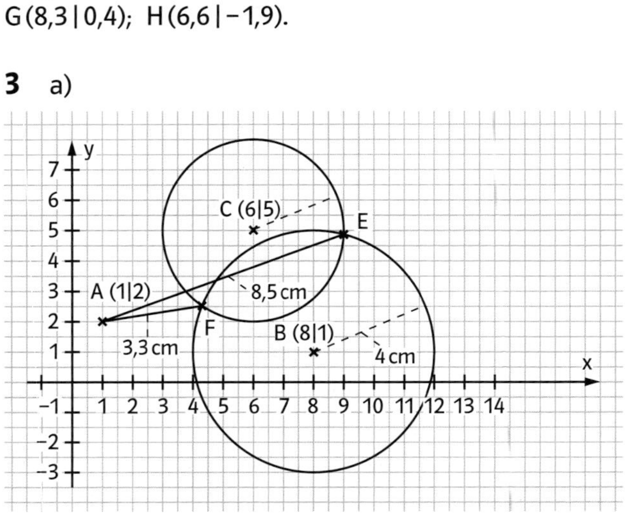

Die Punkte E und F sind 3 cm von C und 4 cm von B entfernt. Der Abstand von E zu A beträgt 8,5 cm; der Abstand von F zu A beträgt 3,3 cm.

b)

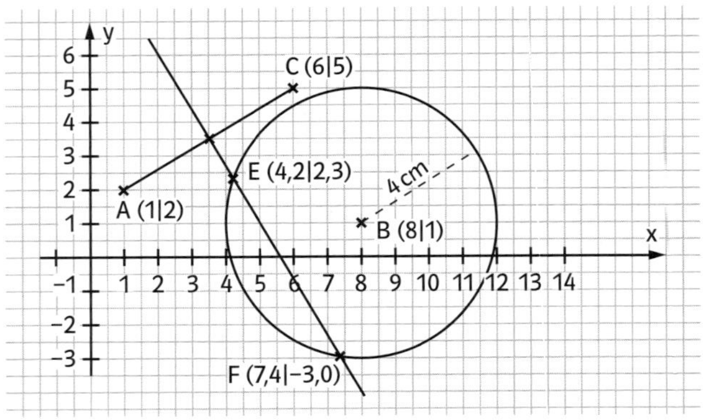

Die gesuchten Punkte liegen auf der Mittelsenkrechten der Strecke AB und auf dem Kreis um B mit Radius 4 cm.
Lösung: E(4,2 | 2,3) und F(7,4 | 3)

c)

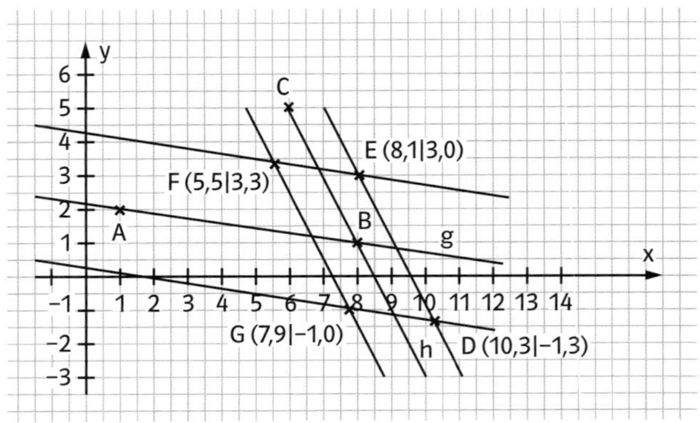

Die gesuchten Punkte liegen auf den beiden Parallelen zu g im Abstand 2 cm und auf den Parallelen zu h im Abstand 1 cm.
Lösung: D(10,3 | − 1,3); E(8,1 | 3); F(5,5 | 3,3) und G(7,9 | − 1).

d)

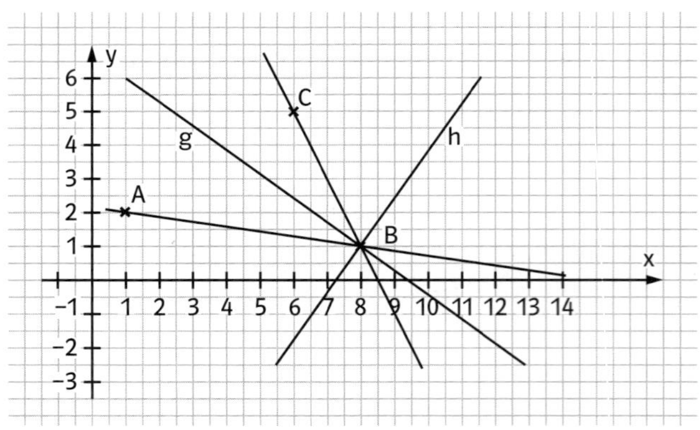

Die beiden Geraden AB und BC bilden in ihrem Schnittpunkt B vier Winkel. Die Winkelhalbierende dieser Winkel sind die Geraden g und h. Jeder Punkt dieser Geraden hat jeweils den gleichen Abstand zu den Geraden AB und BC.

4 a) Wenn man das Blatt mit der Strecke $\overline{AB}$ so faltet, dass der Punkt A mit dem Punkt B zusammenfällt, dann ist die Faltlinie die Mittelsenkrechte der Strecke AB, weil A und B dann punktsymmetrisch zu ihr sind.
b) Für parallele Geraden faltet man zweimal rechte Winkel. Entsprechend a) erhält man die Winkelhalbierende zweier Geraden, wenn man so faltet, dass die Geraden aufeinander liegen. Dann geht die Faltlinie durch den Schnittpunkt und ist eine Winkelhalbierende.
Wenn die beiden Geraden zueinander parallel sind, ist die Faltlinie die Mittelparallele.

Seite 121

5 a)

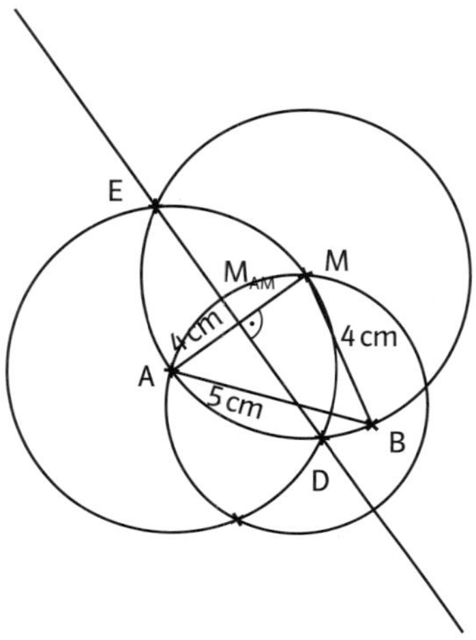

Zur Strecke $\overline{AB}$ = 5 cm zeichnet man zunächst die Mittelsenkrechte. Dann zeichnet man um A einen Kreis mit Radius 4 cm. Ein Schnittpunkt mit der Mittelsenkrechten wird mit M beschriftet. Der Kreis um M mit Radius 4 cm geht nun durch A und B. Die beiden Schnittpunkte D und E der Kreise haben die gewünschte Eigenschaft. (Man kann E und D auch als Schnittpunkt der Mittelsenkrechten der Strecke $\overline{AM}$ und dem Kreis um M oder A erhalten.)
b)

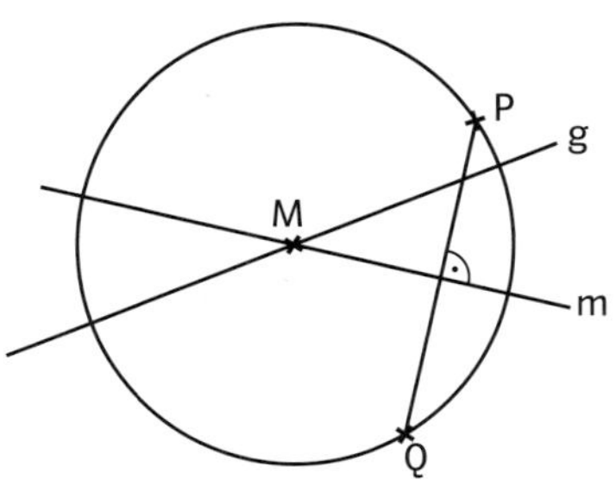

Man erhält den Mittelpunkt des gesuchten Kreises als Schnittpunkt der Mittelsenkrechten m der Strecke $\overline{PQ}$ und der Geraden g.

Da alle Punkte auf m gleichen Abstand zu P und Q haben, können P und Q auch auf einer Seite der Geraden g liegen (siehe Zeichnung).

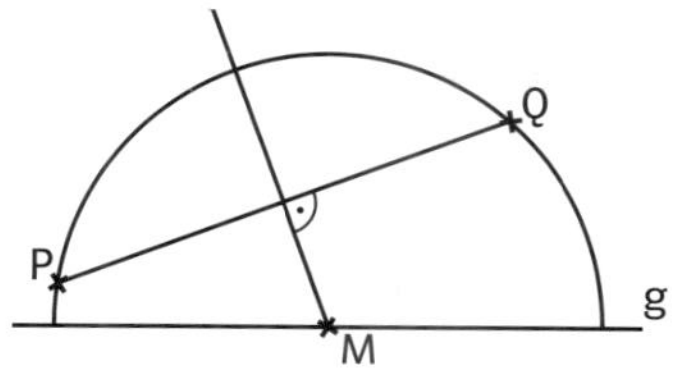

c)

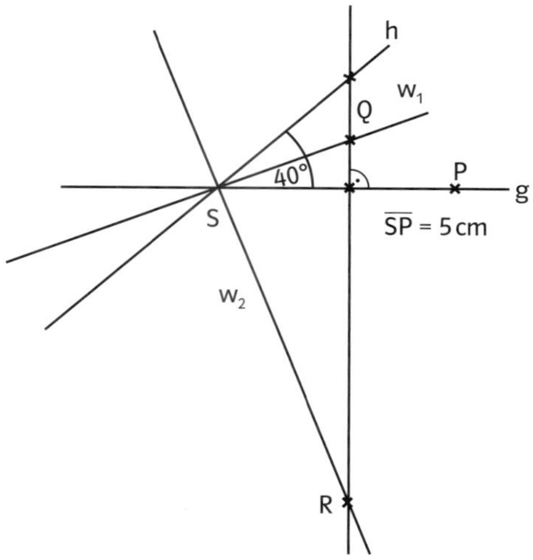

Man muss die Schnittpunkte der Mittelsenkrechten der Strecke $\overline{SP}$ mit den Winkelhalbierenden w_1 und w_2 der Winkel mit Scheitelpunkt S bestimmen.
Lösung: Die Punkte Q und R.

6 a) Irma hat Recht: Wenn sie die Mittelsenkrechten der Strecken $\overline{AB}$ und $\overline{BC}$ zeichnet, dann schneiden sich diese in einem Punkt M, der den gleichen Abstand zu A, B und C hat. Da der Punkt D auf dem gleichen Kreis lag, der durch A und B und C ging, muss der Kreis um M durch einen Punkt des Kreises auch alle anderen auf seiner Kreislinie haben.
b) Peter hat auch Recht. Denn Irma benötigt zum Finden des Mittelpunktes ja nur die Punkte A, B und C.

7

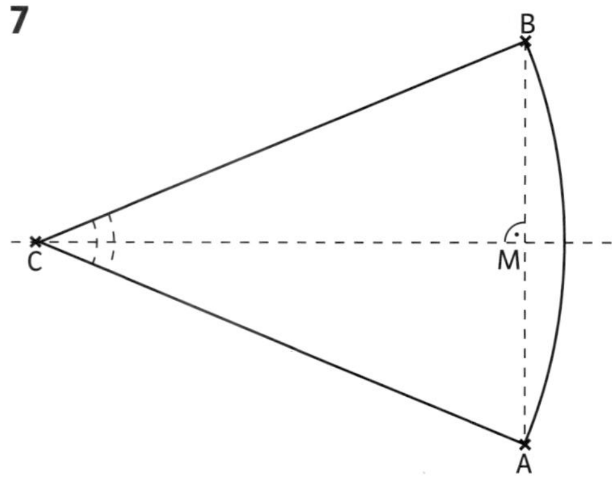

Beide Ideen lösen das Problem.
In der nebenstehenden Skizze ist die Winkelhalbierende an der Spitze des Pizzastücks auch die Mittelsenkrechte der Strecke $\overline{AB}$, da das Dreieck ABC gleichschenklig ist.

8 Maßstab 1:100 (verkleinert)

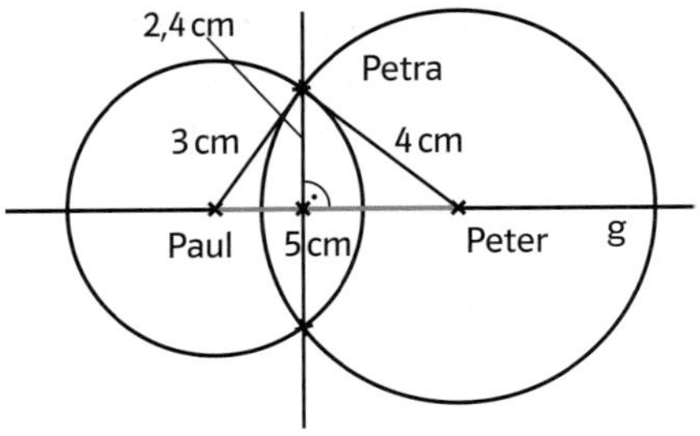

Aus den Angaben ergibt sich die nebenstehende Zeichnung.
Das Lot von „Petra“ auf die „Hauptstraße“ g misst 2,4 cm. Somit wohnt Petra 240 m von der Hauptstraße entfernt.

9 a)

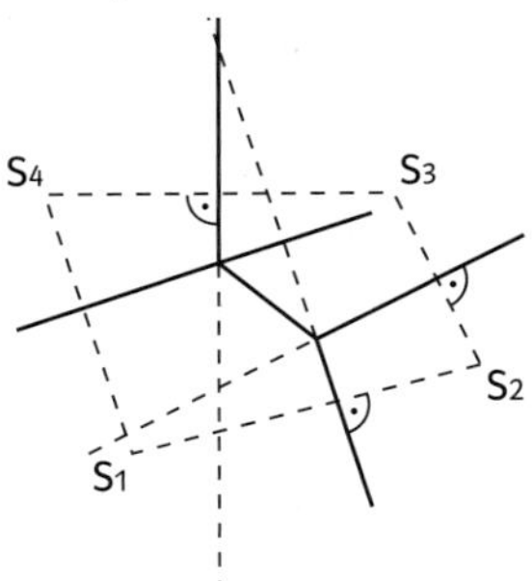

Für die Grenzen der Schuleinzugsgebiete wurden die „Mittelsenkrechten“ zwischen den Verbindungsstrecken der Schulorte verwendet. Das Schuleinzugsgebiet innerhalb der roten Grenze besteht aus allen Orten, die den kürzesten Weg zu Schule 1 haben. Alle Schulwege zu anderen Schulen sind länger.
b) Skizze

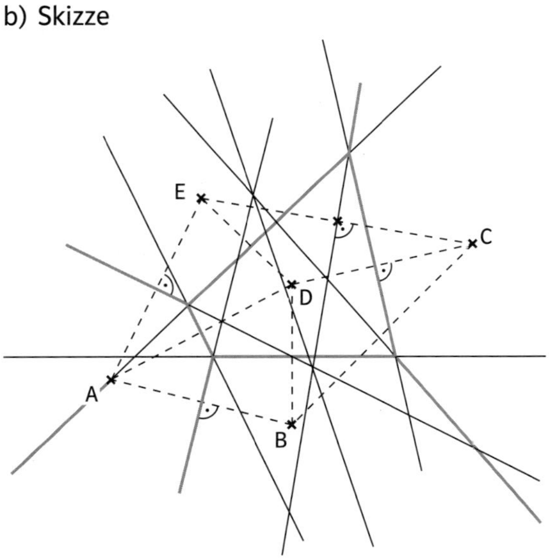

c) Es gibt unterschiedliche Lösungen.

Seite 122

10 a) Interpretation:
Ausgehend von den Schenkeln eines Winkels α wird die Winkelhalbierende verwendet.
Dort werden Punkte im gleichen Abstand s gezeichnet und die Lote auf die Schenkel bestimmt. Dann werden die zugehörigen Kreise gezeichnet.

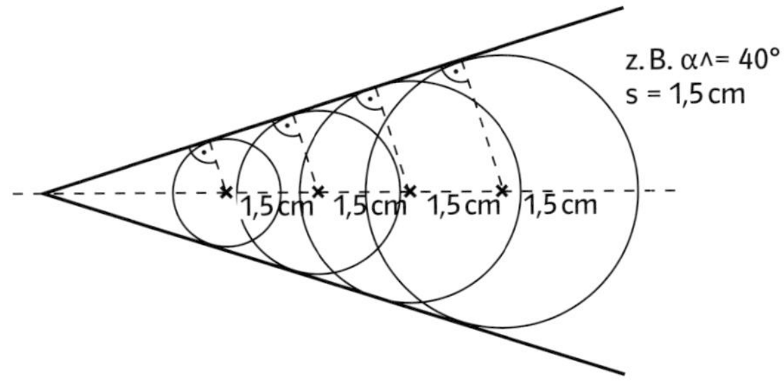

b) Zu zwei parallelen Geraden wird die Mittelparallele gezeichnet. Dort werden Punkte mit jeweils gleichem Abstand abgetragen und ihre Lote zu den Geraden gezeichnet. Die zugehörigen Kreise ergeben eine solche Figur.
Beispiel:

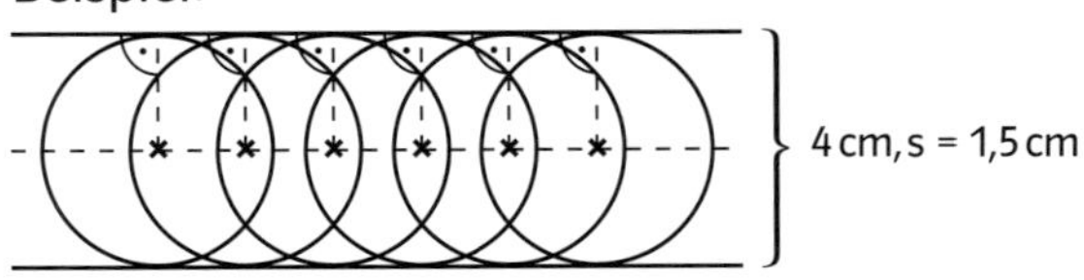

11 Vorgabe:
Äußerer Kreis mit Radius 8 cm.
a) Man zeichnet den horizontalen Durchmesser des äußeren Kreises und teilt ihn in 4 gleich große Teilstrecken. Die Mitten der beiden Radien werden Halbkreise mit dem Radius 2 cm entgegengesetzt gezeichnet. Dann werden die beiden Flächen gefärbt.
b) Man geht vor wie in a) und zeichnet die Halbkreise in die gleiche Richtung. Dann können die beiden Gebiete gefärbt werden.
c) In Fig. 3 c) teilt die spiralige Fläche in ihren Schnittpunkten mit dem gestrichelten Durchmesser diesen in jeweils gleich lange Strecken von je 2 cm Länge. Die Mittelpunkte für die beiden kleinen und die beiden mittleren Halbkreise sind deshalb 3 cm bzw. 5 cm vom linken Kreisrand entfernt. Damit kann die Figur gezeichnet und gefärbt werden.

12 Die Aufhängung der Lampe besteht aus Gitterstäben, die in Rautenformen zusammengefügt sind. Entsprechende Verbindungspunkte liegen auf drei Parallelen. Durch Ausziehen der Lampe bleibt diese Eigenschaft erhalten, die Parallelen rücken jedoch zusammen. Da nebeneinander liegende Parallelen gleichen Abstand haben, bleibt die Lampe immer waagrecht und auf gleicher Höhe.

13 a)

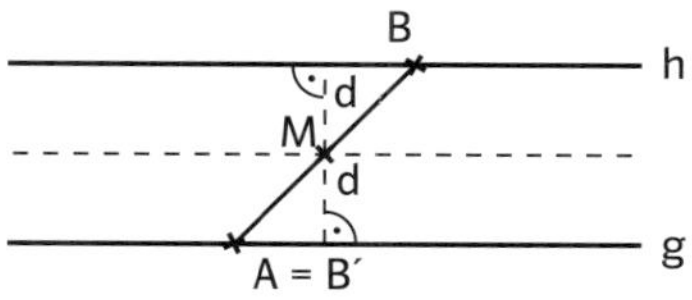

Miriam denkt richtig. Beschriftet man den Schnittpunkt der Strecke $\overline{AB}$ mit M, so ist die Strecke $\overline{MB}$ das Bild der Strecke $\overline{MA}$ bei einer Punktspiegelung an M. Deshalb ist $\overline{MA}$ genauso groß wie $\overline{MB}$.

b)

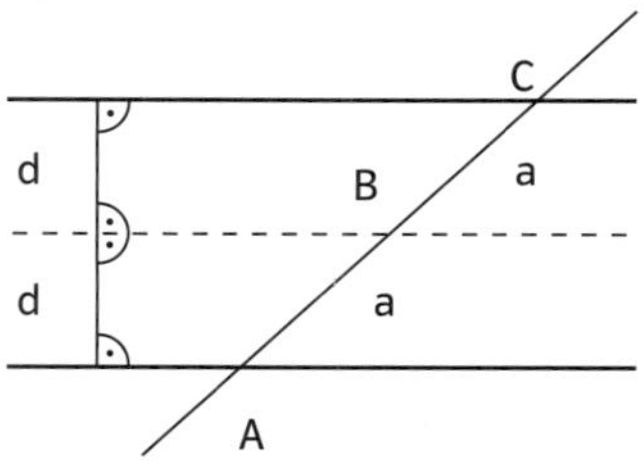

Jörg denkt richtig. Die Gerade in der Mitte ist in der beschriebenen Situation die Mittelparallele zu den äußeren Geraden. Jörg kann nun die Überlegungen von Miriam übernehmen.

14 a) Flächeninhalt von Dreieck ABC:
$(4 \cdot 6) : 2\,cm^2 = 12\,cm^2$
Flächeninhalt von Dreieck ABE: $(4 \cdot 3) : 2\,cm^2 = 6\,cm^2$
Der Flächeninhalt von Dreieck BCE ergibt sich aus $12\,cm^2 - 6\,cm^2 = 6\,cm^2$, weil sich das Dreieck ABC aus den beiden Dreiecken ABE und BCE zusammensetzt.
b) Aus a) weiß man, dass das Dreieck ABC und das Dreieck BCE den gleichen Flächeninhalt von $6\,cm^2$ haben. Im Dreieck BCE ist die Strecke $\overline{ED}$ die Höhe zur Seite $\overline{BC}$. Wegen $\overline{BC} = 6\,cm$ muss $\overline{ED} = 2\,cm$ sein. Denn nur dann gilt $(6 \cdot 2) : 2\,cm^2 = 6\,cm^2$.

15 a) selbstgewählte Größen
Der Anteil von ABE ist 50 %, die Anteile von BDE und EDC sind jeweils 25 % im Vergleich zum Dreieck ABC.
b) Die Dreiecke ABC und ABE haben eine gleich lange gemeinsame Seite AB. Die Höhe des Dreiecks ABC ist doppelt so groß wie diejenige des Dreiecks ABE. Deshalb ist der Flächeninhalt von Dreieck ABC doppelt so groß wie der des Dreiecks ABE. Außerdem ist das Dreieck ABC zusammengesetzt aus dem Dreieck ABE und dem Dreieck BCE. Damit haben die Dreiecke ABE und BCE den gleichen Flächeninhalt.
Nun ist auch das Dreieck BCE zusammengesetzt aus den beiden Dreiecken BDE und EDC. Diese Dreiecke haben eine Seite $\overline{DE}$ gemeinsam und besitzen eine gleich große zugehörige Höhe. Deshalb sind ihre Flächeninhalte gleich groß.
Ergebnis: Der Flächeninhalt des Dreiecks ABC ist doppelt so groß wie der des Dreiecks ABE und viermal so groß wie der des Dreiecks BDE bzw. EDC.
c) Nein, die Grundseiten und Höhen der Dreiecke bleiben gleich.

3 Konstruktionen mit Zirkel und Lineal

Seite 124

1 a) Man konstruiert die Mittelsenkrechte der 11,7 cm langen Strecke $\overline{AB}$. Ihr Schnittpunkt M mit der Strecke teilt $\overline{AB}$ in zwei gleich lange Teilstrecken $\overline{AM}$ und $\overline{MB}$.
b) Die 17 cm lange Strecke $\overline{AB}$ wird zunächst mithilfe der Mittelsenkrechten in zwei gleich lange Teilstrecken $\overline{AM}$ und $\overline{MB}$ geteilt. Dann konstruiert man für die Teilstrecken $\overline{AM}$ und $\overline{MB}$ nochmals die zugehörigen Mittelsenkrechten. Ihre Schnittpunkte mit der Strecke $\overline{AB}$ teilen zusammen mit M die Strecke $\overline{AB}$ in vier gleich lange Teilstrecken.

2 a) Zeichnung s. Fig. 1
Man wählt zunächst zwei Punkte A und B auf der Geraden g. Dann zeichnet man die Mittelsenkrechte zu $\overline{AB}$ mithilfe zweier Kreise. Um den Schnittpunkt M der Mittelsenkrechten mit der Geraden g zeichnet man einen Kreis mit Radius 2 cm. Seine Schnittpunkte P und Q mit der Mittelsenkrechten haben zu g den Abstand 2 cm. Dann zeichnet man die Parallelen durch P und Q.

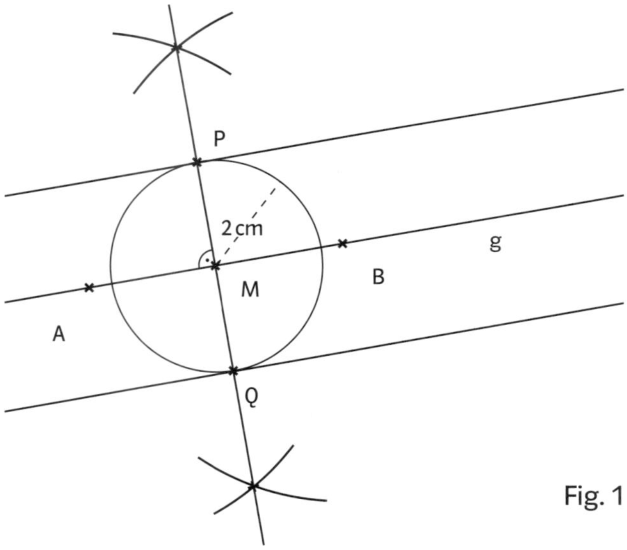

Fig. 1

b) Zeichnung s. Fig. 2
Man zeichnet zwei Kreise mit Radius $r = 4\,cm$ um die Punkte A und B der Strecke $\overline{AB}$. Ihre Schnittpunkte M_1 und M_2 sind dann genau 4 cm von A und B entfernt. Deshalb liegen sie auf den Kreisen um M_1 und M_2 mit dem gleichen Radius 4 cm.

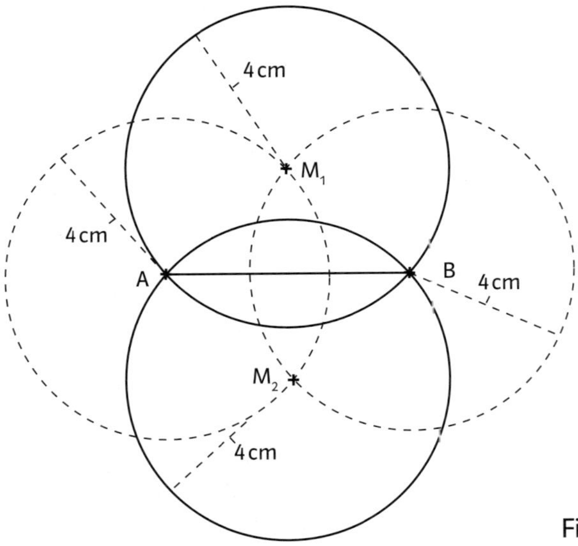

Fig. 2

3 a) Zeichnung s. Fig. 3
Man zeichnet einen Kreis um den Scheitel S des 57°-Winkels, der die Schenkel in den Punkten A und B schneidet. Zeichnet man um B einen Kreis mit dem Radius BA, so schneidet dieser Kreis den ersten Kreis noch in C. Weil die Punkte A und C nun Symmetriepartner zur Geraden durch A und B sind, sind die Winkel ∢ ASB und ∢ BSC gleich groß. Deshalb misst der Winkel ∢ ASC 114°.

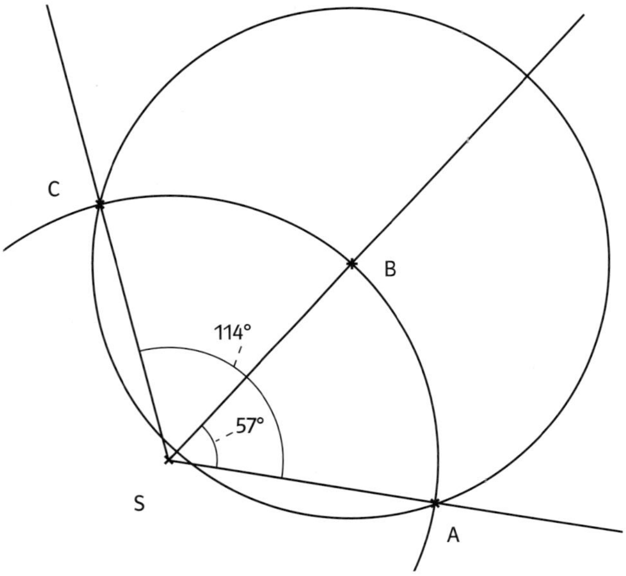

Fig. 3

b) Man halbiert den Winkel 110° und erhält zwei Winkel von 55°. Einer dieser Winkel wird wiederum halbiert.
c) Ohne Zeichnung
Man zeichnet z. B. eine Strecke $\overline{AB}$ und dazu die Mittelsenkrechte mit zugehörigem Schnittpunkt M. Damit hat man bei M einen rechten Winkel konstruiert. Dieser wird dann nochmals halbiert um einen Winkel von 45° zu erhalten.

4 Zeichnung s. Fig. 4
Zum Dreieck ABC konstruiert man die Mittelsenkrechten der drei Seiten und erhält die Mittelpunkte der Seiten. Dann verbindet man die Eckpunkte des Dreiecks mit den Mittelpunkten der gegenüberliegenden Seite. Winkelmessungen ergeben, dass diese Strecken keine Winkelhalbierenden sind.

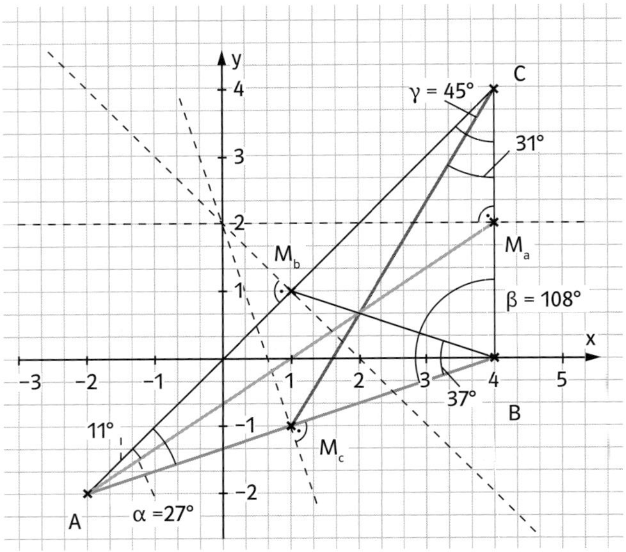

Fig. 4

Seite 125

5 Zeichnung s. Fig. 1
Man zeichnet zunächst einen Kreis um P mit einem selbstgewählten Radius und erhält die Schnittpunkte A und B so, dass P Mittelpunkt der Strecke $\overline{AB}$ ist. Dann konstruiert man die Mittelsenkrechte m der Strecke $\overline{AB}$. Die Gerade m ist die gesuchte Lotgerade von P zu g.

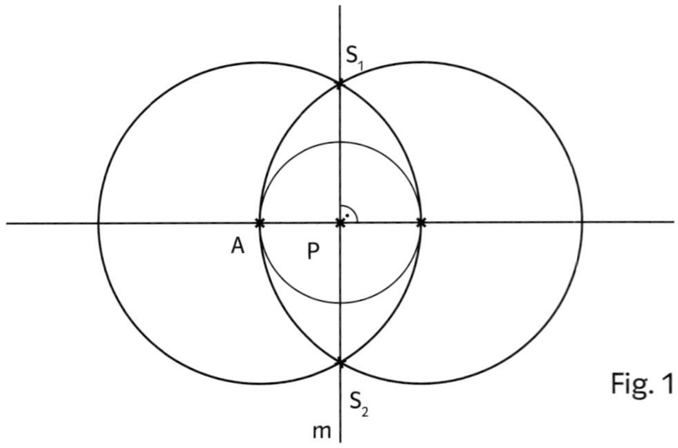

Fig. 1

6 Zeichnung s. Fig. 2

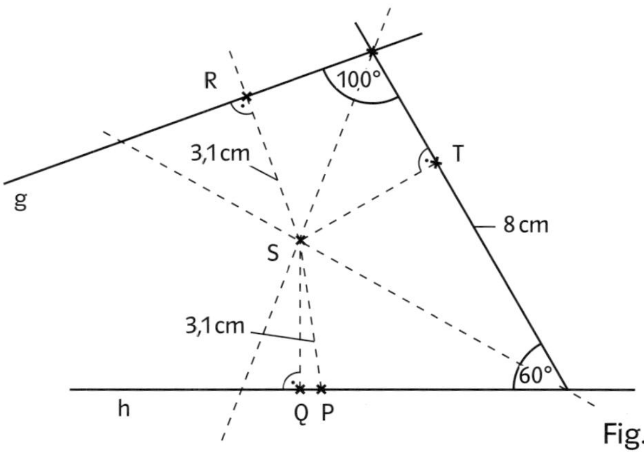

Fig. 2

Die Konstruktionslinien für Winkelhalbierenden und die Lotgeraden sind nicht eingezeichnet. Man misst $\overline{SR}$ = 3,1 cm und $\overline{SP}$ = 3,1 cm, obwohl die Strecken nicht die gleiche Länge haben. Dies ist so, weil $\overline{SR} = \overline{SQ} = \overline{ST}$, da S der Schnittpunkt der Winkelhalbierenden ist und P und Q sehr nah zusammenliegen. (Zum Weiterfragen: Da S der Schnittpunkt der Winkelhalbierenden von α und β ist, sind die Abstände von S zu allen drei Geraden gleich groß.)

7 Zeichnung s. Fig. 3

Zu jeder Seite eines Dreiecks gehört eine Höhe. Das gegebene Dreieck ABC hat zwei Höhen, welche die verlängerten Seiten treffen (man nennt die Geraden durch die Seiten eines Dreiecks auch **Trägergeraden**). In der Zeichnung sind die Längen der Höhen und Seiten eingetragen.

Man kann den Flächeninhalt des Dreiecks berechnen, indem man eine Seitenlänge mit der zugehörigen Höhe multipliziert und das Ergebnis durch 2 teilt.

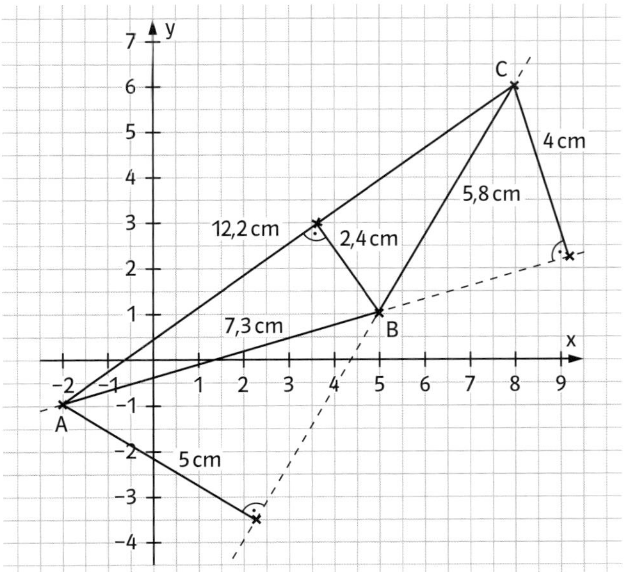

Fig. 3

1. Seite $\overline{AC}$: $[(12{,}2 \cdot 2{,}4):2]\,\text{cm}^2 = 14{,}64\,\text{cm}^2$

1. Seite $\overline{AB}$: $[(7{,}3 \cdot 4):2]\,\text{cm}^2 = 14{,}6\,\text{cm}^2$

1. Seite $\overline{BC}$: $[(5{,}8 \cdot 5):2]\,\text{cm}^2 = 14{,}5\,\text{cm}^2$

Die unterschiedlichen Ergebnisse entstehen durch ungenaues Messen.

8 Mit einem festen Seil und einem Maßstab kann man Strecken mit einer gewünschten Länge spannen und Kreise zeichnen. Nach dem Entwurf in Fig. 6 wird zuerst ein rechtwinkliges Dreieck mit den Seiten 8 m und 6 m gezeichnet. Dann wird die Winkelhalbierende des rechten Winkels in der Schulhofecke konstruiert. Dann wird die Mittelsenkrechte der 8 m langen Strecke konstruiert. In ihrem Schnittpunkt mit der Dreiecksseite, die quer im Hof verläuft, wird ein Halbkreis gezeichnet, dessen Durchmesser halb so groß ist wie die Länge der Querstrecke. Es wird die Parallele zur längsten Dreiecksseite durch den Mittelpunkt der 8 m langen Seite gezeichnet. Alle Strecken werden dann so hervorgehoben, dass die gewünschte Figur entsteht. Dann können die Flächen farbig gestaltet werden.

9 Zeichnung s. Fig. 4

Zeichnung zu a) bis c): In A ist eine Winkelhalbierende konstruiert. Von B ist das Lot $\overline{BL}$ auf die Diagonale konstruiert.

a) Es genügt, eine Winkelhalbierende zu zeichnen, da das Rechteck punktsymmetrisch ist. Die Aussage ist falsch: Die Winkelhalbierende liegt nicht auf der Diagonalen.

b) Die Aussage ist falsch. Das Lot von B auf die Diagonale hat den Lotfußpunkt L. Dieser stimmt nicht mit dem Schnittpunkt M der Diagonalen überein.

c) Die Aussage ist richtig: Man misst $\overline{BL}$ = 5,1 cm. $\overline{BL}$ ist etwa halb so groß wie die Rechteckseite a. (Gilt nicht für alle Rechtecke.)

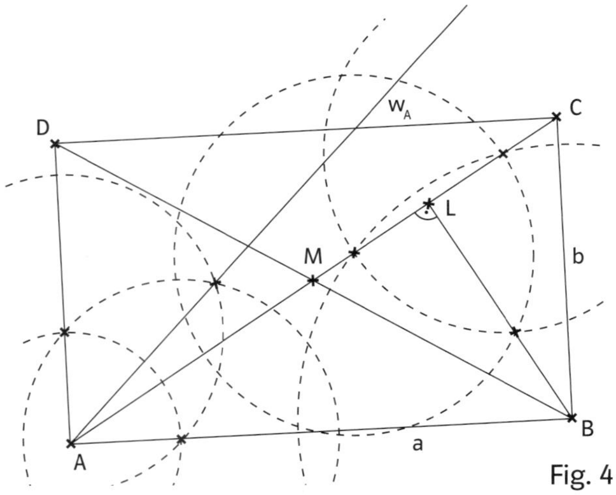

Fig. 4

Zusatzfrage am Rand: Wenn das Rechteck ein Quadrat ist, ist aus Symmetriegründen eine Diagonale gleichzeitig auch eine Winkelhalbierende. Deshalb sind die Aussagen a) und b) richtig. Die Aussage c) ist falsch. Insbesondere ist L = M. Das Lot von einem Eckpunkt ist deshalb bei Quadraten halb so groß wie eine Diagonale.

Seite 126

10 a) Zeichnung s. Fig. 1. Alle Punkte des Quadrates, die vom Diagonalenschnittpunkt den Abstand 6 cm haben, liegen auf dem Kreis um den Schnittpunkt der Diagonalen mit dem Radius 6 cm. Es gibt insgesamt 8 Punkte E_1 bis E_8 mit dieser Eigenschaft. Wegen der Symmetrie des Quadrates hat jeder Punkt der Lösung von den Diagonalen den Abstand 1,2 cm bzw. 5,9 cm.
b) Zeichnung s. Fig. 2. Die gesuchten Punkte liegen sowohl auf einem Kreis um den Schnittpunkt der Diagonalen mit Radius 4 cm als auch auf den Parallelen zu den Seiten des Quadrates im Abstand 4 cm. Dabei gibt es 8 Schnittpunkte E_1 bis E_8.
c) Es gibt vier Punkte mit den verlangten Eigenschaften. Sie liegen auf dem Kreis um den Diagonalschnittpunkt mit $r = \frac{10}{6}$ cm ≈ 1,67 cm und den Mittelsenkrechten der Seiten.

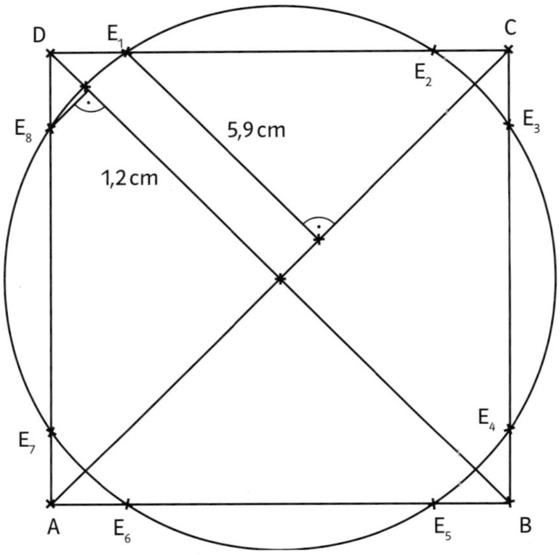

Fig. 1

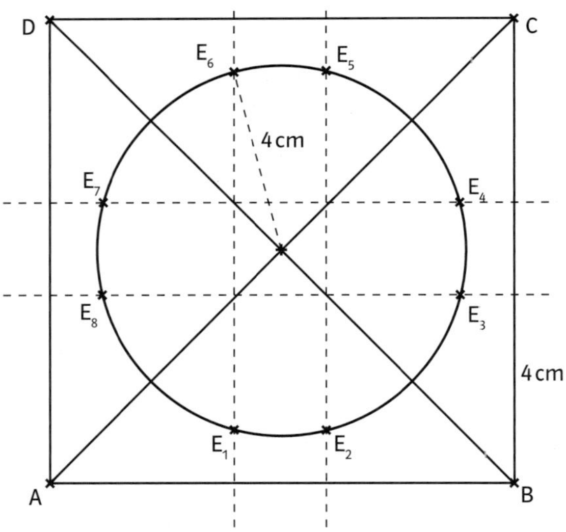

Fig. 2

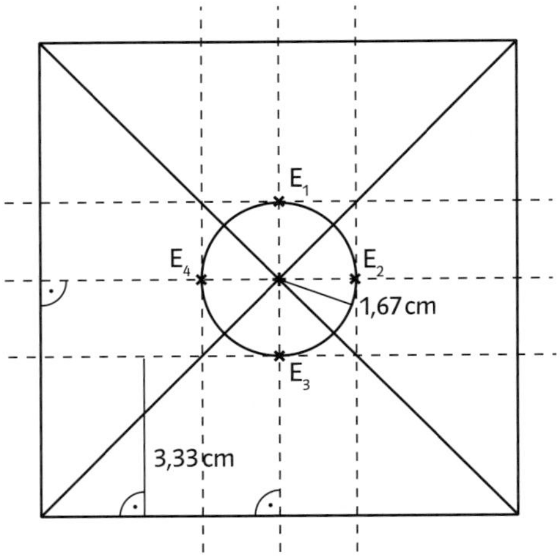

Fig. 3

11 a) Zeichnung s. Fig. 4
Planfigur
Man kann das Dreieck konstruieren. Dazu beginnt man mit einer ausgewählten Seite (z. B. c = $\overline{AB}$).
1. Zeichne die Strecke $\overline{AB}$ der Länge 3 cm.
2. Zeichne um A einen Kreis mit Radius 5 cm.
3. Zeichne um B einen Kreis mit Radius 4,5 cm.
4. Ihre Schnittpunkte C_1 und C_2.
5. Die Dreiecke ABC_1 und ABC_2 lösen die Aufgabe.

Beide Dreiecke sind jedoch achsensymmetrisch und deshalb deckungsgleich.

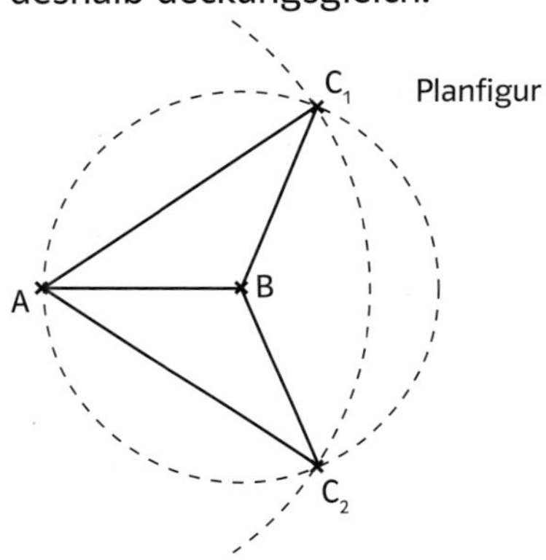

Fig. 4

b) Planfigur nicht erstellt
Mit den gegebenen Größen kann kein Dreieck gezeichnet werden. Denn nach dem Zeichnen einer Strecke, z. B. $\overline{AB}$ = 7 cm, haben die Kreise um die Eckpunkte A und B mit den Radien 2,5 cm und 4 cm keine gemeinsamen Schnittpunkte.
c) Planfigur: nicht erstellt. Zeichnung Fig. 5
Konstruktionsbeschreibung:
1. Zeichne den Winkel $\alpha = 27°$ mit dem Scheitel A.
2. Zeichne um A einen Kreis mit Radius 3 cm.
3. Beschrifte den Schnittpunkt mit einem freien Schenkel von α mit C.
4. Zeichne einen Kreis um C mit Radius 5 cm.
5. Beschrifte den Schnittpunkt des Kreises mit dem anderen Schenkel von α mit B.

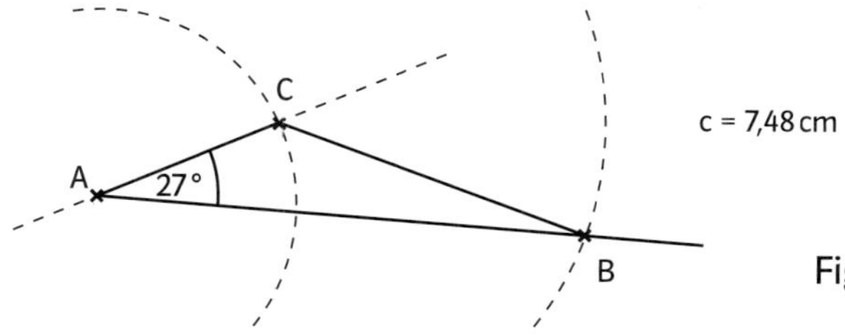

Fig. 5

d) Planfigur:
Zeichnung Fig. 6
Mit den gegebenen Größen kann kein Dreieck gezeichnet werden. Nach dem Zeichnen des Winkels α und der Strecke $\overline{AC} = b$ hat der Kreis um C mit Radius 2 cm keinen Schnittpunkt mit dem freien Schenkel von α.

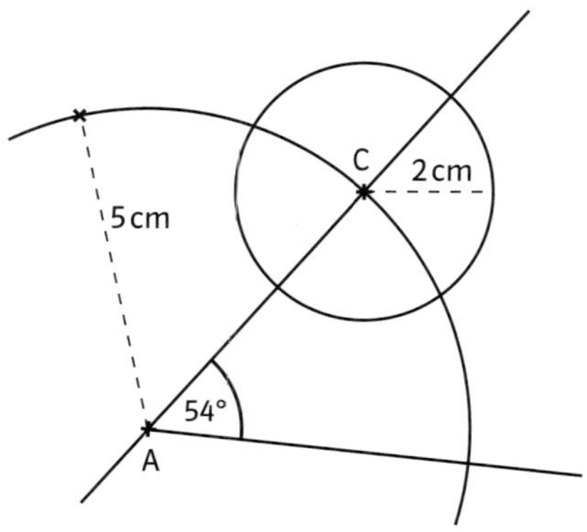

Fig. 6

e) Planfigur: nicht erstellt. Zeichnung Fig. 7
Die Konstruktion ist möglich.
1. Zeichne die Strecke $c = \overline{AB}$ der Länge 6 cm.
2. Trage in A den Winkel α an $\overline{AB}$ ab.
3. Trage in B den Winkel β an $\overline{AB}$ ab.
4. Beschrifte den Schnittpunkt der beiden freien Schenkel mit C.

Das Dreieck ABC hat die geforderten Eigenschaften.

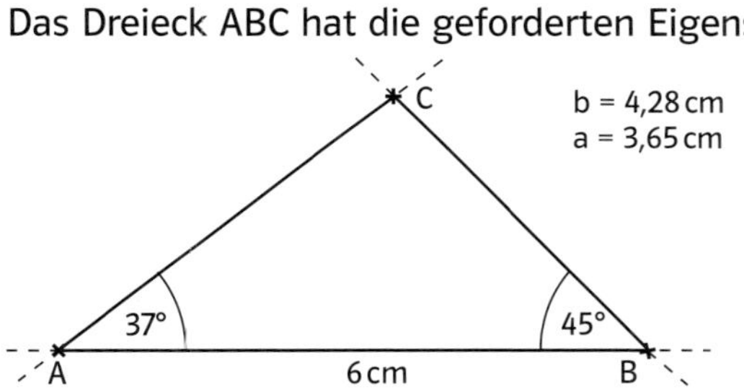

Fig. 7

f) Zeichnung s. Fig. 8
Planfigur
Eine Konstruktion ist nicht möglich, da der freie Schenkel von α und der Kreis um B keinen Schnittpunkt haben.

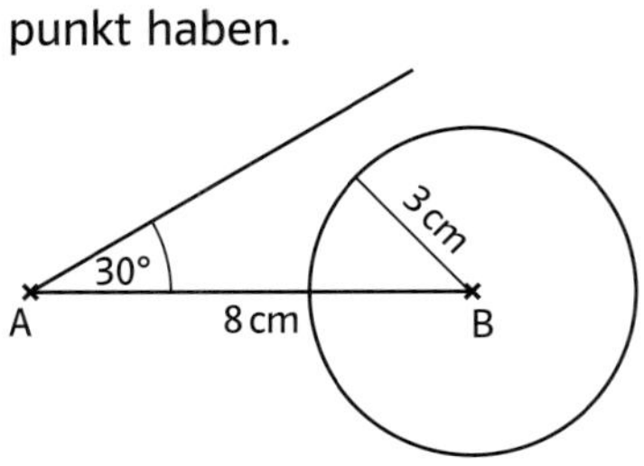

Fig. 8

12 a)
Planfigur:

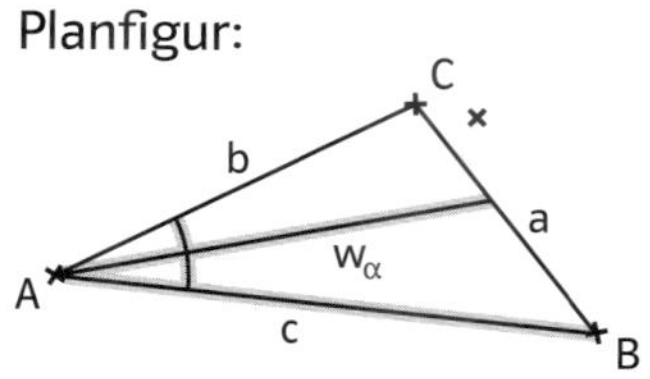

Konstruktionsbeschreibung:
1. Zeichne eine 6 cm lange Strecke $\overline{AB}$.
2. Trage in A den Winkel $\beta = 70°$ ab.
3. Konstruiere die Winkelhalbierende von α.
4. Zeichne um A einen Kreis mit Radius 5 cm.
5. Beschrifte den Schnittpunkt des Kreises mit der Winkelhalbierenden mit W.
6. Die Gerade durch B und W schneidet den freien Schenkel von α im Punkt C. Das Dreieck ABC hat die geforderten Eigenschaften.

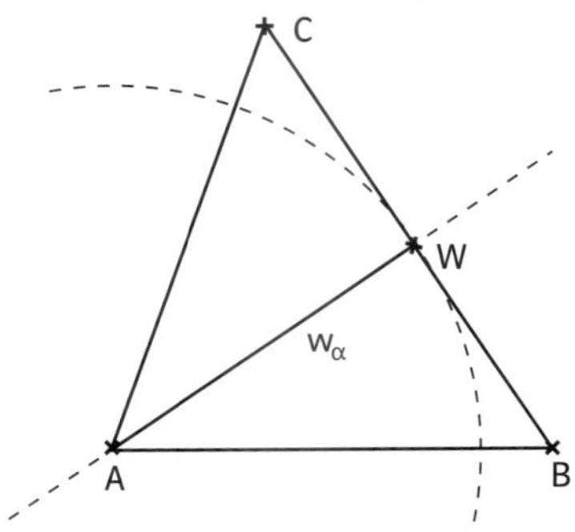

Fig. 9

b)
Planfigur:

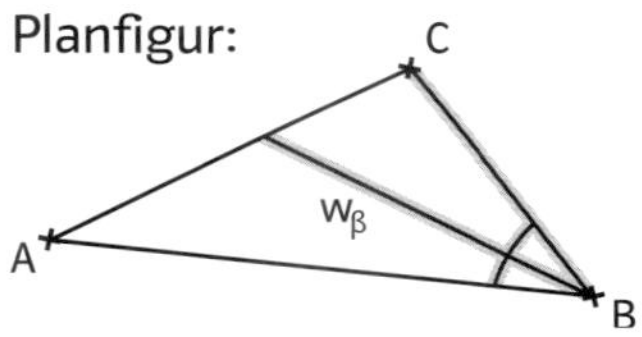

Konstruktionsbeschreibung:
1. Zeichne eine 7 cm lange Strecke $a = \overline{BC}$.
2. Trage in B den Winkel $\beta = 50°$ ab.
3. Konstruiere die Winkelhalbierende von β.
4. Zeichne um B einen Kreis mit Radius 4,5 cm.
5. Beschrifte den Schnittpunkt des Kreises mit der Winkelhalbierenden mit W.
6. Die Gerade durch C und W schneidet den freien Schenkel von β im Punkt A.

Das Dreieck ABC hat die geforderten Eigenschaften.

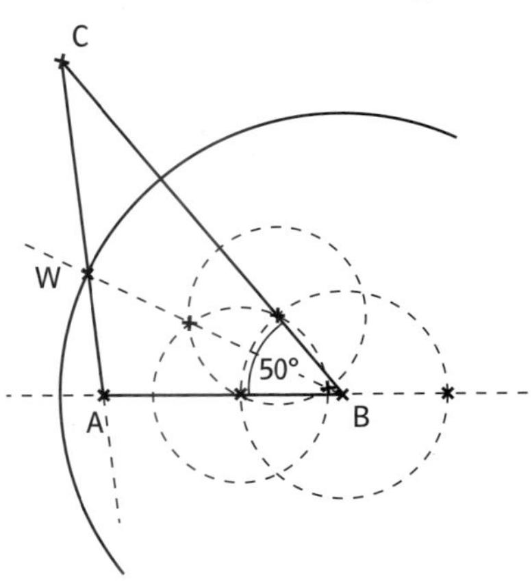

Fig. 10

c) Planfigur: erstellen (siehe Fig. 11)
Konstruktionsbeschreibung:
1. Zeichne die 4 cm lange Strecke $c = \overline{AB}$.
2. Trage in A den Winkel $\alpha = 110°$ ab.
3. Zeichne um B einen Kreis mit Radius 5 cm.
4. Beschrifte den Schnittpunkt des Kreises mit dem freien Schenkel von α mit W. W ist der Schnittpunkt der Winkelhalbierenden w_β mit der Seite b des Dreiecks.
5. Verdopple den Winkel β_1: Zeichne um B einen Kreis k, der die Schenkel von β_1 in P und Q schneidet. Ein Kreis um Q mit Radius $\overline{PQ}$ schneidet den Kreis k in R. Der Winkel $\beta = \sphericalangle RBP$ ist doppelt so groß wie β_1.
6. Zeichne die Gerade durch B und R.
7. Die Gerade durch B und R schneidet den freien Schenkel von α in C.

Das Dreieck ABC löst die Aufgabe.

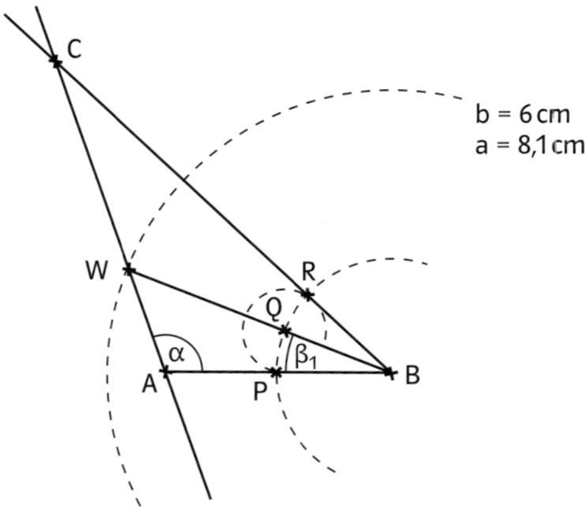

Fig. 11

d) Planfigur: erstellen
Konstruktionsbeschreibung:
1. Zeichne die 6 cm lange Strecke $a = \overline{BC}$.
2. Trage in C den Winkel $\gamma = 82°$ ab.
3. Konstruiere die Winkelhalbierende w_γ.
4. Zeichne um C einen Kreis mit Radius 7 cm.
5. Beschrifte den Schnittpunkt des Kreises mit der Winkelhalbierenden w_γ mit W.
6. Zeichne die Gerade BW.
7. Beschrifte den Schnittpunkt der Geraden BW mit dem freien Schenkel von γ mit A.

Das Dreieck ABC löst die Aufgabe.

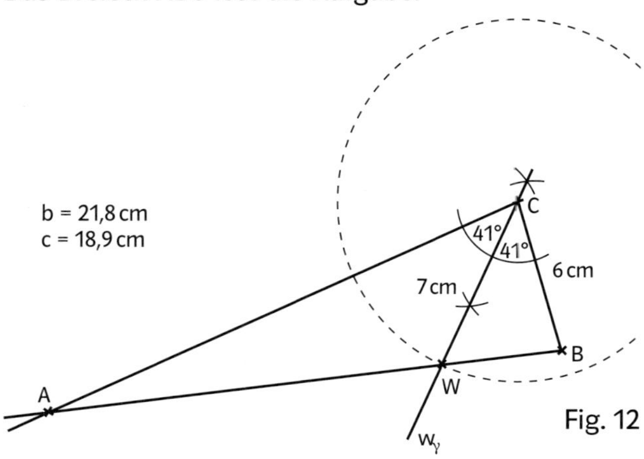

Fig. 12

13 a) Die Vermutung von Alex ist falsch. Man muss dazu nur ein Dreieck so zeichnen, dass der Sachverhalt klar zu sehen ist. Dies ist z. B. im gezeichneten Dreieck in Fig. 13 der Fall.
b) Beispiel: „In einem Quadrat geht die Winkelhalbierende in einem Eckpunkt durch den gegenüberliegenden Eckpunkt."
Begründung: Da ein Quadrat symmetrisch zur Diagonalen ist, ist eine Diagonale im Quadrat auch die Winkelhalbierende für die Winkel in den zugehörigen Eckpunkten.

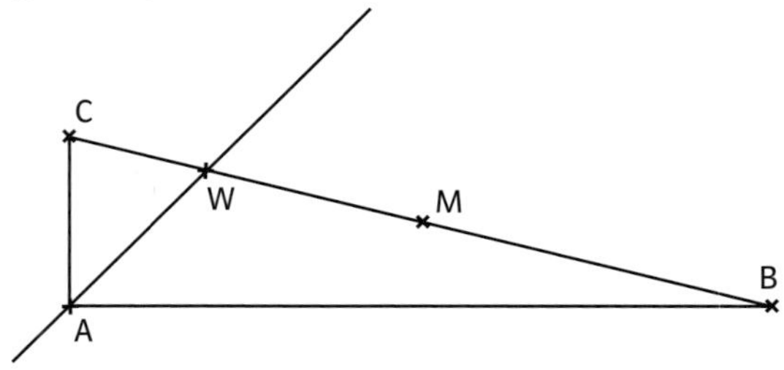

Fig. 13

14 a) Zeichnung s. Fig. 14
Man konstruiert den Schnittpunkt M der Mittelsenkrechten der Strecke $\overline{PQ}$ mit der Geraden g. Der Kreis um M durch P geht dann auch durch Q, weil M auf der Mittelsenkrechten von PQ liegt, sind ihre Endpunkte P und Q gleich weit von M entfernt.
b) Die Abb. in Fig. 15 und Fig. 16 zeigen, dass die Konstruktion aus a) auch dann funktioniert, wenn P und Q andere Lagen haben.

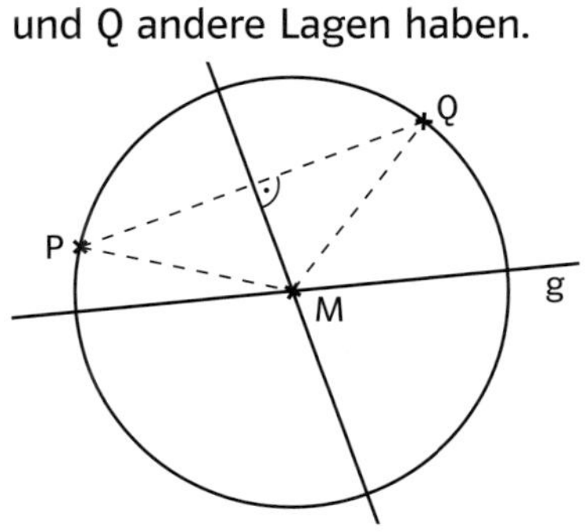

Fig. 14

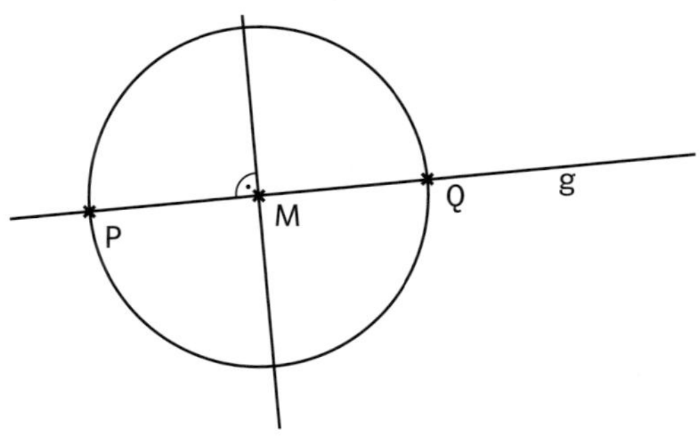

Fig. 15

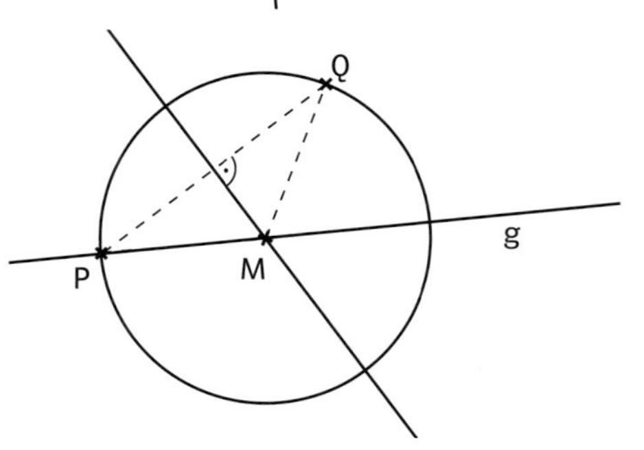

Fig. 16

15

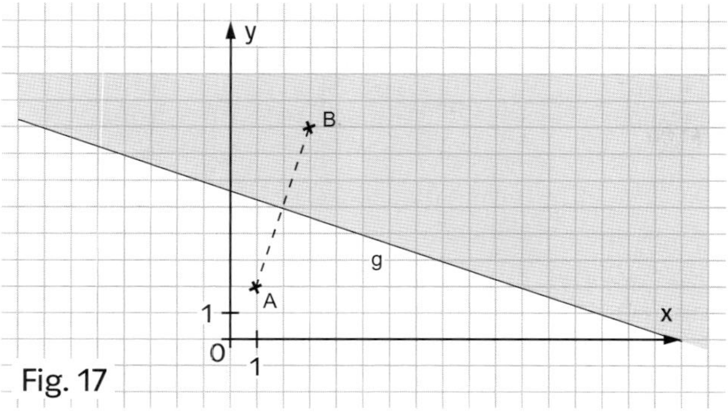

Fig. 17

a) Zeichnung Fig. 17. Man konstruiert die Mittelsenkrechte g der Strecke $\overline{AB}$. Alle Punkte, die auf g liegen, sind gleich weit von A und B entfernt. Ein Punkt P der auf der Seite der Geraden g liegt, auf der auch der Punkt B ist, hat zu A einen größeren Abstand als zu B. Er ist also weiter von A als von B entfernt.

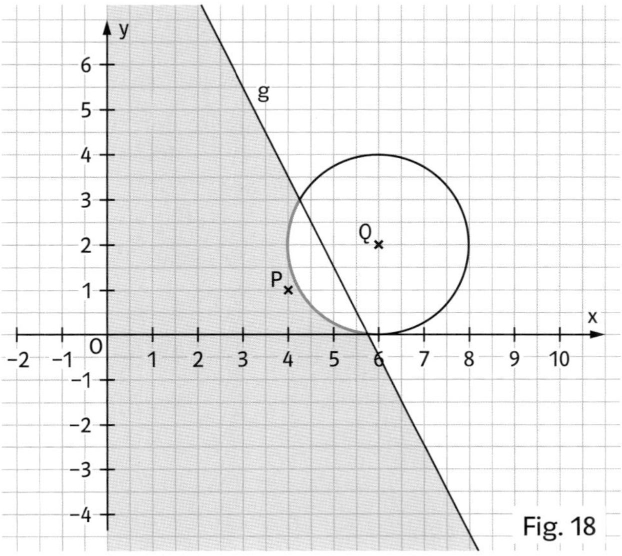

Fig. 18

b) Zeichnung Fig. 18. Die gesuchten Punkte liegen auf der Seite der Mittelsenkrechten von P und Q, auf der auch P liegt. Sie dürfen nur nicht innerhalb des Kreises um Q mit dem Radius 2 cm liegen. Die gesuchten Punkte liegen auf dem grau markierten Teil der Kreislinie und im grauen Bereich.

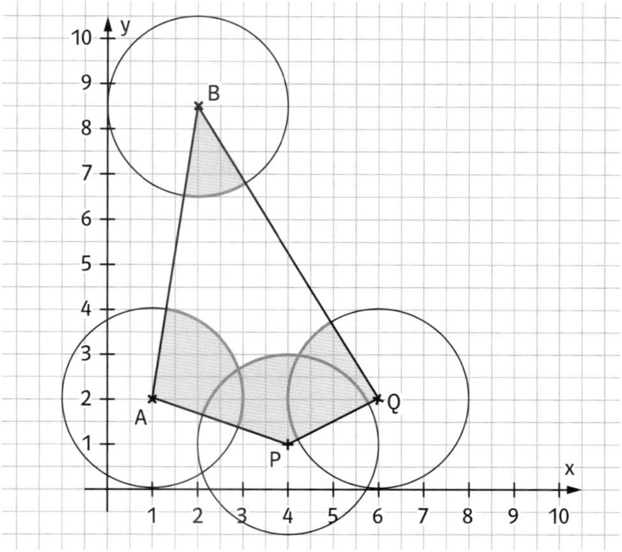

Fig. 19

c) Zeichnung Fig. 19. Um jede Ecke des Vierecks wird ein Kreis mit Radius 2 cm gezeichnet. Alle Punkte innerhalb der Vierecksfläche, die nicht außerhalb aller Kreise liegen, haben die verlangte Eigenschaft.

16 Die Punkte im hellblauen Gebiet sind höchstens 1,5 cm von B und mehr als 2 cm von A entfernt.
Die Punkte im grünen Gebiet sind weniger als 1,5 cm von B und weniger als 2 cm von A entfernt.
Die Punkte im gelben Gebiet sind weniger als 2 cm von A und mehr als 1,5 cm von B entfernt.
Die Punkte im braunen Gebiet sind mehr als 1,5 cm von B und mehr als 2 cm von A entfernt.

Seite 127

17 a) Zeichnung s. Fig. 1.
Für $\alpha = 37°$ gibt es zwei Lösungen: Dreieck ABC_1 und Dreieck ABC_2.

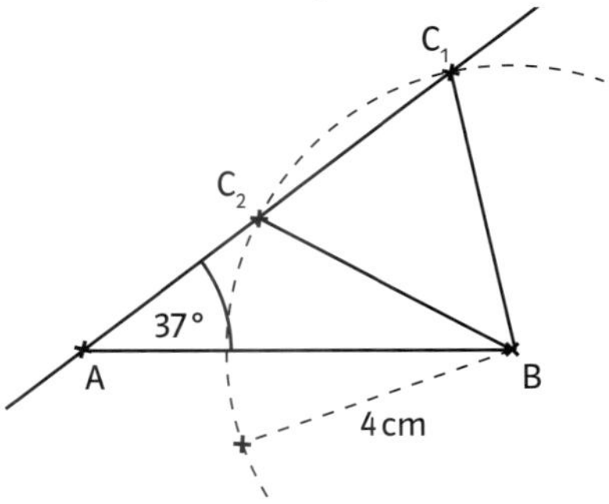

Fig. 1

b) Zeichnung s. Fig. 2.

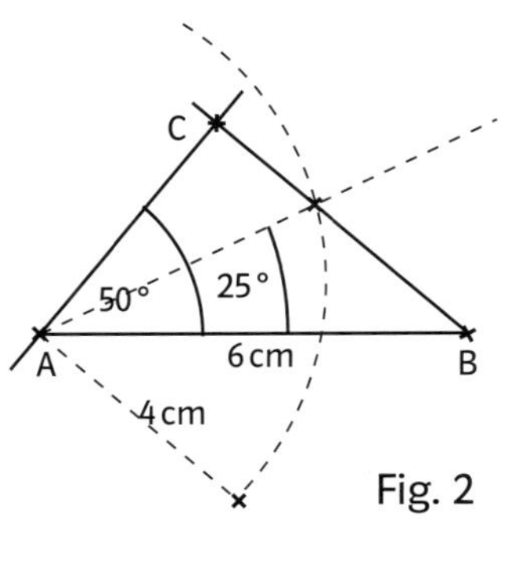

Fig. 2

18 a) Zeichnung s. Fig. 3. Die Zeichnung zeigt die Hilfslinien, die man benötigt, um das Rechteck zu zeichnen. Weitere Konstruktion mithilfe des Menüpunktes „Konstruieren/Winkelhalbierende".
b) Man geht wie in 18 a) vor, beginnt jedoch mit einer Strecke ohne festgelegte Länge und wählt den Kreis mit dieser Strecke als Radius.

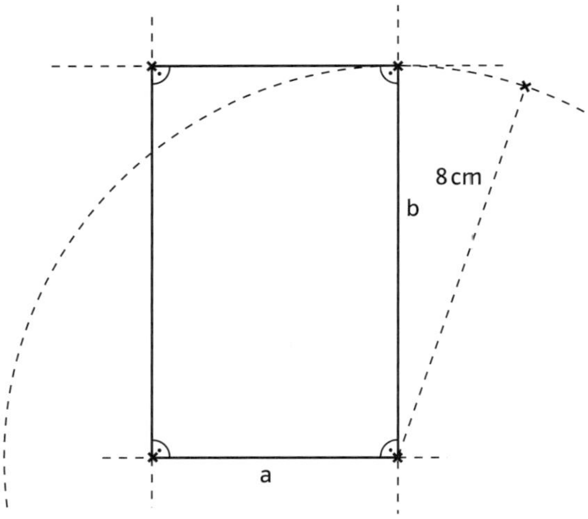

Fig. 3

19 Mögliches Ergebnis:
1. Zwei Kreise haben genau einen gemeinsamen Schnittpunkt, wenn entweder die Summe ihrer Radien genauso groß ist, wie der Abstand ihrer Mittelpunkte oder die Differenz ihrer Radien so groß ist wie der Abstand ihrer Mittelpunkte.
2. Zwei Kreise haben zwei Schnittpunkte, wenn sowohl die Summe ihrer Radien größer ist als der Abstand ihrer Mittelpunkte als auch die Differenz ihrer Radien kleiner ist als der Abstand ihrer Mittelpunkte.
3. In allen anderen Fällen gibt es keine Schnittpunkte.

4 Zusammenhänge bei symmetrischen Figuren

Seite 130

1 a) Zeichnung s. Fig. 1. Ein Basiswinkel misst 51°; der Winkel an der Spitze misst 78°.
b) Zeichnung s. Fig. 2. Ein Schenkel ist 6,1 cm groß. Der Winkel an der Spitze misst 110°.
c) Zeichnung s. Fig. 3. Die Basis ist 10,2 cm lang. Ein Basiswinkel misst 65°.

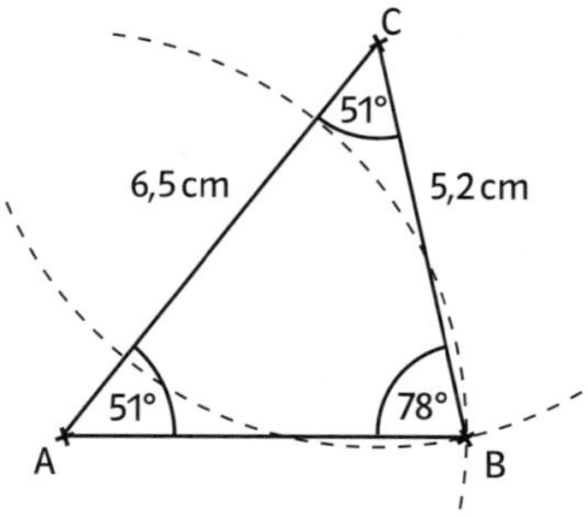

Fig. 1

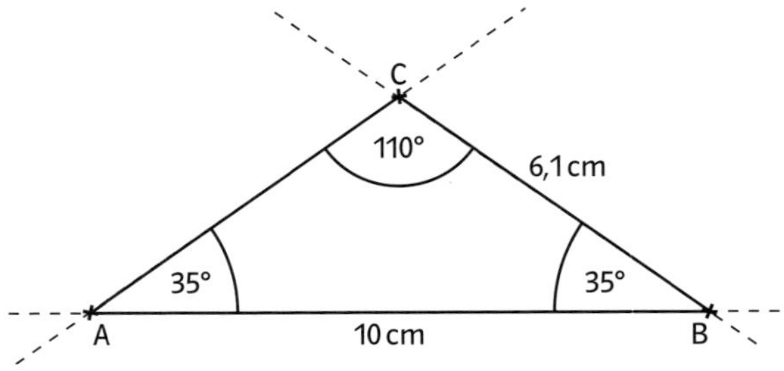

Fig. 2

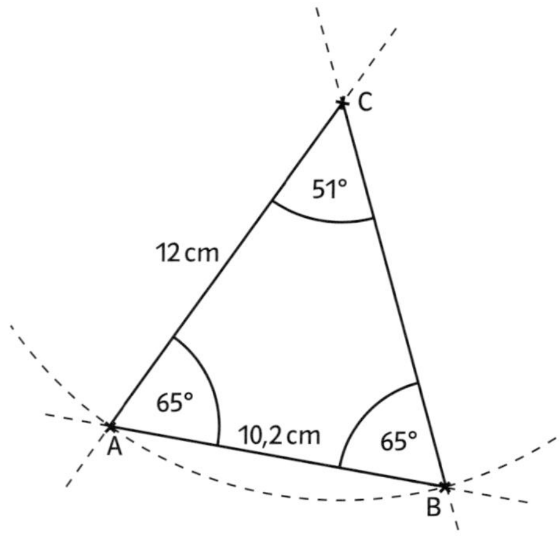

Fig. 3

2 a)

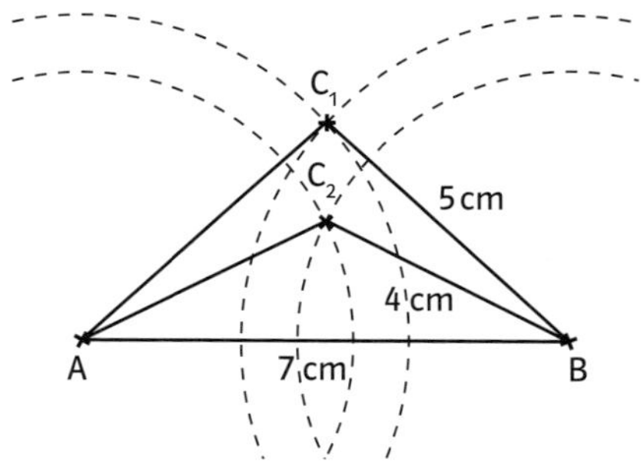

b)

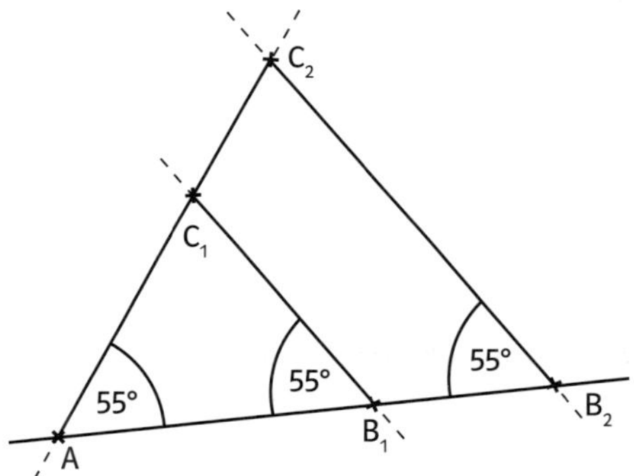

c)

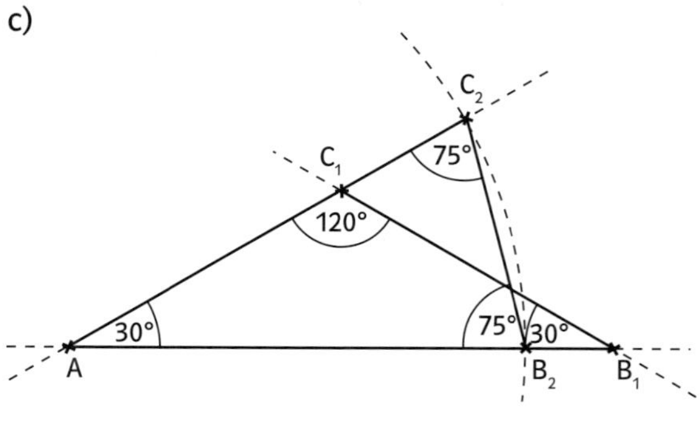

d) Gleichschenklige Dreiecke.

3 a) Es gibt zwei verschiedene Lösungen, denn man kann die Seite $\overline{AB}$ als Basis oder als Schenkel nehmen.

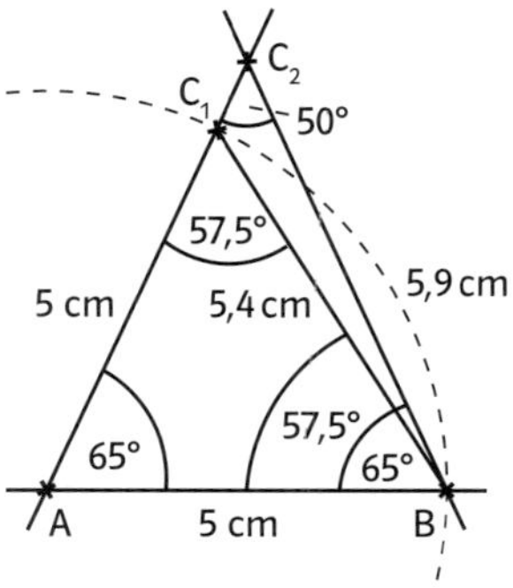

b) Eine Lösung erhält man mit der Spitze bei C. Für eine weitere Lösung müsste man z. B. auch bei A einen Basiswinkel von 100° abtragen. Dann schneiden sich jedoch die Schenkel nicht mehr. Es gibt nur eine Lösung.

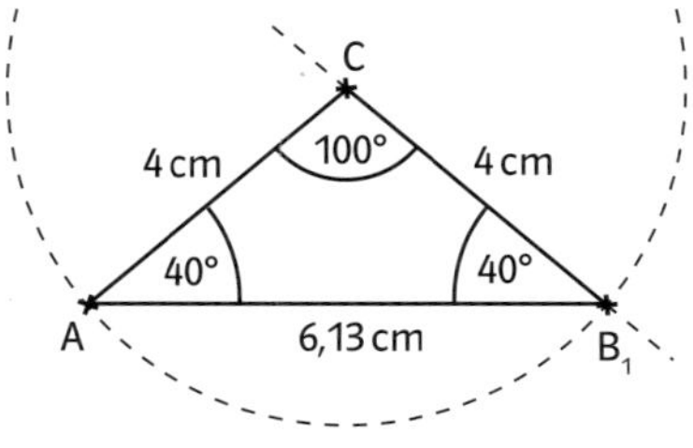

c) Man kann $\overline{AB}$ als Basis wählen. Dann erhält man Dreieck A_1BC. Wählt man $\overline{BC}$ als Basis, erhält man Dreieck A_2BC.

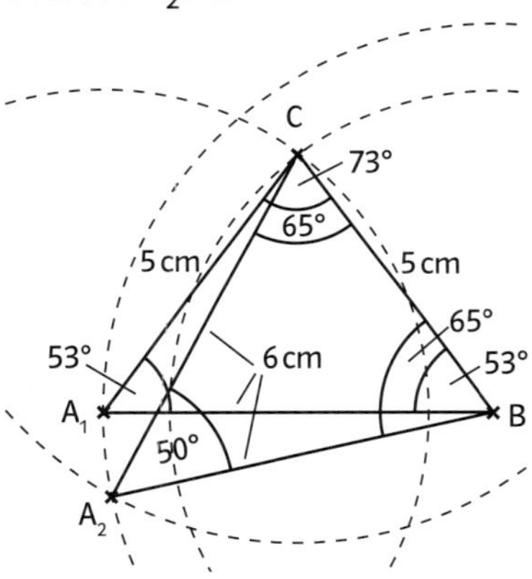

d) Da alle drei Winkel gleich groß sind, sind auch alle drei Seiten gleich lang. Das Dreieck ABC ist deshalb gleichseitig. Es gibt nur eine Lösung.

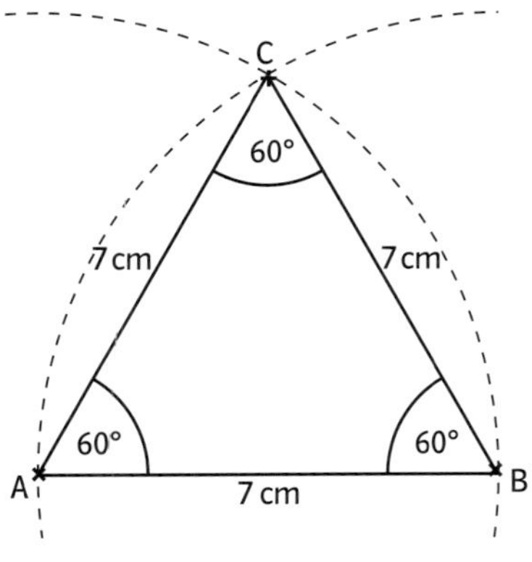

4 a)

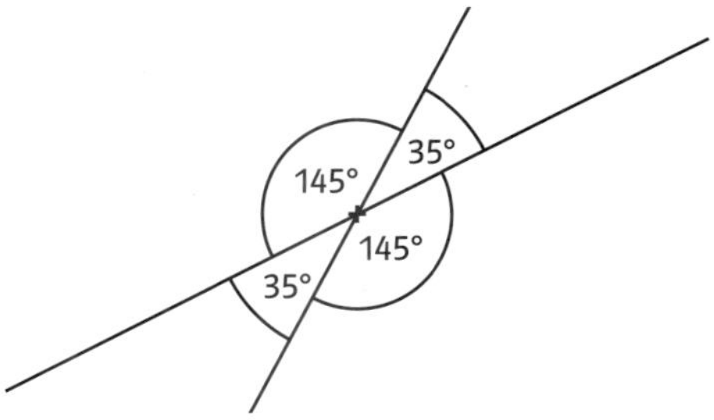

b)

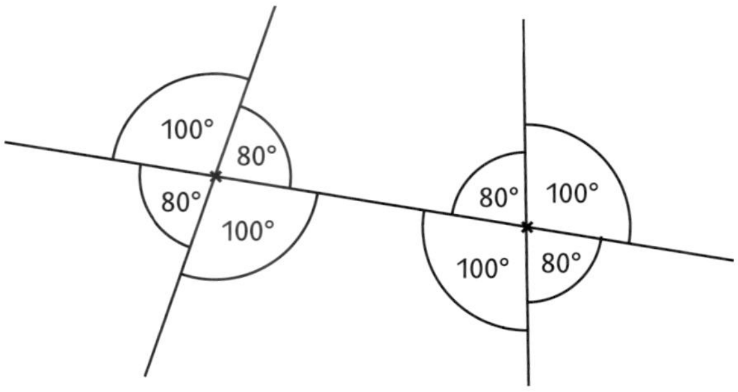

c)

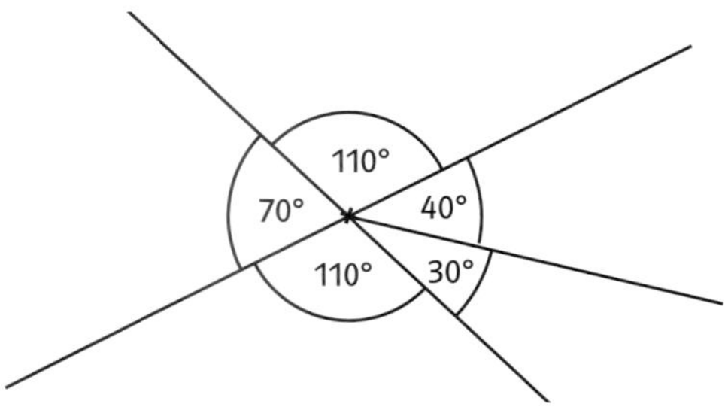

5 Man kann die Eigenschaften der Scheitel- und Nebenwinkel anwenden. Da g und h parallel sind, kann man auch noch die Eigenschaften von Wechsel- und Stufenwinkeln verwenden.

a) (Ohne Zeichnung) Es gibt nur zwei verschiedene Winkelgrößen von 50° und 130°.

b) (Ohne Zeichnung) An den Schnittpunkten der einen Geraden mit g und h gibt es nur Winkel von 78° und 102°. Entsprechend kommen bei der anderen Geraden nur die Winkelgrößen 120° und 60° vor.

c)

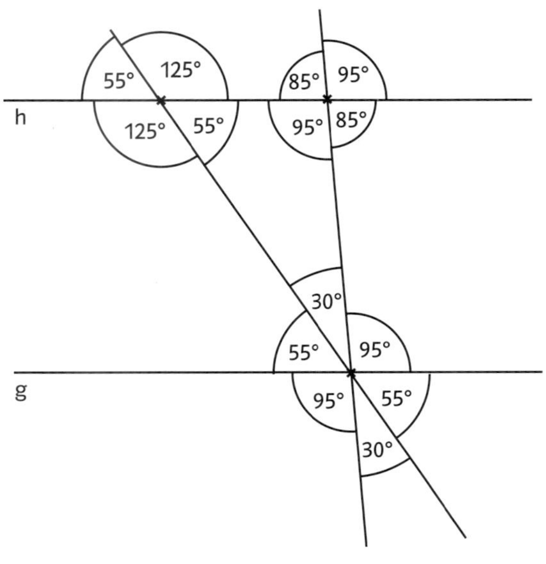

6 a) (Zeichnung Fig. 4) Beginnt man mit der längeren Strecke von 8 cm Länge, muss man um ihre Endpunkte jeweils Kreise mit Radius 3 cm zeichnen, um den dritten Eckpunkt des Dreiecks zu bekommen. Die beiden Kreise haben jedoch keinen Schnittpunkt. Deshalb gibt es kein Dreieck mit der geforderten Eigenschaft.

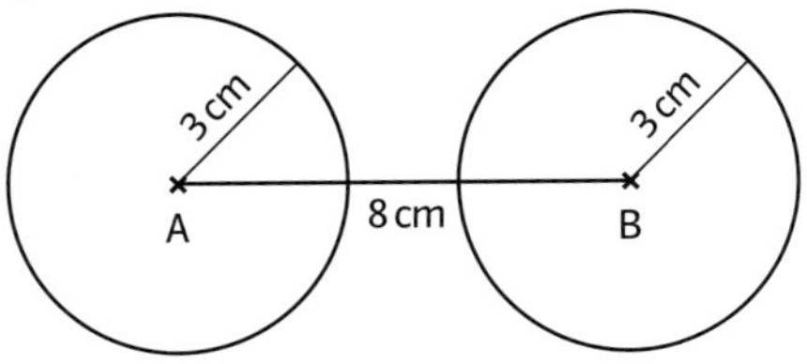

Fig. 4

b) (Zeichnung Fig. 5) Man kann irgendein gleichschenkliges Dreieck mit Basiswinkeln der Größe 40° zeichnen.

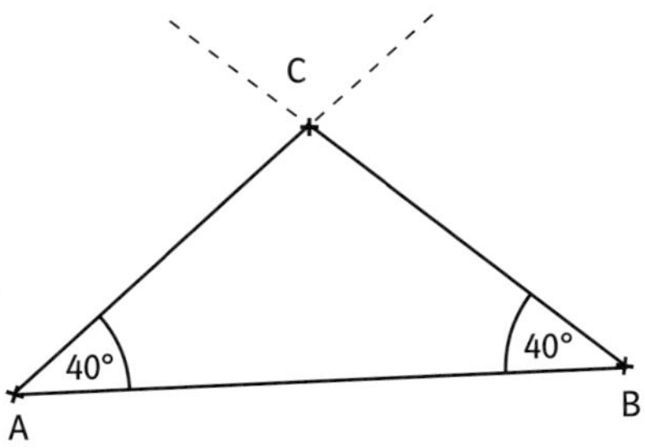

Fig. 5

c) (Zeichnung Fig. 6) Man zeichnet ein gleichschenkliges Dreieck mit einem rechten Winkel an der Spitze. Der rechte Winkel kann kein Basiswinkel sein, denn dann wären die Schenkel zueinander parallel.

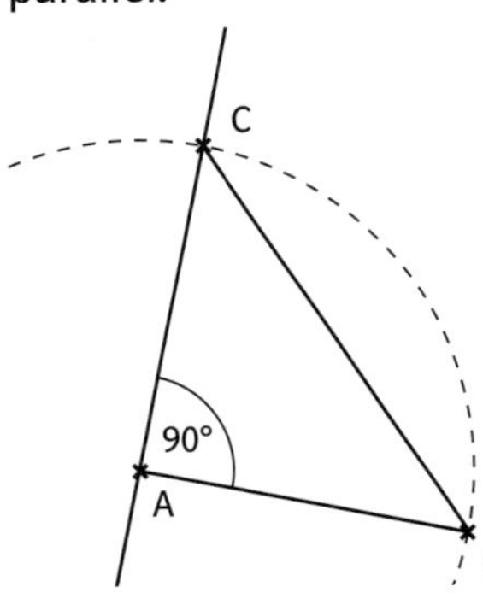

Fig. 6

7 a) Im Maßstab 1 : 20 hat das Zelt eine Grundseite von 10 cm und eine Höhe von 7,5 cm (Zeichnung s. Fig. 7). Aus den gemessenen Größen der maßstabsgetreuen Zeichnung kann man die Größen der Vorderfront berechnen: Die Basiswinkel des Zeltes messen 56°. Der Winkel an der Spitze ist 67,5° groß. Die Seitenteile sind 1,8 m lang.

b) Die Fläche der Vorderfront ist 1,5 m² groß. Man benötigt demnach 1,725 m² Stoff.

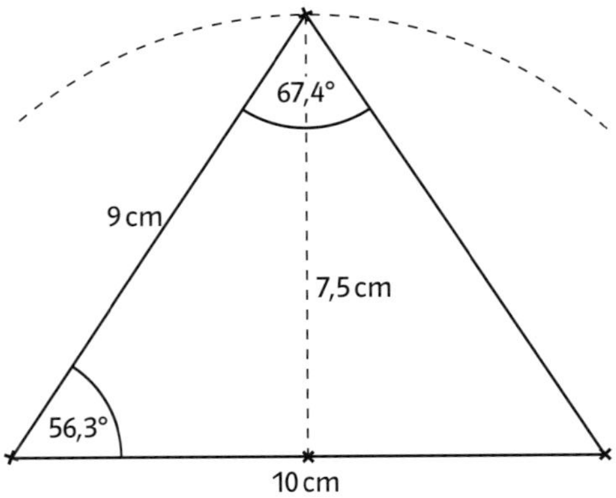

(verkleinerte Darstellung)

Fig. 7

8 a) Marion hat nicht Recht. Wenn ein Dreieck eine Symmetrieachse hat, dann gibt es stets zwei gleich große Winkel.

b) Jörg hat Recht. Denn wenn ein Dreieck zwei (verschiedene) Symmetrieachsen hat, dann sind jeweils zwei benachbarte Winkel auch gleich groß. Dann sind aber auch benachbarte Seiten jeweils gleich lang. Also ist das Dreieck gleichseitig.

Seite 131

9 (Ohne Kontrollzeichnungen)

a) Wenn zwei sich schneidende Geraden gleich große Scheitel- und Nebenwinkel haben, dann sind sie zueinander senkrecht.

b) Lösungsvorschlag 1: Ein Winkel α und sein Nebenwinkel β ergeben zusammen 180°. Wenn der Winkel α um 15° größer sein soll als β, muss α gerade um 7,5° (die Hälfte von 15°) größer sein als 90° (denn hier wären α und β ja gerade wie in Teilaufgabe b) gleich groß). Also gilt $\alpha = 97{,}5°$ und $\beta = 82{,}5°$.

Lösungsvorschlag 2 (Verwendung von Gleichungen): Für α und β gilt $\alpha + \beta = 180°$ und $\alpha = \beta + 15°$.

Daraus kann man die Beziehung $\beta + \beta + 15° = 180°$ ableiten. Folglich gilt $2\beta = 180° - 15°$.

Daraus ergibt sich β und α wie im Lösungsvorschlag 1.

c) Der Winkel α und sein Nebenwinkel β zusammen ergeben 180°. Dies sind aber auch fünf Viertel des Winkels α. Deshalb gilt $\alpha = (180° : 5) \cdot 4 = 144°$ und $\beta = 36°$.

d) Der Scheitelwinkel α hat 1 Anteil am gestreckten Winkel und der Nebenwinkel β hat 3 Anteile davon. Deshalb gilt $\alpha = 180° : 4 = 45°$; der Nebenwinkel misst 135°.

10 a) Die Geraden g und h können nicht parallel sein. Sonst müsste der Winkel von 109° die Größe 110° haben, weil die beiden weiteren Geraden gleiche Stufenwinkel mit g und h hätten und somit parallel wären. Deshalb sind weder g und h noch die beiden anderen Geraden parallel.

b) Wenn die Geraden g und h parallel wären, müssten die Winkel 57° und 56,4° gleich groß sein (Wechselwinkel). Da dies nicht der Fall ist, sind g und h nicht parallel.

11 (Aufgabenstellung erfolgt durch die Klasse)

12 a) Es wird angenommen, dass die Angel einen Drehpunkt A hat. Ergebnisse aus der Zeichnung in Fig. 1.
b) Verwendet man, wie im Tipp auf S. 131 angegeben, die beiden parallelen Geraden h und h′ zur Wasserlinie, dann müssen die jeweils gleich großen Wechselwinkel zum 30°- und 50°-Winkel an h bzw. h′ zusammen mit dem gesuchten Winkel β jeweils 90° ergeben. Daraus erhält man das gleiche Ergebnis wie in Teil a).

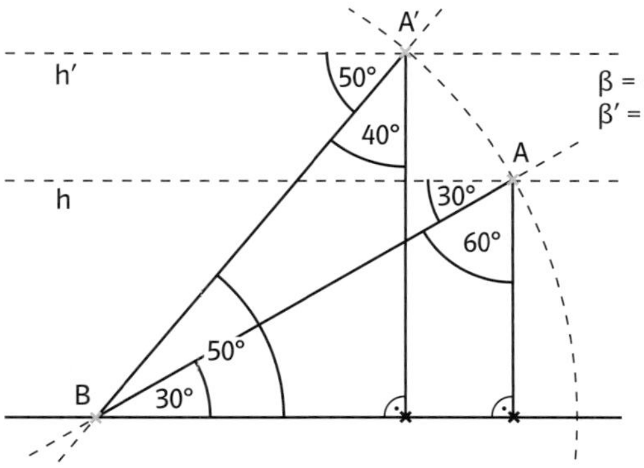

Fig. 1

Seite 132

13 a) Die Aussage ist richtig, denn die Winkelhalbierende des Winkels α ist auch die Winkelhalbierende des zugehörigen Scheitelwinkels von α.
b) Die Aussage ist falsch, denn die Winkelhalbierenden der beiden Nebenwinkel von α fallen zusammen.
c) Die Aussage ist richtig. Der Winkel α bildet mit seinem Nebenwinkel β zusammen einen 180°-Winkel. Die zugehörigen Winkelhalbierenden halbieren jeweils die Winkelgröße von α und β. Deshalb bilden die Winkelhalbierenden zueinander einen Winkel von 90°.

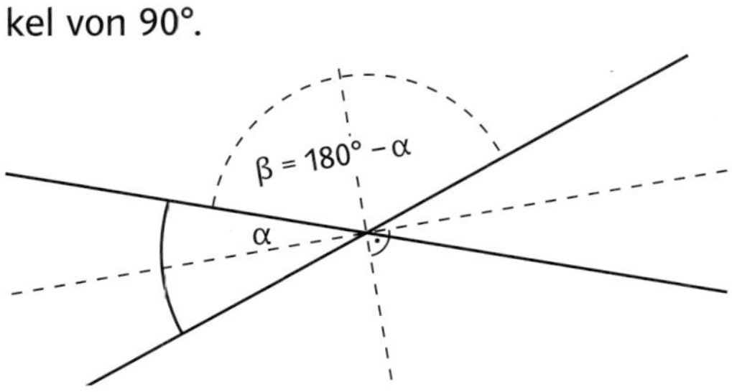

14 a) (Zeichnung s. Fig. 1)
Konstruktionsbeschreibung:
1. Zeichne ein gleichseitiges Dreieck (Seitenlänge s).
2. Bestimme den Schnittpunkt M der Symmetrieachsen des Dreiecks.
2. Zeichne die Mittelpunkte der drei Seiten.
3. Zeichne um jeden Eckpunkt des Dreiecks einen Kreis mit Radius $\frac{s}{2}$.
4. Bestimme den Schnittpunkt S einer Halbgeraden vom M durch einen Eckpunkt des Dreiecks mit einem der Kreise.
5. Zeichne den Kreis um M mit Radius $\overline{MS}$.

Die Figur entsteht durch Nachzeichnen der zugehörigen Linien.

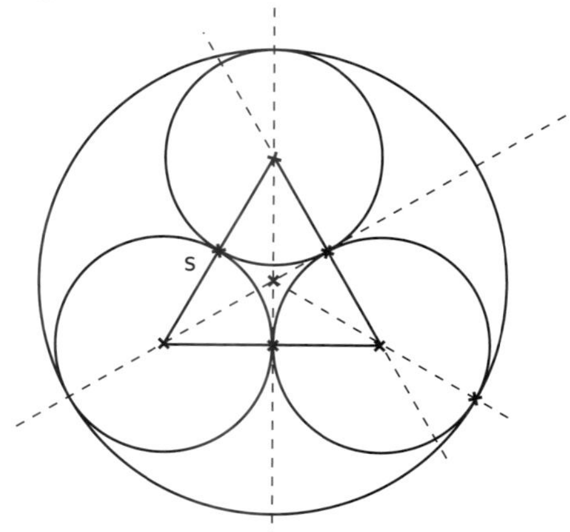

Fig. 1

b) (Zeichnung s. Fig. 2)
Konstruktionsbeschreibung wie in Teil a) mit anderer Nachzeichnung der Linien (und einer Drehung um 30° um M).

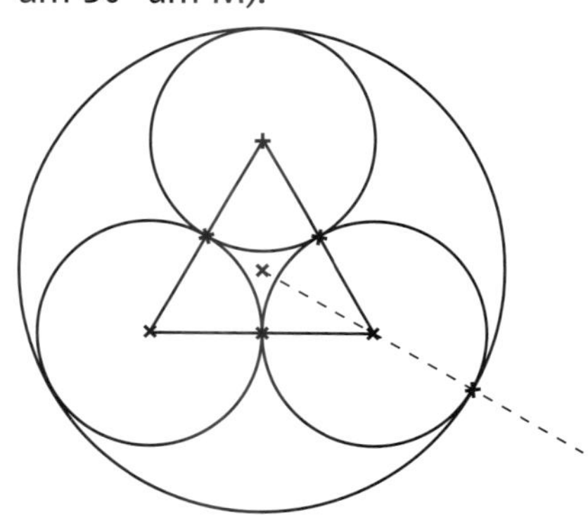
Fig. 2

c) (Zeichnung s. Fig. 3)
Konstruktionsbeschreibung:
1. Zeichne ein gleichseitiges Dreieck mit dem Schnittpunkt M der Symmetrieachsen und den Mittelpunkten der drei Seiten.
2. Zeichne den Kreis k um M durch die Eckpunkte des Dreiecks.
3. Bestimme die jeweiligen Schnittpunkte S_1 bis S_3 von k mit den Mittelsenkrechten des Dreiecks.
4. Zeichne die drei Kreise um Dreiecksseitenmitten M_1 bis M_3 durch die unter 3. bestimmten Schnittpunkte S_1 bis S_3.

Die Figur entsteht durch Nachzeichnen der zugehörigen Linien.

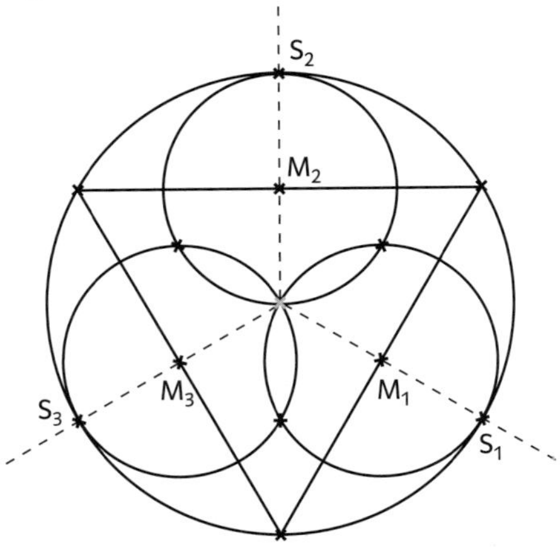

Fig. 3

d) (Zeichnung s. Fig. 4)
Konstruktionsbeschreibung:

1. Man beginnt mit einer Strecke AB, die in vier Teile geteilt wird.
2. Man zeichnet um jeden Endpunkt die Kreise durch die Teilpunkte und den anderen Endpunkt und markiert jeweils die Schnittpunkte der Kreise mit dem gleichen Radius.
3. Die Verbindungsstrecke des Schnittpunkts M der Kreise mit dem zweitgrößten Radius mit dem Endpunkt der Ausgangsstrecke schneidet den Kreis, der durch die Mitte von AB geht, im Punkt R.
4. Der Kreis um M mit Radius $\overline{MR}$ wird gezeichnet.

Die Figur entsteht durch Nachzeichnen der zugehörigen Linien.

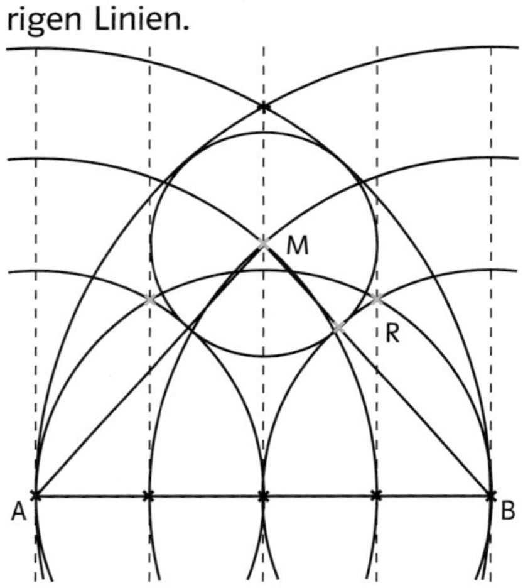

(verkleinerte Darstellung)

Fig. 4

15 a) Fig. 5 zeigt eine aus Platzgründen verkleinerte Zeichnung des Sachverhalts im Maßstab 1:17. Die Gewichtsscheibe bewegt sich dabei auf einem Kreis um D mit Radius 10 cm in einem Winkelbereich von 10° hin und her. Den Gewichtsscheiben entsprechen Kreise mit einem Radius von 0,5 cm. Man zeichnet nun die Winkelhalbierende w des 10°-Winkels und bestimmt den Schnittpunkt M mit dem Kreis um D. Dann zeichnet man die Lotgerade durch die Mittelpunkte der Gewichtsscheiben auf die Winkelhalbierende w und bestimmt ihre Schnittpunkte E und F mit den kleinen Kreisen.
Der Abstand der Punkte E und F beträgt 2,74 cm. Deshalb muss der Pendelkasten mindestens 27,4 cm breit sein.
b) Wenn der Pendelkasten 30 cm breit ist, muss man mit zwei Parallelen im Abstand von 1,5 cm beginnen und die Konstruktion aus Teilaufgabe a) „rückwärts" ausführen (Ergebnis s. Fig. 6). Das Pendel kann dann um 5,7° um den Aufhängepunkt schwingen.

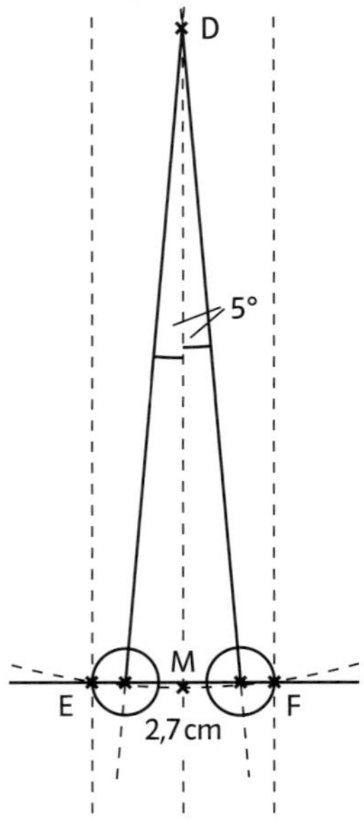

Fig. 5

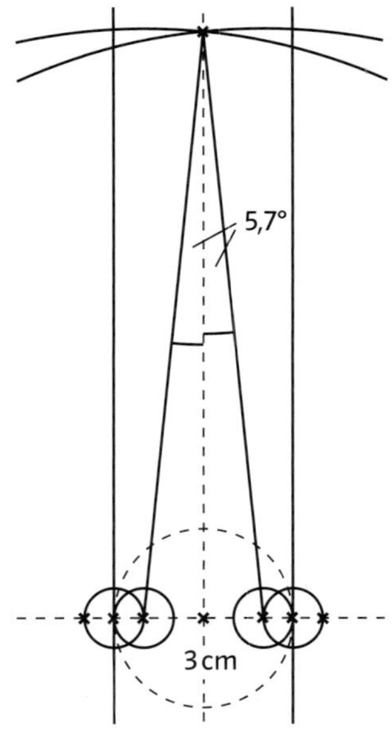

Fig. 6

16 Die Abbildung in Fig. 7 zeigt einen Ausschnitt der Allee im Maßstab 1:250.

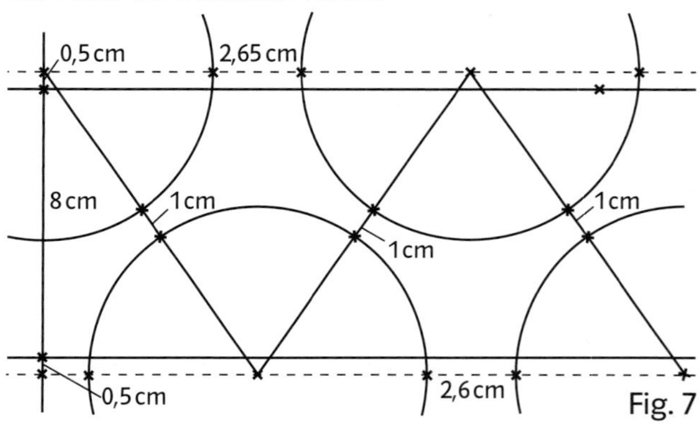

Fig. 7

Man erkennt, dass der Sicherheitsabstand 1 m auf den Verbindungslinien zwischen zwei Pflanzpunkten quer über die Straße eingehalten werden muss. Dann können die Bäume im Abstand von 12,65 m gepflanzt werden.

b) Die Rechnung 150 m : 12,65 m ergibt die Zahl 11,86. Man kann auf jeder Seite 11 Bäume pflanzen. Die Kosten für die gesamte Bepflanzung betragen dann in etwa 22 · (80 € + 60 €) = 3080 €.

17 a)

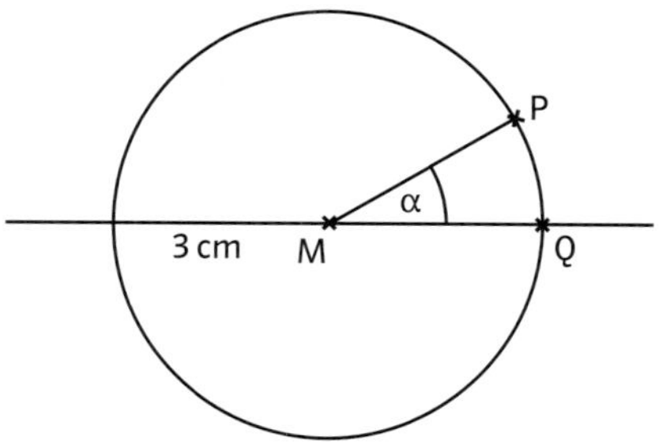

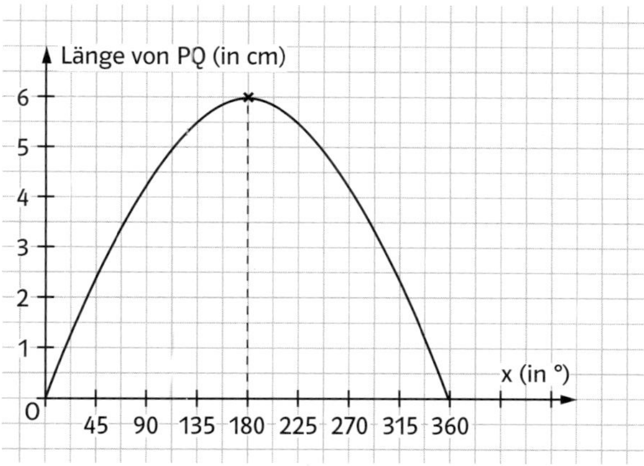

b) Wenn P fortlaufend auf dem Kreis bewegt wird, wiederholt sich der Graph. Der Vorgang ist periodisch.

18 (KR = Klammerregel)

a) $x \cdot 2 + 5 + 3x = 2x + 3x + 5 = (2 + 3)x + 5$
KG, AG DG
$= 5x + 5 = 5(x + 1)$
DG

b) $n - 5 + n \cdot (-2) + 3 = n - 2n - 5 + 3$
AG, KG AG, DG
$= n(1 - 2) - 2 = -n - 2$
KG

c) $13v - (5 + 3v) = 13v - 3v - 5 = 10v - 5$
AG, DG DG
$= 5(2v - 1)$
DG

d) $5 - (5d - 7) - d \cdot 2 = 5 - 5d + 7 - 2d = -7d + 12$
DG, AG AG, KG, DG

e) $(5 + 3c) - (c - 8) = 5 + 3c - c + 8 = 2c + 13$
DG AG, DG, KG

f) $0{,}3a + 0{,}8 - a \cdot 0{,}2 = 0{,}1a + 0{,}8$
DG, AG, KG

g) $y \cdot 4 - (y - 3) + 2y = 4y - y + 3 + 2y = 5y + 3$
KG AG, DG, KG

h) $3 - (4x + 3) - x \cdot 3 = 3 - 4x - 3 - 3x = -7x$
DG, KG AG, DG, KG

19 Lösung mit Baumdiagramm
10 rote, 6 grüne Socken. Anfangs sind es 16 einzelne Socken.

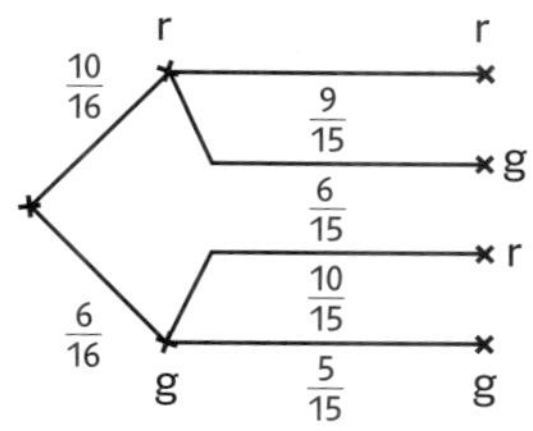

Wahrscheinlichkeit für gleiche Sockenfarbe nach der Pfadregel:

$\frac{10}{16} \cdot \frac{9}{15} + \frac{6}{16} \cdot \frac{5}{15} = \frac{90 + 30}{240} = \frac{120}{240} = \frac{1}{2} = 50\,\%$

Peter zieht mit der Wahrscheinlichkeit von 50 % Socken in der gleichen Farbe an.

5 Winkelsummen

Seite 134

1 a) Durch Experimentieren kann man zur Vermutung kommen, dass die Winkelsumme der drei Winkel immer 180° ist. Man kann auch vermuten, dass in einem Dreieck bei einer größeren Seite der gegenüberliegende Winkel größer ist als der Winkel, der einer kleineren Seite gegenüberliegt.
b) Mit Beispielen zu Sonderfällen kann man z. B. zu folgenden Vermutungen kommen:
Bei den gleichschenkligen Dreiecken ist die Basis kleiner als ein Schenkel, solange der Winkel an der Spitze kleiner als 60° ist. Für einen Winkel an der Spitze von 60° ergibt sich ein gleichseitiges Dreieck. Für alle Winkel an der Spitze, die größer als 60° sind, ist die Länge der Basis größer als die der Schenkel.
Bei einem rechtwinkligen Dreieck geht eine Seite durch den Mittelpunkt des Kreises. Es gibt ein gleichschenkliges Dreieck, das einen rechten Winkel an der Spitze hat.

2 Man kann den Winkelsummensatz im Dreieck benutzen:

a) $\gamma = 89°$

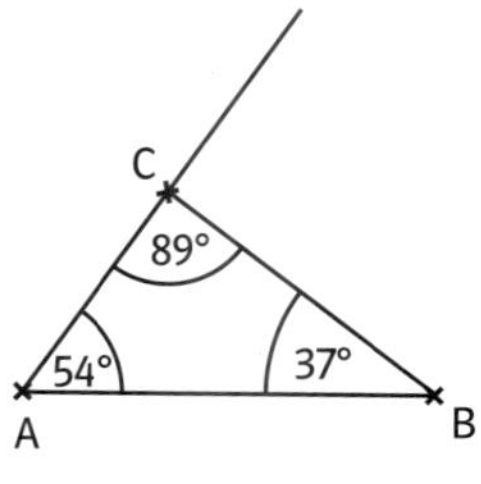

b) $\alpha = 80°$

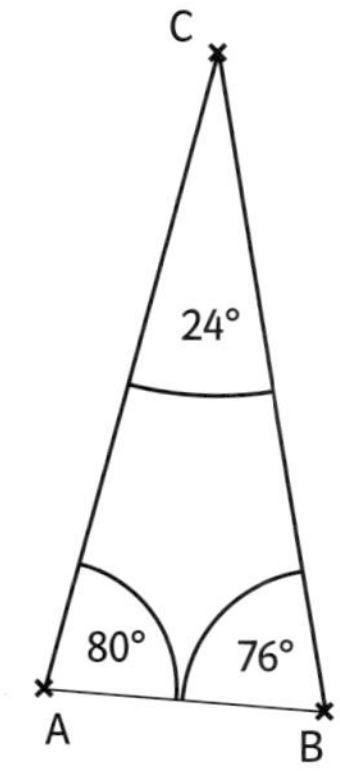

c) $\beta = 147°$

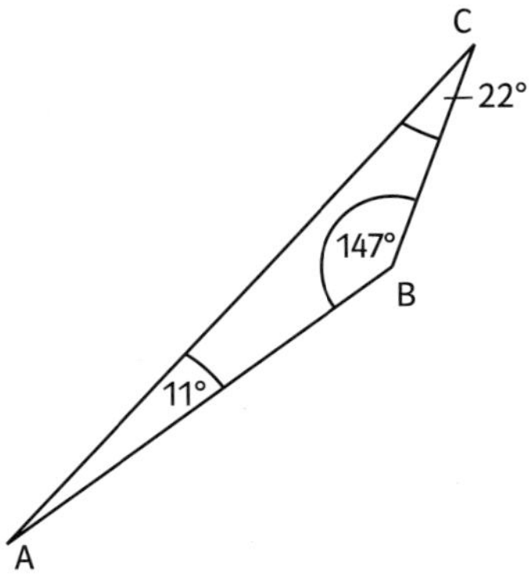

d) $\gamma = 90°$

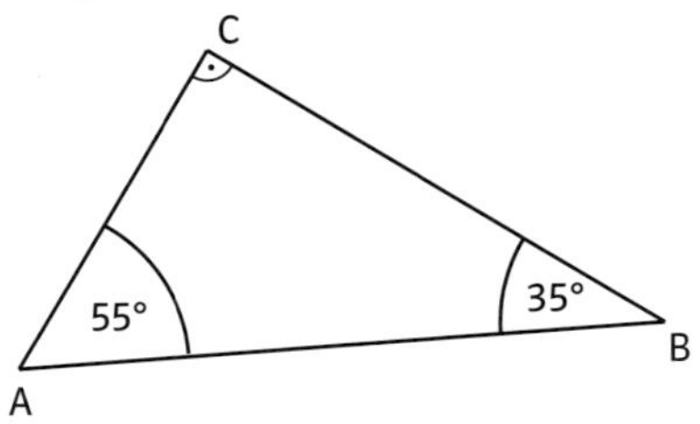

3 Alle gegebenen Dreiecke sind gleichschenklig:
a) Mit $\alpha = 46°$ und $\beta = \gamma$ folgt aus dem Winkelsummensatz $\alpha + \beta + \gamma = 180°$ die Beziehung $46° + \beta + \beta = 180°$. Daraus ergibt sich $2\beta = 134°$ und somit gilt $\beta = \gamma = 67°$.
b) Mit $\alpha = 90°$ kann es keinen weiteren Winkel dieser Größe geben. Deshalb müssen die beiden anderen Winkel zusammen 90° ergeben (Winkelsummensatz) und gleich groß sein (Basiswinkelsatz). Deshalb gilt $\beta = \gamma = 45°$.
c) Da α und β gleich groß sind, ist der Winkel an der Spitze: $\gamma = 180° - 70° = 110°$.
d) Wegen des Winkelsummensatzes ist: $\beta = 70°$. Also gilt $\alpha = \beta$. γ ist an der Spitze.

4 In einem gleichseitigen Dreieck gibt es drei Symmetrieachsen. Zwei Winkel, die nebeneinander liegen, sind deshalb immer gleich groß. Deshalb sind alle drei Winkel gleich. Aus dem Winkelsummensatz folgt dann, dass jeder die Größe 60° haben muss.

5 a) (Zeichnung s. Fig. 1)
Konstruktionsbeschreibung:
1. Zeichne die Strecke $c = \overline{AB}$ der Länge 6 cm.
2. Trage an c in A den Winkel $\alpha = 90°$ an und in B den Winkel $\beta = 45°$.
3. Der Schnittpunkt der beiden freien Schenkel ist C.

Das Dreieck ABC löst die Aufgabe.
Für γ gilt: $\gamma = 180° - (90° + 45°) = 45°$ (Winkelsummensatz). Deshalb ist das Dreieck ABC gleichschenklig.

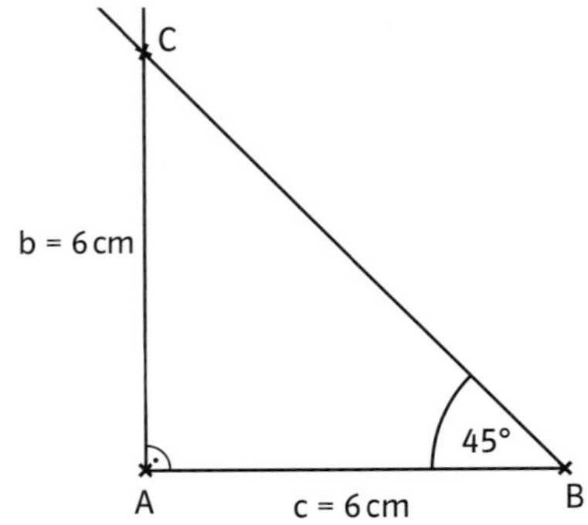

Fig. 1

b) (Zeichnung s. Fig. 2)
Konstruktionsbeschreibung:
1. Zeichne den Winkel γ der Größe 50° mit dem Scheitel C.
2. Trage auf den Schenkeln von γ die Strecken $a = \overline{BC}$ und $b = \overline{AC}$ mit gleicher Länge 5 cm ab.

Das Dreieck ABC löst die Aufgabe.
Das Dreieck ABC hat zwei gleich lange Seiten a und b. Deshalb ist γ der Winkel an der Spitze. Aus dem Winkelsummensatz folgt $\alpha + \beta = (180° - \gamma) = 130°$. Da α und β gleich groß sind, gilt $\alpha = \beta = 65°$.

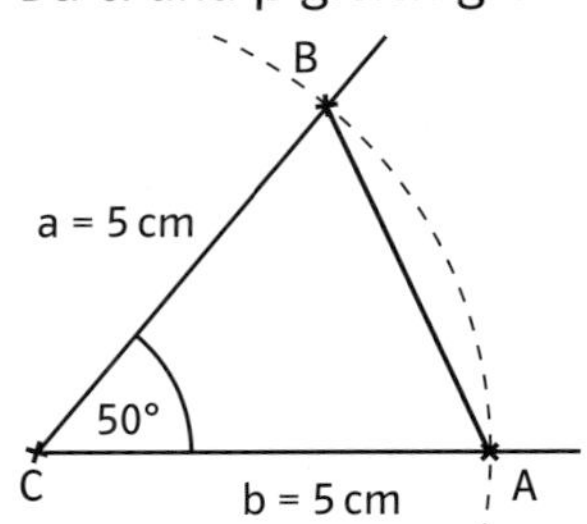

Fig. 2

c) (Zeichnung s. Fig. 3)
Alle drei Winkel sind gleich groß. Deshalb misst jeder 60°.
Konstruktionsbeschreibung:
1. Zeichne die Strecke $a = \overline{BC}$ mit der Länge 5 cm.
2. Trage in B und C die 60°-Winkel β und γ an.
3. Beschrifte den Schnittpunkt der freien Schenkel mit A.

Das Dreieck ABC löst die Aufgabe.

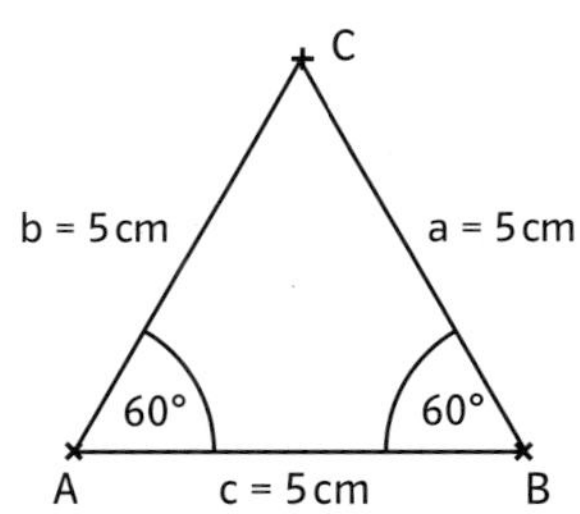

Fig. 3

d) (Zeichnung s. Fig. 4)
Konstruktionsbeschreibung:
1. Zeichne die Strecke $c = \overline{AB}$ mit der Länge 6 cm.
2. Trage in B den Winkel $\beta = 50°$ ab.
3. Zeichne um A den Kreis mit Radius 6 cm.
4. Der Kreis hat mit dem freien Schenkel von β die Schnittpunkte B und C.

Das Dreieck ABC löst die Aufgabe.

Weil die Strecken c und b gleich lang sind, ist das Dreieck ABC gleichschenklig. Der Punkt A ist die Spitze des Dreiecks. Deshalb gilt $\beta = \gamma = 50°$ und $\alpha = 80°$.

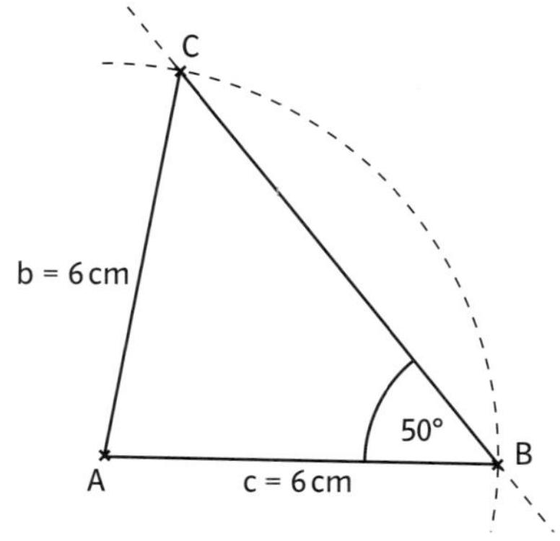

Fig. 4

6 a) $\gamma = 71°$; gleichschenklig, Spitze A
b) $\alpha = 90°$ (rechtwinkliges Dreieck)
c) $\beta = 10°$
d) Es gilt $\beta + \gamma = 205°$. Die Summe zweier Winkel muss kleiner als 180° sein. Ein Dreieck mit diesen Angaben gibt es nicht.
e) $\gamma = 120°$. Das Dreieck ist gleichschenklig und stumpfwinklig.
f) $\alpha = \beta = 45°$. Das Dreieck ist rechtwinklig und gleichschenklig.
g) Aus $\alpha = \beta = \gamma$ ergibt sich nach dem Winkelsummensatz, dass alle Winkel gleich groß sind. α kann nicht 56° messen, denn $56° + 56° + 56° \neq 180°$. Ein Dreieck mit diesen Eigenschaften ist nicht möglich.
h) Es gilt $\alpha + \gamma = 180°$. Deshalb müsste $\beta = 0°$ sein. Damit ist kein Dreieck möglich.

7 a) Das Dreieck in Fig. 5 hat einen nicht beschrifteten Winkel. Dieser ist ein Scheitelwinkel zum 69°-Winkel und deshalb genauso groß wie dieser. Nach dem Winkelsummensatz gilt
$\gamma = 180° - 30° - 69° = 81°$.
Der Winkel α ist ein Wechselwinkel zum 30°-Winkel, weil $a \parallel b$ ist; deshalb gilt $\alpha = 30°$.
Der Winkel β bildet zusammen mit α und dem Winkel der Größe 69° einen gestreckten Winkel. Deshalb gilt $\beta = 180° - (30° + 69°) = 81°$ (β ist auch noch ein Stufenwinkel zu γ).
b) β ist ein Wechselwinkel zum Winkel der Größe 77°; somit gilt $\beta = 77°$. Daraus lässt sich der nicht beschriftete Winkel im Dreieck links mit 77° berechnen (Scheitelwinkel). Aus der Winkelsumme im Dreieck ergibt sich $\alpha = 49°$. Das äußere Dreieck ist gleichschenklig. Der Winkel γ ist der Winkel an der Spitze. Daraus ergibt sich $\gamma = 72°$.
c) Man beginnt im getönten Dreieck $\gamma = 155°$, $\beta = 93°$ und $\alpha = 29°$.

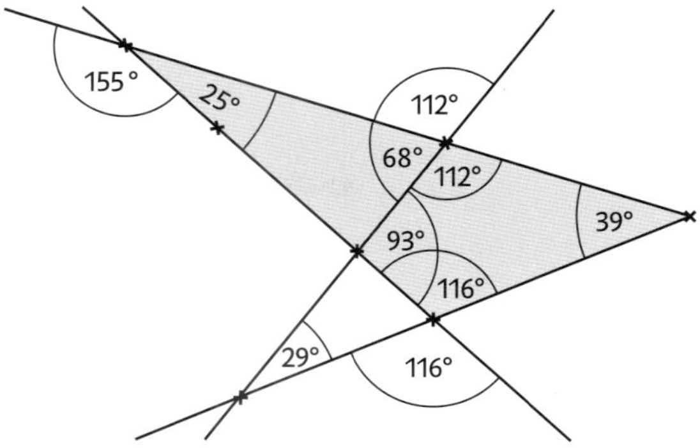

Fig. 5

Seite 135

8 (ohne Skizzen)
a) Der Winkelsummensatz liefert $\gamma = 90°$.
b) Das Dreieck ist gleichschenklig, weil die Strecken b und c gleich lang sind. Da β und γ Basiswinkel sind, gilt $\beta = \gamma = \frac{180° - 40°}{2} = 70°$.
c) Das Dreieck ist gleichschenklig, weil die Strecken a und c gleich lang sind. Da β der Winkel an der Spitze ist, gilt $\alpha = \gamma = \frac{180° - 50°}{2} = 65°$.
d) Das Dreieck ist gleichschenklig, weil die Strecken b und c jeweils 5 cm lang sind. Weil zudem α und β gleich groß sind, und β und γ Basiswinkel sind, müssen alle drei Winkel gleich groß sein. Deshalb ist das Dreieck ABC gleichseitig; somit messen alle Winkel 60° und alle Seiten sind 5 cm lang.

9 Wenn man ein Dreieck durch die Angabe von drei Winkeln bestimmt, muss man darauf achten, dass die Summe der Winkel 180° ist. In einem solchen Fall kann man jedoch die Längen der Seiten noch verändern. Man erhält eigentlich zu jeder festgelegten Länge einer bestimmten Seite ein zugehöriges Dreieck.

10 Zu Fig. 1: ε ist der Winkel zwischen dem Lot von C auf AB und der Winkelhalbierenden von γ. Bei C ist ein rechter Winkel, deshalb gilt $\sphericalangle$ ACW = 45°. Nach dem Winkelsummensatz im Dreieck AWC gilt $\sphericalangle$ CWA = 97°. Der zugehörige Nebenwinkel $\sphericalangle$ HWC misst dann 83°. Nach dem Winkelsummensatz im Dreieck WHC misst ε dann 7°.

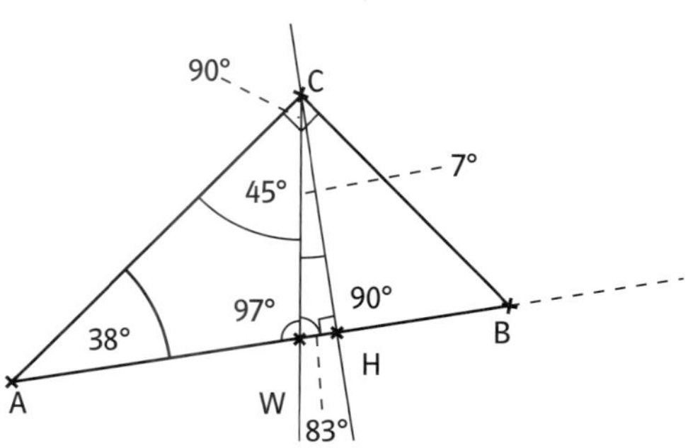

Fig. 1

Zu Fig. 2: Mit den Beschriftungen in der unten stehenden Abbildung kann man folgendermaßen argumentieren:
Im Dreieck EDC ist der Winkel bei D nach dem Winkelsummensatz 47° groß. Dann hat jedoch der Winkel ε die Größe 43°, denn er ergänzt sich zusammen mit dem 47°-Winkel zu 90°. Dabei ist es egal ob a und b gleich lang sind oder nicht.

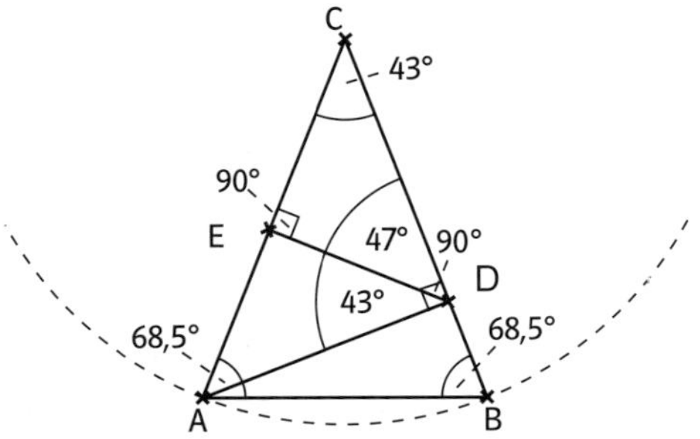

Fig. 2

Zu Fig. 3: Die gestrichelte Linie ist die Winkelhalbierende von α. Da a = b gilt, ist das Dreieck gleichschenklig und α ist ein Basiswinkel. Weil der Winkel an der Spitze 40° misst, gilt α = 70°. Die Winkelhalbierende hat dann mit b einen Winkel der Größe 35°. Mit dem Winkelsummensatz ergibt sich ε = 180° – 35° – 40° = 105°.

11 (ohne Zeichnung)
Aus den Angaben folgt, dass $\overline{MA} = \overline{MC} = \overline{MB}$ gilt. Deshalb sind die Dreiecke AMC und CMB gleichschenklig, jeweils mit der Spitze bei M. Verwendet man den Winkelsummensatz und die Eigenschaften des gleichschenkligen Dreiecks, so gilt:
∢ BCM = 68,5° und ∢ CMB = 180° – (68,5° + 68,5°) = 43°. Der zugehörige Nebenwinkel ∢ AMC misst dann 137° und die Winkel ∢ MAC und ∢ ACM sind gleich große Basiswinkel der Größe (180° – 137°) : 2 = 21,5°. Deshalb hat der Winkel bei C die Größe 68,5° + 21,5° = 90°. Also: α = 21,5°; β = 68,5° und γ = 90°.

Winkel in Vierecken

12
a) Der Mittelpunktswinkel α misst 360° : 5 = 72°.
b) Der Innenwinkel β misst 108°.
c) Konstruktionsbeschreibung:
1. Zeichne ein gleichseitiges Dreieck mit der Basis 5 cm und den Basiswinkeln 54°.
2. Zeichne einen Kreis um die Spitze durch die Endpunkte der Basis.
3. Trage dann den Winkel an der Spitze noch viermal wiederholt an.

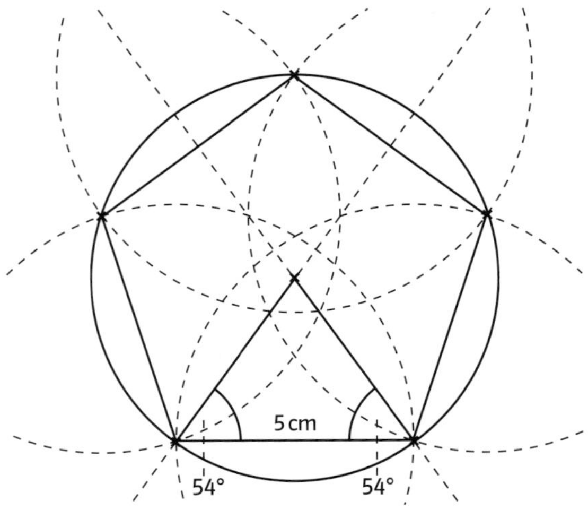

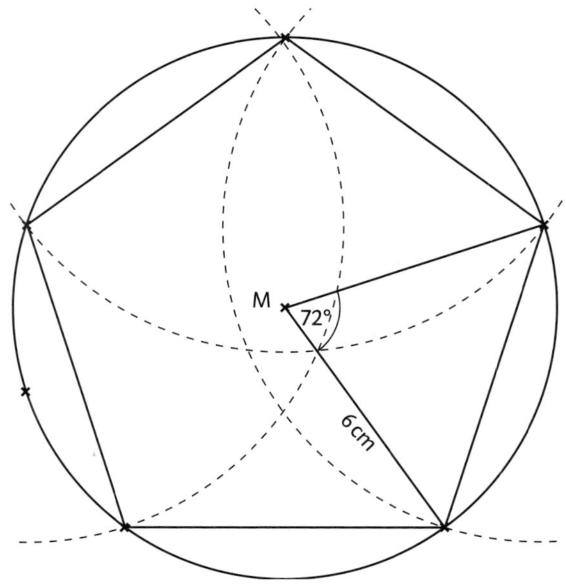

d) Konstruktionsbeschreibung:
1. Zeichne einen Kreis mit Radius 6 cm und Mittelpunkt M.
2. Zeichne im Punkt M einen Winkel der Größe 72° und bestimme die Schnittpunkte der Schenkel mit dem Kreis. Trage die Basis des Dreiecks noch viermal auf dem Kreis ab.

13 a) Ein Sechseck hat den Mittelpunktswinkel α = 60°.
Ein Achteck hat den Mittelpunktswinkel α = 45°.
Ein 12-Eck hat den Mittelpunktswinkel α = 30°.
Die Zeichnung erstellt man wie in Aufgabe 12 d).
b) Mittelpunktswinkel beim n-Eck: α = 360° : n
Innenwinkel $\beta = 2 \cdot (180° - \alpha) : 2$ oder
$\beta = 180° - \alpha = 180° - \frac{360°}{n}$

Seite 136

14 Bei einem Sechseck ist der Radius des zugehörigen Umkreises so groß wie eine Seitenlänge des Sechsecks. Da man gleichseitige Dreiecke nur mit dem Zirkel und dem Lineal zeichnen kann, hat Frank Recht.

15 a) Im Rechteck ist die Winkelsumme 360°, weil an jeder Ecke ein 90°-Winkel ist.
In dem Parallelogramm sind je zwei Winkel einer Querstrecke zu den Parallelen zusammen 180° groß, weil der eine Winkel jeweils der Nebenwinkel zu einem Stufenwinkel des anderen ist. Deshalb ergeben sie zusammen 180°. An beiden Querstrecken also zusammen 360°.
b) In Fig. 2 und Fig. 3 teilt die gestrichelte Linie das Viereck in zwei Dreiecke. In jedem Dreieck ist die Winkelsumme 180°. Zusammen ergibt das 360°.
c) Jedes Viereck hat entweder eine Form wie in Fig. 2 oder wie in Fig. 3. Deshalb ist in allen Vierecken die Summe der Winkel 360°.

16 a) Ein Fünfeck kann man mit zwei Verbindungsstrecken von einem Punkt aus in drei Dreiecke unterteilen. Deshalb ist die Winkelsumme im 5-Eck 3-mal 180°, also 540° groß. Mit den gleichen Überlegungen erhält man im Sechseck die Winkelsumme 4-mal 180° = 720°.
b) In dem Term $180° \cdot (n - 2)$ bedeutet n die Anzahl der Ecken eines Vielecks.
c) Zieht man von einer Ecke eines n-Ecks die Verbindungsstrecken zu den anderen Punkten, so entstehen insgesamt n – 2 Dreiecke, die das Vieleck zusammensetzen.

Parkette aus Vielecken

17 In Fig. 6 und Fig. 7 wurden Parallelen im gleichen Abstand benutzt.

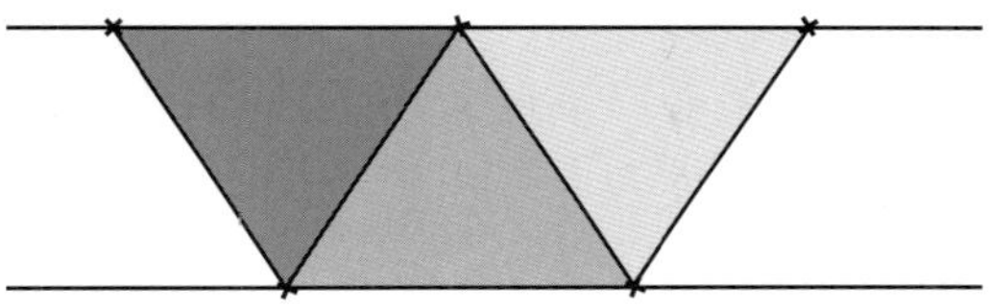

18 a) Legt man drei gleiche Dreiecke mit den Winkeln α, β und γ zusammen, so entsteht eine Gerade, da $\alpha + \beta + \gamma = 180°$.
b) Legt man Rauten an einer Ecke zusammen wie in Fig. 1, so entstehen noch freie Bereiche mit jeweils 90°. Diese lassen sich immer wieder mit zwei Rauten füllen.
Fünfecke, die an einer gemeinsamen Ecke zusammengefügt werden, ergänzen sich nicht zu einem Winkel von 360°. Mit Fünfecken kann man deshalb kein Parkett legen.
Je drei Sechsecke ergeben einen 360°-Winkel. Deshalb kann man mit Sechsecken ein Parkett legen.
c) Legt man die Vierecke so zusammen, dass α, β, γ und δ zusammentreffen, so entstehen bei allen Vierecken Parkette, denn $\alpha + \beta + \gamma + \delta = 360°$.

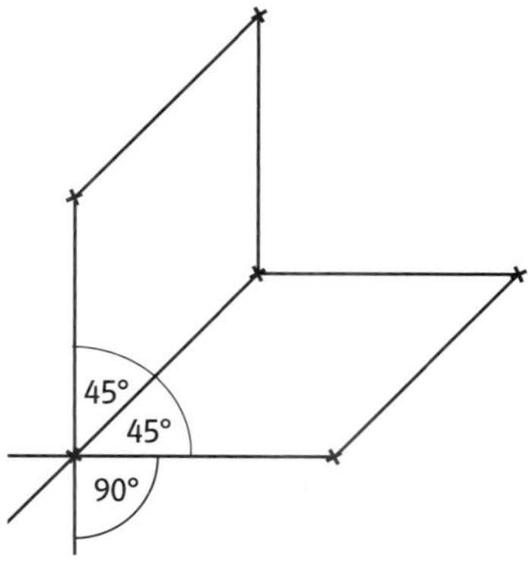

Fig. 1

6 Der Satz des Thales

Seite 138

1 a) Man zeichnet $\overline{AB} = 5\,cm$ und einen Kreis mit Durchmesser $\overline{AB}$. Dafür muss zuerst der Mittelpunkt M von $\overline{AB}$ bestimmt werden. Man wählt Punkte C_1, C_2, C_3 ... auf dem Kreis. Die Dreiecke ABC_1, ABC_2, ABC_3, ... haben die geforderten Eigenschaften.

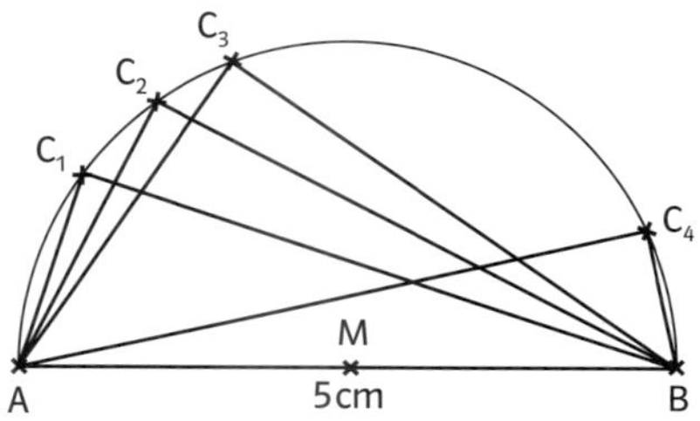

b) Die Strecke $\overline{AB}$ muss durch den Mittelpunkt des Kreises gehen. Sie ist dann ein Durchmesser des Kreises. Nun kann man für C irgendeinen anderen Punkt auf dem Kreis wählen, weil der ursprüngliche Kreis der Thaleskreis zur Strecke $\overline{AB}$ ist.

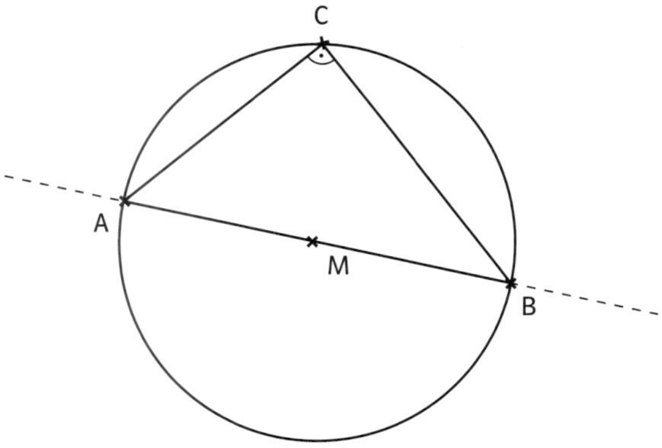

Fig. 1

2 (Zeichnung Fig. 2)
Alle Punkte mit der geforderten Eigenschaft liegen auf dem Thaleskreis der Strecke $\overline{AB}$. Gitterpunkte auf dem Kreis sind A und B sowie $P(1\,|\,4)$ und $Q(1\,|\,-2)$. Nahe bei Gitterpunkten liegen z.B. die Punkte $P_1(2\,|\,3{,}8)$, $P_2(3{,}1\,|\,3{,}1)$, $P_3(3{,}8\,|\,2)$,

$P_4(3{,}8\,|\,0)$, $P_5(3{,}1\,|\,-1{,}1)$, $P_6(0\,|\,-1{,}8)$, $P_7(-1{,}1\,|\,-1{,}1)$, $P_8(-1{,}1\,|\,3{,}1)$, $P_9(0\,|\,3{,}8)$, $P_{10}(-1{,}8\,|\,0)$.

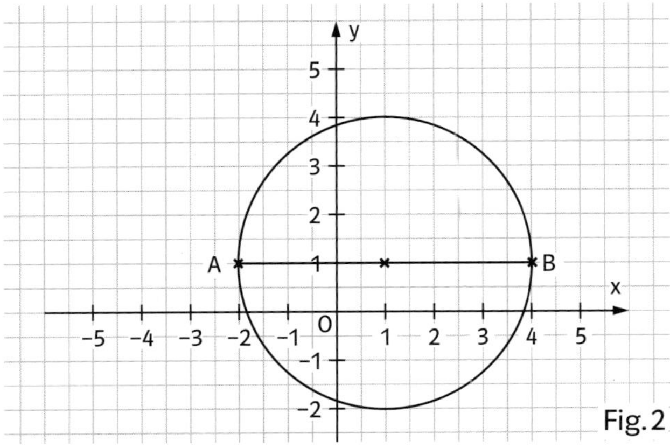

Fig. 2

3 a) (Zeichnung Fig. 3) Wenn C im Inneren des Thaleskreises liegt, ist der Winkel γ größer als 90°. Wenn C auf dem Thaleskreis liegt, ist γ ein rechter Winkel. Wenn C außerhalb des Thaleskreises ist, dann ist der Winkel γ kleiner als 90°.

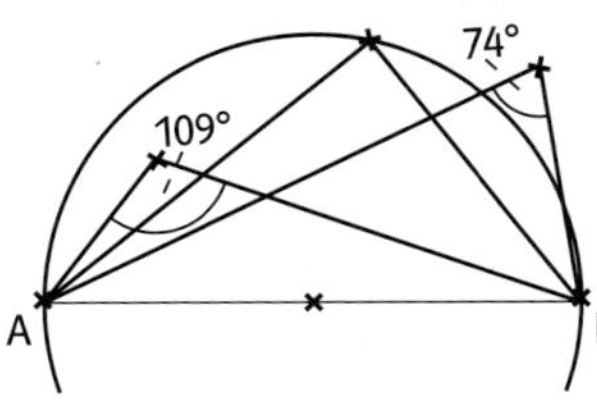

Fig. 3

b) (Zeichnung Fig. 4) Das Dreieck ABC ist rechtwinklig. Wenn man die Lage der Halbgeraden variiert (siehe Pfeil), bewegt sich der Punkt C auf dem Thaleskreis der Strecke $\overline{AB}$.

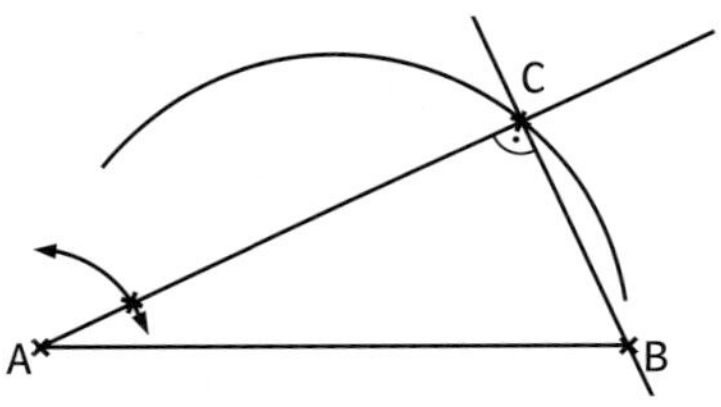

Fig. 4

4 a) Konstruktionsbeschreibung mit Thaleskreis (Zeichnung Fig. 5):
1. Zeichne die Strecke $c = \overline{AB}$ der Länge 6 cm.
2. Zeichne den Thaleskreis zur Strecke AB.
3. Trage an c in A den Winkel $\alpha = 50°$ ab.
4. Beschrifte den Schnittpunkt des freien Schenkels von α mit dem Thaleskreis mit C.

Lösung: Dreieck ABC.

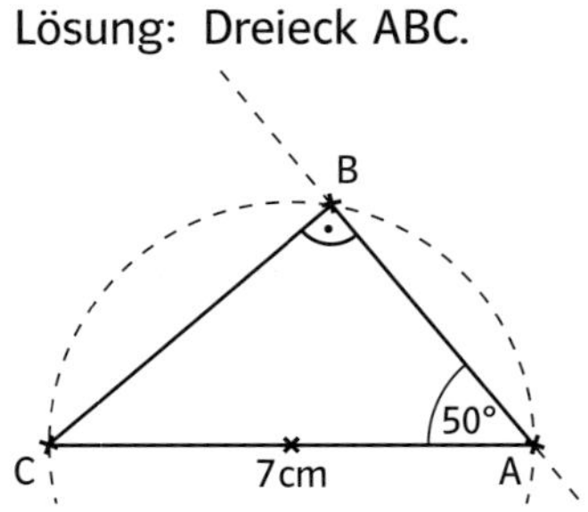

Fig. 5

b) Konstruktionsbeschreibung mit Thaleskreis (ohne Zeichnung):
1. Zeichne die Strecke $b = \overline{CA}$ der Länge 7 cm.
2. Zeichne den Thaleskreis zur Strecke $\overline{CA}$.
3. Trage an b in A den Winkel $\alpha = 50°$ ab.
4. Beschrifte den Schnittpunkt des freien Schenkels von α mit dem Thaleskreis mit B.

Lösung: Dreieck ABC.

c) Konstruktionsbeschreibung ohne Thaleskreis (ohne Zeichnung):
1. Zeichne die Strecke $b = \overline{CA}$ der Länge 5 cm.
2. Trage an b in A den Winkel $\alpha = 40°$ ab.
3. Trage an b in C den Winkel $\gamma = 50°$ ab.
4. Beschrifte den Schnittpunkt der freien Schenkel von α und β mit B.

Lösung: Dreieck ABC. (Hier könnte auch der Satz des Thales eingesetzt werden, da $\alpha + \gamma = 90°$: $a = 3{,}21\,\text{cm}$; $b = 5\,\text{cm}$; $c = 3{,}83\,\text{cm}$.)

d) Da α und β gleich groß sind, muss γ der rechte Winkel sein; α und β messen dann jeweils 45°. Da die Grundseite c zu $\gamma = 90°$ gegeben ist, kann man den Satz des Thales nutzen.

Konstruktionsbeschreibung mit Thaleskreis (ohne Zeichnung):
1. Zeichne die Strecke $c = \overline{AB}$ der Länge 8 cm.
2. Zeichne den Thaleskreis zu c.
2. Trage an c in A den Winkel $\alpha = 45°$ ab.
4. Beschrifte den Schnittpunkt des freien Schenkels von α mit dem Thaleskreis mit C.

Lösung: Dreieck ABC.

Seite 139

5 (ohne Planfigur)
Das Dreieck hat einen rechten Winkel bei C. Deshalb liegt der Punkt C auf dem Thaleskreis der Strecke c.

a) Konstruktionsbeschreibung (Zeichnung Fig. 1):
1. Zeichne die Strecke $c = \overline{AB}$ der Länge 6 cm.
2. Zeichne den Thaleskreis zur Strecke $\overline{AB}$.
3. Zeichne eine parallele Gerade g zu c im Abstand 2 cm.
4. Beschrifte die Schnittpunkte von g mit dem Thaleskreis mit C_1 und C_2.

Die Dreiecke ABC_1 und ABC_2 sind deckungsgleiche Lösungen.

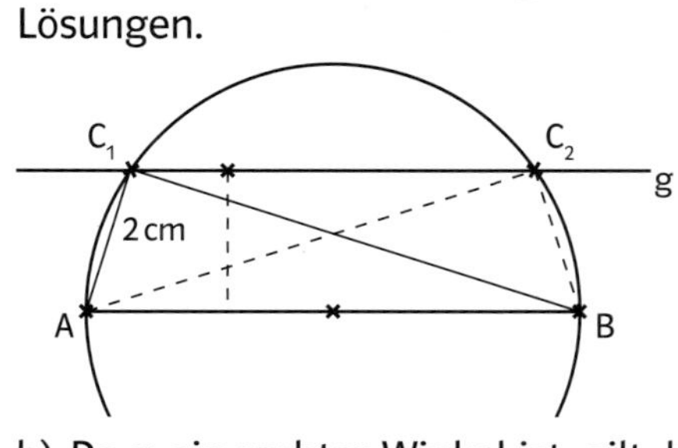

Fig. 1

b) Da α ein rechter Winkel ist, gilt $h_c = b$.
Konstruktionsbeschreibung (Zeichnung Fig. 2):

1. Zeichne die Strecke $a = \overline{BC}$ der Länge 5 cm.
2. Zeichne den Thaleskreis zur Strecke $\overline{BC}$.
3. Zeichne einen Kreis um C mit Radius 1,5 cm.
4. Beschrifte einen Schnittpunkt des Kreises mit dem Thaleskreis mit A.

Lösung: Dreieck ABC; der andere Schnittpunkt liefert ein deckungsgleiches Dreieck.

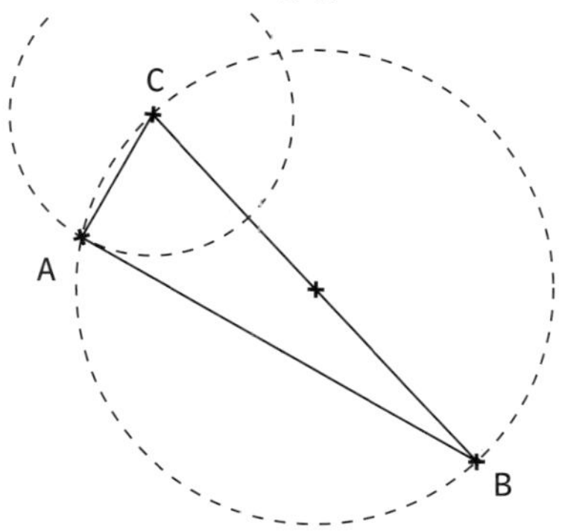

Fig. 2

c) Im Punkt B hat das Dreieck einen rechten Winkel. Deshalb liegt B auf dem Thaleskreis zur Strecke b.

Konstruktionsbeschreibung (Zeichnung Fig. 3):
1. Zeichne die Strecke $b = \overline{AC}$ der Länge 7,8 cm.
2. Zeichne den Thaleskreis zur Strecke $\overline{AC}$.
3. Zeichne eine parallele Gerade g zu b im Abstand 3,2 cm.
4. Beschrifte die Schnittpunkte von g mit dem Thaleskreis mit B_1 und B_2.

Die Dreiecke AB_1C und AB_2C sind deckungsgleiche Lösungen.

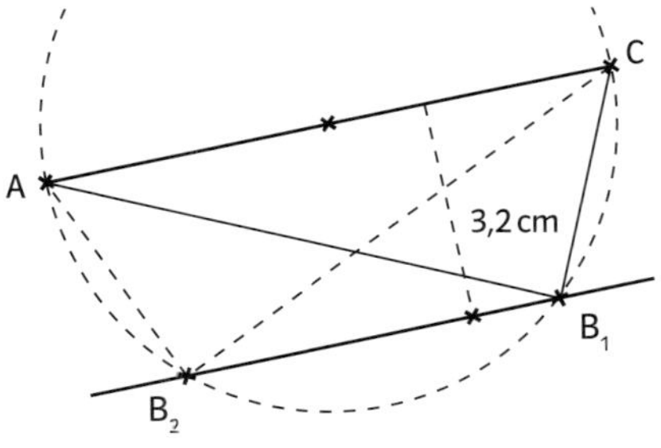

Fig. 3

d) Der Punkt C liegt auf dem Thaleskreis zu c, weil γ 90° misst.

Konstruktionsbeschreibung (Zeichnung Fig. 4):
1. Zeichne die Strecke $c = \overline{AB}$ der Länge 5,4 cm.
2. Zeichne den Thaleskreis zur Strecke $\overline{AB}$.
3. Trage in B an c den Winkel β = 35° an.
4. Beschrifte den Schnittpunkt des freien Schenkels von β mit dem Thaleskreis mit C.

Das Dreieck ABC löst die Aufgabe.

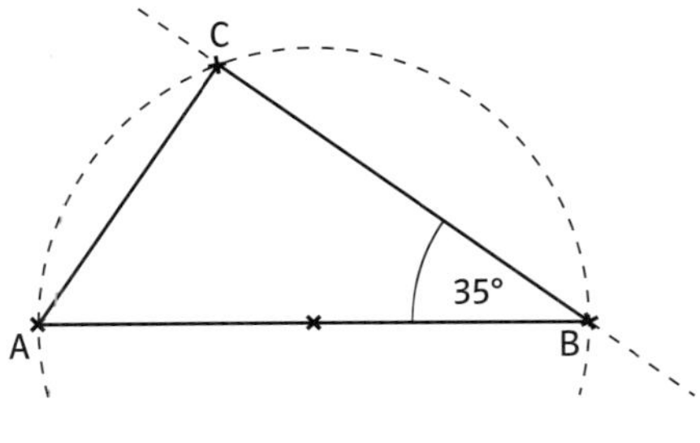

Fig. 4

6 a) Die Höhe zur Seite $\overline{AB} = 6\,cm$ muss 2 cm lang sein (s. Punkt C_a in Fig. 1). Dann berechnet sich der Flächeninhalt A zu $(6 \cdot 2) : 2 = 6\,cm^2$.
Um das Dreieck zu zeichnen, vgl. Aufgabe 5 a).
b) Bei dem gesuchten Dreieck muss der Punkt C auf dem Thaleskreis über der Strecke $\overline{AB}$ liegen. Aus der Zeichnung erkennt man, dass ein solches Dreieck die größtmögliche Höhe hat, wenn der Punkt C_b auf der Mittelsenkrechten der Strecke $\overline{AB}$ liegt (s. Punkt C_b in Fig. 5).
Größtmöglicher Flächeninhalt: $(6 \cdot 3\,cm^2) : 2 = 9\,cm^2$

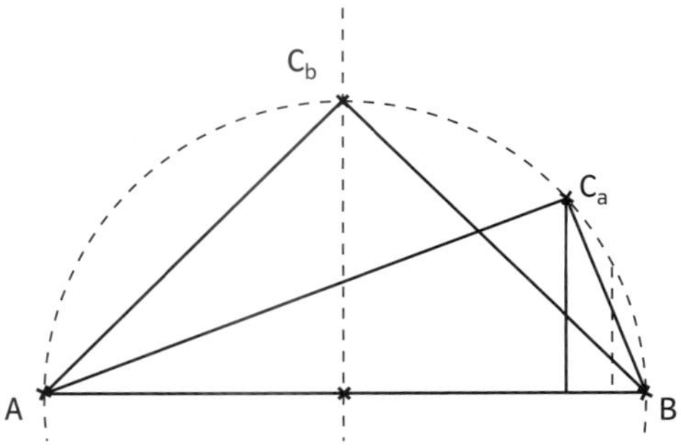

Fig. 5

7 (ohne Zeichnung)
a) Wenn in einem rechtwinkligen Dreieck ein weiterer Winkel 45° misst, muss auch der dritte Winkel 45° messen (Winkelsumme). Das gesuchte Dreieck ist dann rechtwinklig und gleichschenklig.
Konstruktion: Man beginnt mit einer Strecke $\overline{AB}$ und dem zugehörigen Thaleskreis. Dann konstruiert man die Mittelsenkrechte zur Strecke $\overline{AB}$. Ein Schnittpunkt C mit dem Thaleskreis ergibt das gesuche Dreieck ABC.
b) Wenn in einem rechtwinkligen Dreieck ein weiterer Winkel 30° misst, muss der dritte Winkel 60° messen (Winkelsumme). Das gesuchte Dreieck ist dann die Hälfte von einem gleichseitigen Dreieck.
Konstruktion: Man konstruiert ein gleichseitiges Dreieck ABC und die Mittelsenkrechte einer Seite. Dabei entstehen zwei kongruente Dreiecke mit der gesuchten Eigenschaft.

8 (Lösungsvorschläge ohne Zeichnung)
Vorschlag 1: Man zeichnet die Diagonale $\overline{AC}$ der Länge 6 cm mit dem zugehörigen Thaleskreis. Dann zeichnet man einen Kreis um A mit dem Radius 5 cm und erhält beim Schnittpunkt mit dem Thaleskreis die Ecke B des Rechtecks. Auf die gleiche Art kann man mit einem gleich großen Kreis um den Punkt C den noch fehlenden Eckpunkt D konstruieren.
Vorschlag 2: Man beginnt wie in Teilaufgabe a) und erhält die Eckpunkte A, B und C. Dann spiegelt man den Punkt B am Mittelpunkt der Diagonalen $\overline{AC}$ und erhält den Eckpunkt D.

Vorschlag 3: Man beginnt mit einem Kreis mit dem Radius 3 cm um den (späteren) Mittelpunkt M des Rechtecks. Dann bestimmt man zwei Punkte A und B auf dem Kreis mit dem Abstand 5 cm. Die zu den Punkten gehörenden Durchmesser des Kreises sind die Diagonalen des gesuchten Rechtecks.

9 Da die Stäbe gleich lang sind, gibt es einen Kreis, auf dem die Eckpunkte des Vierecks liegen. Die Stäbe sind dabei die zugehörigen Radien. Im allgemeinen Fall hat das Viereck vier verschiedene Winkel.
Durch Experimentieren kann man folgende Fälle unterscheiden:
Fall 1, zwei gegenüberliegende Seiten sind parallel (Fig. 6):
In diesem Fall entsteht ein Trapez mit jeweils zwei gleich großen Winkelpaaren. Deshalb gibt es hierbei entweder keine Übereinstimmung von Winkeln oder jeweils eine Übereinstimmung in zwei Winkelpaaren.
Fall 2, die Verbindungsstrecke Strecke zweier gegenüberliegender Punkte bilden einen Durchmesser des Kreises (Fig. 7):
Dann ist der Kreis der Thaleskreis über dieser Strecke, auf dem die beiden anderen Punkte liegen. Es gibt ein Paar von 90°-Winkeln.
Fall 3, beide Verbindungsstrecken gegenüberliegender Punkte sind Durchmesser. Dann entsteht ein Quadrat und alle vier Winkel messen 90°.

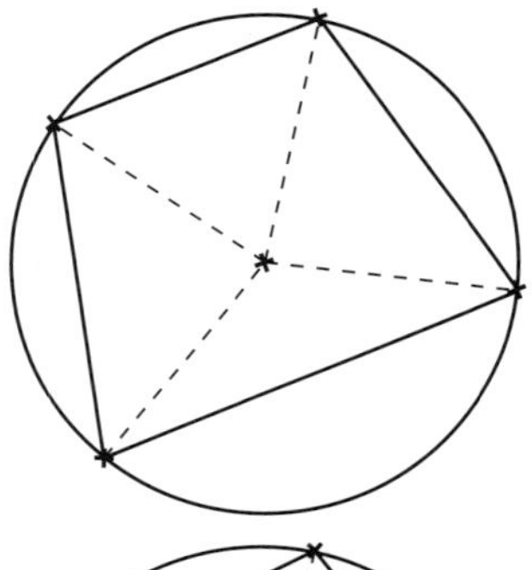

Fig. 6

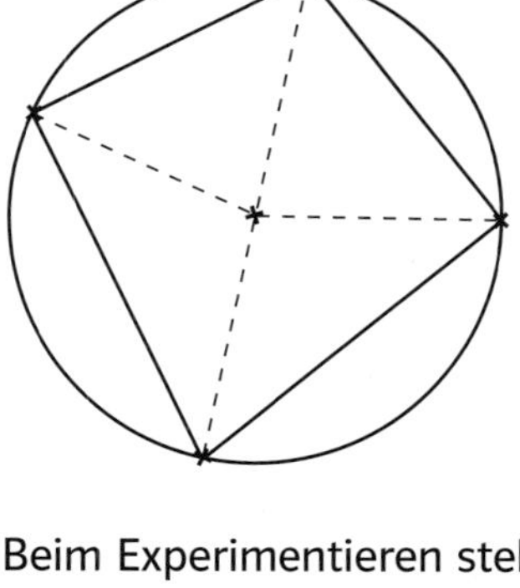

Fig. 7

Beim Experimentieren stellt man fest, dass das Viereck niemals genau drei gleich große Winkel haben kann (weil dabei der vierte Winkel ebenfalls in der Größe mit den anderen übereinstimmt). Dies kann man mit dem Winkelsummensatz im Viereck begründen.

10 Aus den Angaben kann man ablesen:
Das Dreieck ABC ist gleichschenklig, der Kreis ist der Thaleskreis zu $\overline{AB}$:
Der Winkelsummensatz im Dreieck ABC liefert
$\alpha + \beta = 180° - 48° = 132°$.
Da die Basiswinkel α und β gleich groß sind, gilt
$\alpha = \beta = 66°$.
Der Winkelsummensatz im oberen Teildreieck liefert
$\alpha_2 = 42°$.
Damit erhält man $\alpha_1 = \alpha - \alpha_2 = 66° - 42° = 24°$.

11 Die Zuschauer der ersten Reihe sehen die Durchmesser der kreisförmigen Bühne unter einem Blickwinkel von 90°.

12 Uta hat für die Strecke $\overline{AB}$ nicht den Durchmesser des Kreises verwendet.

13 (Zeichnung Fig. 8)
Mit einer maßstabsgetreuen Zeichnung (1 cm entspricht 1 km) erhält man einen Winkel der Größe 19°.
(Dabei ist zu beachten, dass der Abstand durch ein Parallelenpaar im Abstand 1 cm erreicht wird.)

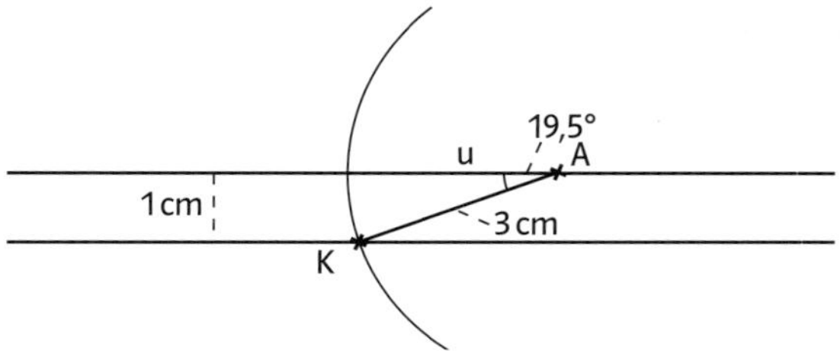

Fig. 8

Seite 140

14 (Zeichnung Fig. 1)
Zur Konstruktion verwendet man einen Thaleskreis (vgl. Lehrbuch S. 138, Fig. 1). Die Berührpunkte der Tangenten haben die Koordinaten $B_1(4{,}5\,|\,2)$ und $B_2(0{,}6\,|\,4{,}6)$.

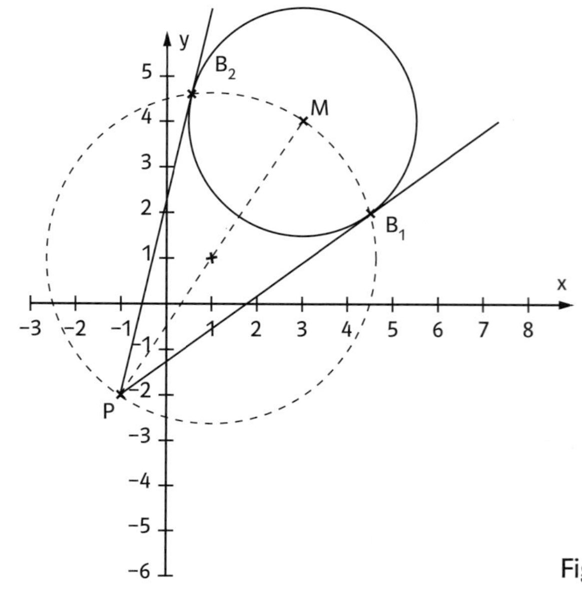

Fig. 1

15 Maßstabsgetreue Zeichnung mithilfe eines Koordinatensystems (Fig. 3).

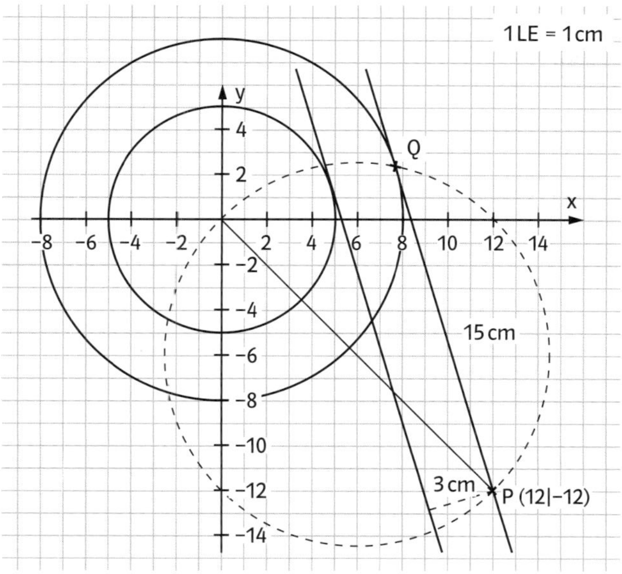

16 Die Geraden werden mit g_1 bis g_5 in der aufgeführten Reihenfolge bezeichnet. Alle Geraden gehen entweder durch den Punkt O(0 | 0) oder den Punkt P(6 | 0).
Zeichnet man den Thaleskreis zur Strecke $\overline{OP}$, so erkennt man, dass sich g_1 und g_2 sowie g_4 und g_5 rechtwinklig schneiden, weil ihre Schnittpunkte auf dem genannten Thaleskreis liegen.

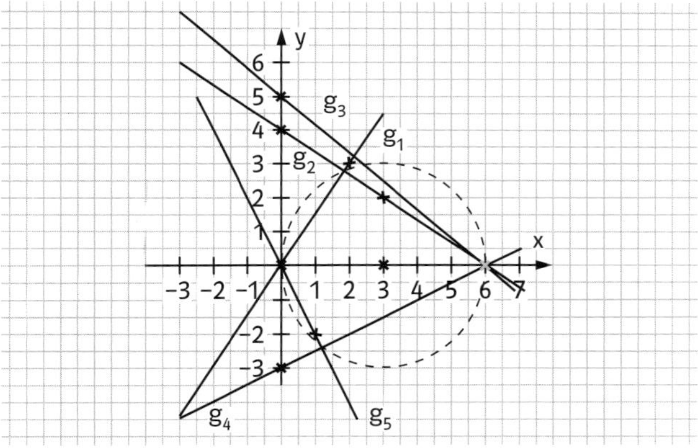

17 Der Winkel oberhalb von δ ist so groß wie α, denn er ist ein Stufenwinkel zu α. Zusammen mit dem Winkel δ ergibt er einen rechten Winkel, weil der Scheitel von δ auf dem gezeichneten Thaleskreis liegt. Deshalb hat δ die Größe 60°, wenn α die Größe 30° hat. Allgemein: δ = 90° − α.

7 Umkreise und Inkreise

Seite 142

1/2 a) Es wird der Zusammenhang zwischen den Mittelsenkrechten und dem Umkreis eines Dreiecks erarbeitet (vgl. Lehrtext S. 141).

2 b) Mögliche Entdeckungen:
Wenn das Dreieck einen stumpfen Winkel hat, dann liegt der Umkreismittelpunkt außerhalb des Dreiecks.
Wenn das Dreieck einen rechten Winkel hat, dann ist der Umkreismittelpunkt der Mittelpunkt der Gegenseite.
Wenn das Dreieck nur spitze Winkel hat, dann liegt der Umkreismittelpunkt innerhalb des Dreiecks.
Bei gleichschenkligen Dreiecken liegt der Umkreismittelpunkt auf der Winkelhalbierenden des Winkels an der Spitze.

Seite 143

3 (ohne Zeichnungen)
a) Der Umkreismittelpunkt ist der Mittelpunkt der Strecke $\overline{AC}$, weil β 90° misst.
b) Der Umkreismittelpunkt liegt auf der Winkelhalbierenden des Winkels γ und ist außerhalb des Dreiecks, weil das Dreieck gleichschenklig ist und bei der Spitze bei C einen stumpfen Winkel hat.
c) Der Umkreismittelpunkt ist der Mittelpunkt der Seite $\overline{AC}$, weil das Dreieck bei B einen rechten Winkel hat.
d) Der Umkreismittelpunkt liegt auf dem Schnittpunkt der Winkelhalbierenden, weil das Dreieck gleichseitig ist.

4 a) Konstruktionsbeschreibung:
1. Zeichne einen Kreis k um U mit Radius 4 cm.
2. Wähle auf dem Kreis k einen Punkt A.
3. Zeichne den Punkt C auf k mit $\overline{AC}$ = 3 cm.
4. Zeichne den Punkt B auf k mit $\overline{CB}$ = 5 cm.

Lösung: 2 Dreiecke ABC mit Umkreis k.

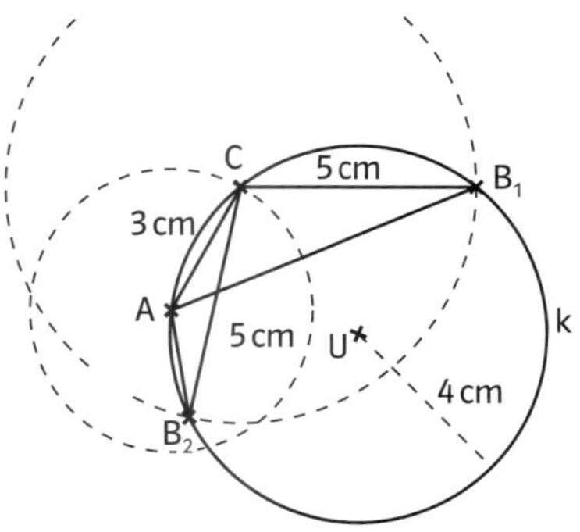

b) Konstruktionsbeschreibung (ohne Zeichnung):
1. Zeichne einen Kreis k um U mit Radius 6 cm.
2. Wähle auf k einen Punkt A.
3. Zeichne den Punkt B auf k mit c = $\overline{AB}$ = 8 cm.
4. Trage in A an c den Winkel α = 50° ab.
5. Der Schnittpunkt von α mit k wird mit C beschriftet.

Lösung: Dreieck ABC mit Umkreis k.
c) Konstruktionsbeschreibung:
1. Zeichne einen Kreis k um U mit Radius 5 cm.
2. Zeichne den Punkt B auf k mit c = $\overline{AB}$ = 5 cm.

3. Zeichne die Mittelsenkrechte m der Strecke $\overline{AB}$.
4. Ein Schnittpunkt m mit k wird mit C beschriftet.

Lösung: 2 Dreiecke ABC mit Umkreis k.

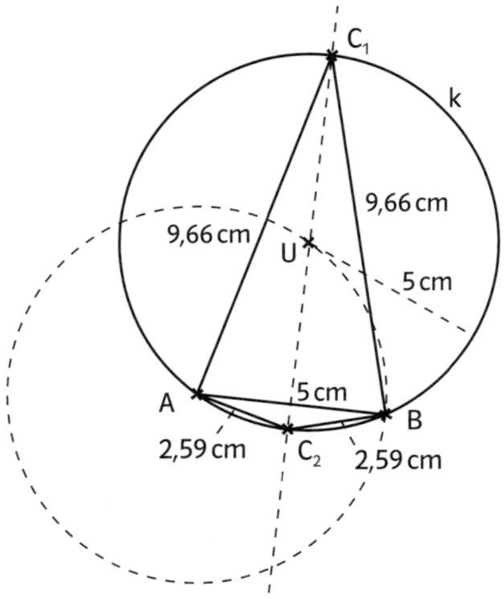

d) Konstruktionsbeschreibung (ohne Zeichnung):
1. Zeichne einen Winkel $\alpha = 50°$ mit Scheitel A.
2. Zeichne die Winkelhalbierende w zu α.
3. Zeichne auf w den Punkt U im Abstand 4,5 cm von A.
4. Zeichne den Kreis k um U durch den Punkt A.
5. Beschrifte die Schnittpunkte von α mit k mit B und C.

Lösung: Dreieck ABC mit Umkreis k.

5 a) Die Abstände zu den drei Seiten des Dreiecks bilden jeweils einen Radius des Inkreises.
b) Alle Punkte auf der Winkelhalbierenden w_α haben zu den Seiten b und c den gleichen Abstand. Dort, wo die Winkelhalbierende w_α die Winkelhalbierende w_β trifft, ist auch der Abstand zur Seite a gleich groß wie der zu den Seiten b und c.
c) Das bedeutet, dass auch die Winkelhalbierende w_γ den Schnittpunkt der Winkelhalbierende w_α und w_β trifft, da die Abstände zu a und b gleich sind.
d) Der Kreis um I, dessen Radius der Abstand zu $\overline{AB}$ ist, berührt jede der drei Dreiecksseiten a, b und c in je einem Punkt.
e) Die Eigenschaft aus d) gilt in allen Dreiecken.
f) Die drei Winkelhalbierenden der drei Winkel eines Dreiecks treffen sich in einem Punkt I, dieser Punkt I ist der Mittelpunkt des Inkreises.

6 a) und b) Die Lote vom Schnittpunkt I auf die drei Dreiecksseiten bilden jeweils einen Radius vom Kreis k.
c) Der Umkreismittelpunkt liegt bei spitzwinkligen Dreiecken innerhalb des Dreiecks, bei stumpfwinkligen Dreiecken außerhalb des Dreiecks und bei rechtwinkligen Dreiecken auf dem Mittelpunkt der längsten Dreiecksseite.
Der Inkreismittelpunkt I liegt immer innerhalb des Dreiecks.
Bei gleichseitigen Dreiecken haben der Inkreis und der Umkreis denselben Mittelpunkt.

7 (ohne Zeichnungen)
Zeichne zuerst das Dreieck aus den gegebenen Größen. Bestimme dann den Inkreismittelpunkt I als Schnittpunkt zweier Winkelhalbierenden. Der Radius des Inkreises wird durch das Lot von I auf eine Dreiecksseite bestimmt.
Besonderheiten: In b) und c) liegt der Inkreismittelpunkt auf einer Mittelsenkrechten, weil gleichschenklige Dreiecke vorliegen. In d) ist das Dreieck gleichseitig. Der Inkreismittelpunkt fällt mit dem Umkreismittelpunkt zusammen.

Seite 144

8 Peter kann drei Punkte A, B und C auf dem Umkreis wählen und dort mithilfe der zugehörigen Radien die Tangenten an den Kreis zeichnen. Die Schnittpunkte der Tangenten ergeben ein solches Dreieck.
Denis kann drei Punkte des Inkreises durch Strecken verbinden.
Denis hat es einfacher.

9 (Zeichnung Fig. 1)
Eine maßstabsgetreue Konstruktion liefert einen Abstand von 5,7 cm – 1,9 cm = 3,8 cm.

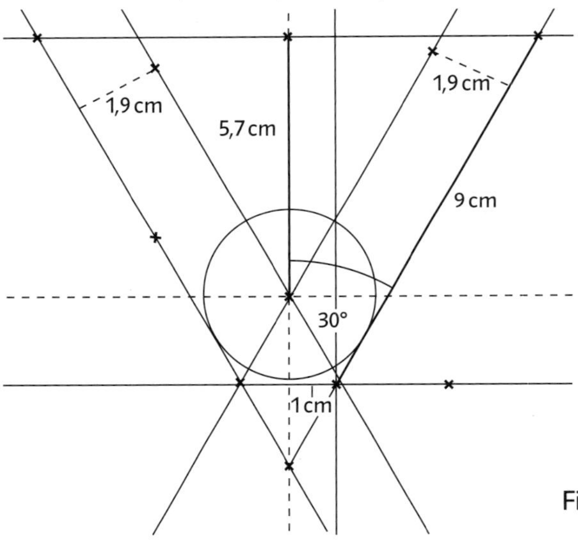

Fig. 1

10 (Zeichnung Fig. 2)
Für die Konstruktion im Maßstab 1:1000 wurde ein Thaleskreis verwendet, weil bei B ein rechter Winkel ist. Der Sehwinkel ε hat die Größe 8°.

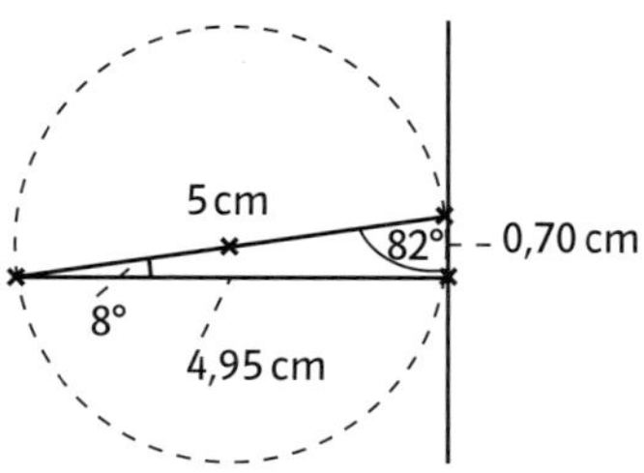

Höhe des Baumes 7,0 m
Entfernung 49,5 m

Fig. 2

11 Aus einer maßstabsgetreuen Zeichnung (Fig. 3) ergibt sich ein 1,77 Meter großer Radius des Ziffernblattes.

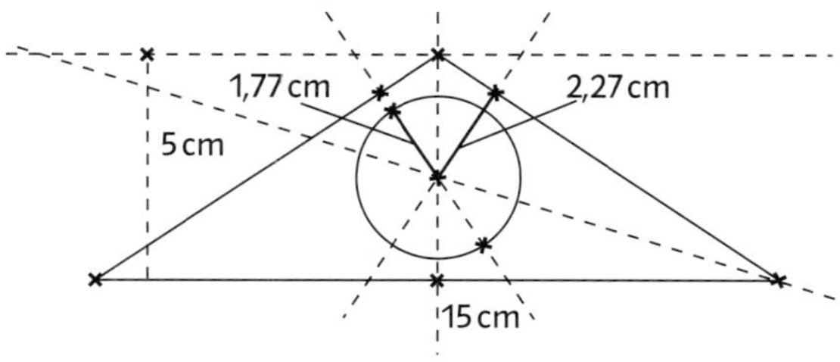

Fig. 3

12 Idee: Die Ausgangsfiguren sind Rechtecke und Dreiecke mit gegebenen Abmessungen. Alle vorkommenden Kreise sind Inkreise von Teildreiecken in der jeweiligen Ausgangsfigur.

13 Angaben unterschiedlich, je nach Diskussion.

14

a)	$5 \cdot x - 3 - 12x$	$= -7x - 3$	Der erste, zweite und vierte Term sind äquivalent
	$3 \cdot (x - 1) - x \cdot 10$	$= -7x - 3$	
	$6x - 3 - x$	$= 5x - 3$	
	$(-5x - 1) \cdot 3 + 8x$	$= -7x - 3$	
b)	$8 \cdot (1 + c) + 6$	$= 8c + 14$	Der erste und zweite Term sind äquivalent
	$(c \cdot 8 + 8) + 6$	$= 8c + 14$	
	$14c + (3 - c \cdot 3) \cdot 2$	$= 8c + 6$	
	$(c - 8) \cdot 8 + 60$	$= 8c - 4$	

15 $\beta = 90° - \alpha$; es handelt sich um eine lineare Zuordnung. Die Punkte $(0|90)$ und $(90|0)$ gehören nicht dazu, denn bei $\alpha = 90°$ und $\beta = 0°$ sowie bei $\alpha = 0°$ und $\beta = 90°$ ist kein Dreieck mehr möglich.

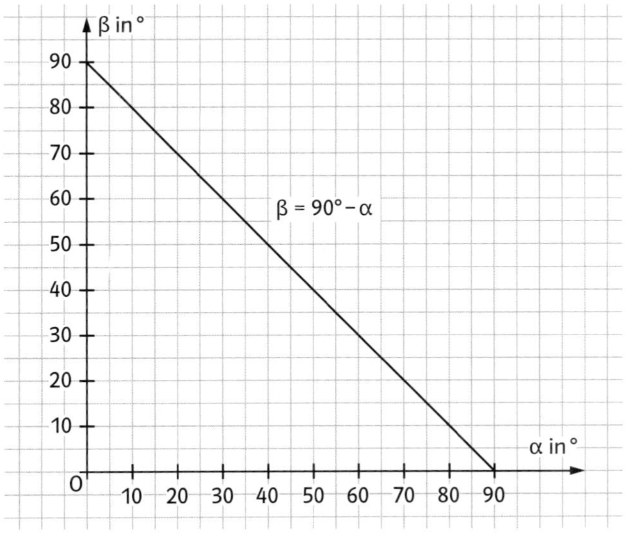

Wiederholen – Vertiefen – Vernetzen

Seite 145

1 Das Dreieck in Fig. 1 ist rechtwinklig. Es gilt $\alpha + \beta = 90°$.

Das Dreieck in Fig. 2 ist gleichschenklig. Die Mittelsenkrechte m der Basis ist die Winkelhalbierende des Winkels an der Spitze. Es gilt $\alpha = \beta$ und $\gamma = 2 \cdot \delta$.
Das Dreieck in Fig. 3 ist rechtwinklig und gleichschenklig. Der Winkel α misst 45°.
Das Dreieck in Fig. 4 ist gleichseitig. Alle drei Winkel haben die Größe 60°.

2 Das Dreieck ist gleichseitig.

3 a) Gilt für jedes Dreieck.
b) Dies gilt für jedes gleichschenklige Dreieck, es hat zwei gleich große Winkel und zwei gleich lange Seiten.
c) Ein solches Dreieck gibt es nicht. Wenn drei Winkel gleich sind, dann sind auch drei Seiten gleich lang.
d) Die Aussage ist falsch. Denn wenn ein Dreieck zwei Symmetrieachsen hat, ist es gleichseitig und hat noch eine dritte Symmetrieachse.
e) Die Aussage ist nur richtig bei gleichschenkligen Dreiecken. Dort ist die Winkelhalbierende des Winkels an der Spitze eine Symmetrieachse des Dreiecks, also auch die Mittelsenkrechte der Basis. Die anderen beiden Mittelsenkrechte schneiden sich in einem Punkt dieser Mittelsenkrechten.

4 (ohne Zeichnung)
a) Mögliche Aufgabe: Konstruiere ein Dreieck ABC mit $c = 6\,\text{cm}$, $a = 5\,\text{cm}$ und $\alpha = 40°$.
b) Mögliche Aufgabe: Konstruiere ein gleichschenkliges Dreieck mit einer Schenkellänge von 4 cm und einem Winkel an der Spitze von 65°.

5 (Zeichnung Fig. 1)
a) Aus den Sätzen über Winkel an parallelen Geraden und den Winkelsätzen im Dreieck erhält man die Winkel $\delta = 30°$, $\gamma = 90°$ und $\varepsilon = 120°$.
b) $\alpha + \beta = 90°$; $\delta = 90° - \beta$; $\varepsilon = \gamma + \delta$ bzw. $\varepsilon = 90° + \delta$

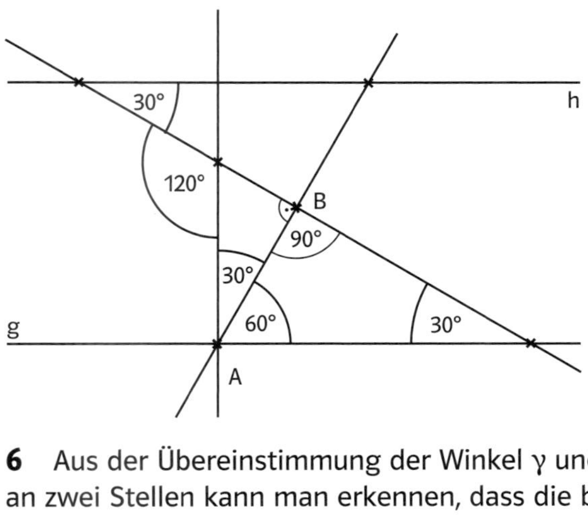

Fig. 1

6 Aus der Übereinstimmung der Winkel γ und δ an zwei Stellen kann man erkennen, dass die bei-

den Dreiecke mit den Winkeln 30°, γ, γ und γ, δ, δ gleichschenklig sind.
Deshalb gilt $\gamma = (180° - 30°):2 = 75°$ und $\delta = (180° - \gamma):2 = 52{,}5°$.
In dem noch nicht genannten Dreieck mit dem Winkel α ist ein Winkel Nebenwinkel zu δ; er hat deshalb die Größe 127,5°.
Aus der Winkelsumme in diesem Dreieck ergibt sich $\alpha = 180° - 30° - 127{,}5° = 22{,}5°$.

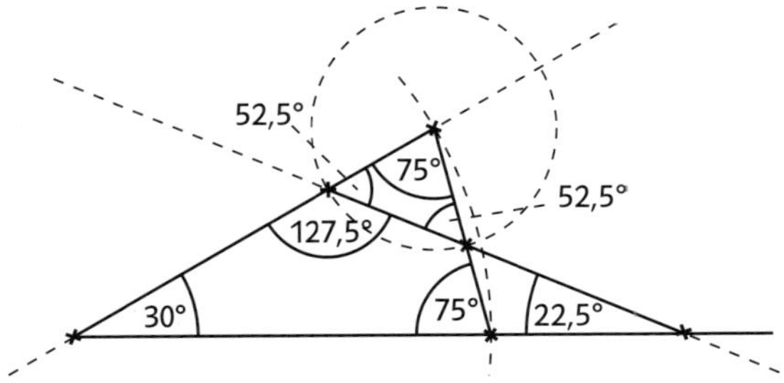

Fig. 2

7 Das Dreieck wird in der üblichen Weise mit ABC bezeichnet.
Konstruktionsbeschreibung:
1. Zeichne eine Strecke $\overline{AB}$ der Länge 4 cm.
2. Trage in A an $\overline{AB}$ den Winkel 90° ab.
3. Trage in B an $\overline{AB}$ den Winkel 24° ab.
4. Beschrifte den Schnittpunkt der Winkel α und β mit C.
5. Zeichne die Winkelhalbierende w zum Winkel γ.
6. Zeichne das Lot h von A auf die Seite $\overline{BC}$.
7. Beschrifte den Schnittpunkt von w mit h mit P.

Berechnung der fehlenden Winkel:
In C ist $\gamma = 66°$; der Nebenwinkel zu α in P hat die Größe $90° - 33° = 57°$. Deshalb gilt $\alpha = 123°$.

8 Der Mittelpunkt eines Kreises hat den gleichen Abstand zu den Punkten auf der Kreislinie. Deshalb liegt der Mittelpunkt eines Kreises auf der Mittelsenkrechten zu jeder Sehne. Der Schnittpunkt der Mittelsenkrechten zweier Sehnen ist dann der gesuchte Mittelpunkt des Kreises. Man benötigt dazu mindestens drei verschiedene Punkte eines Kreises.

9 a) (ohne Zeichnung)
Konstruktion der beiden Tangenten mithilfe des Thaleskreises der Strecke $\overline{PM}$.
b) $\alpha = 49{,}2°$. Wenn P näher bei M liegt, wird der Winkel α immer größer und die beiden Berührpunkte rücken näher zusammen.

Seite 146

10 Die Lösungen ergeben sich jeweils aus maßstabsgetreuen Zeichnungen.
a) Fig. 3: Ulmer Münster 160 m (Lexikon 161 m)
b) Fig. 4: Die 5 m lange Leiter kann in einer Höhe von 4,1 m bis 4,8 m angelehnt werden.

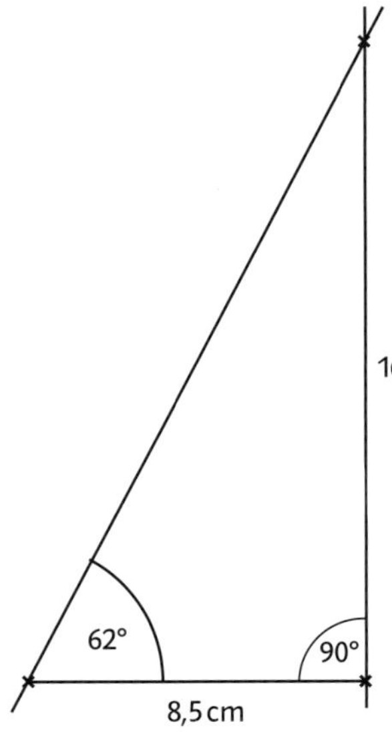

Fig. 3

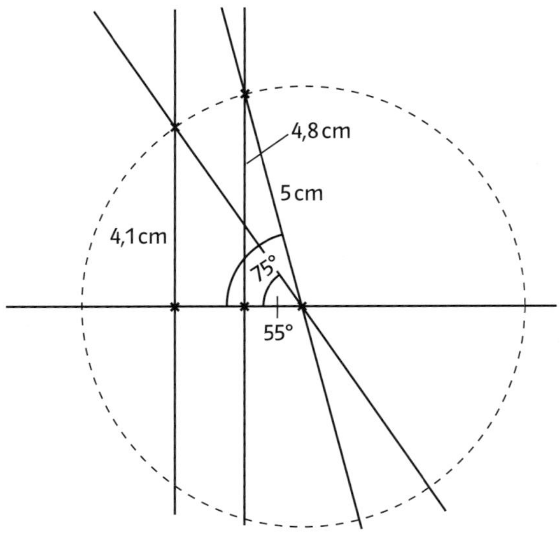

Fig. 4

11 Zeichnung: Man beginnt mit einer Geraden und einem Punkt L im Abstand 12 cm. Dann trägt man in L am Lot die Winkel 11° und 53° ab.
Die Fahrstrecke in der Skizze misst etwa 18,3 cm. Das Schiff ist demnach in einer halben Stunde ca. 18,3 km weit gefahren. Das ergibt eine Geschwindigkeit von 36,6 km pro Stunde.

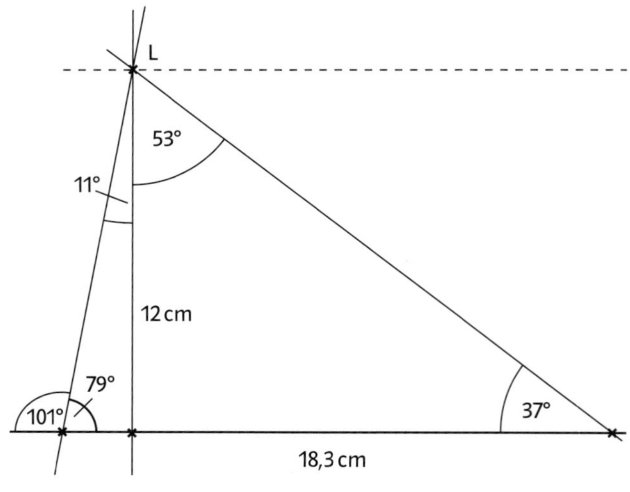

12 (Zeichnung Fig. 5)
Ina war 3,38 Meter von der Mitte der Schaukel entfernt.

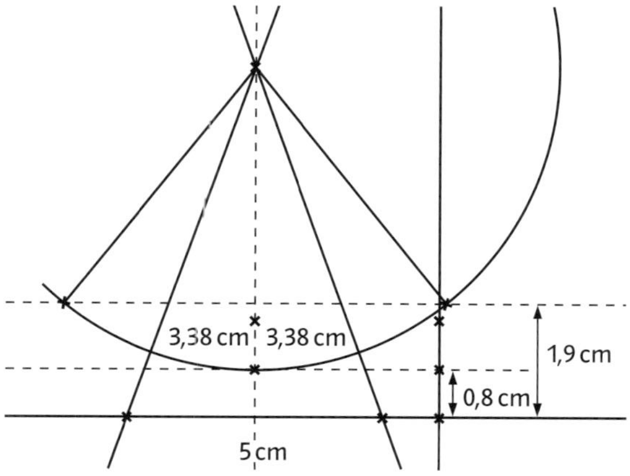

Fig. 5

13 a) (Zeichnung Fig. 6)
Die Spitze der Tanne bewegt sich auf einem Kreis um die „Knickstelle“ mit dem Radius 36 m − 8 m = 28 m. Aus einer maßstabsgetreuen Zeichnung liest man ab, dass die Spitze dann ca. 27 Meter vom Stamm entfernt den Boden trifft.
b) Mit 5 m Sicherheitsabstand muss Förster Heinrich eine kreisförmige Absperrung mit ca. 32 m Radius anbringen.

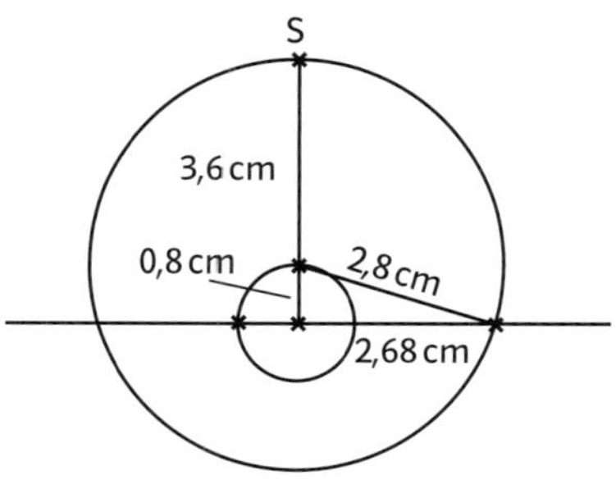

Fig. 6

Seite 147

14 Der Ingenieur hat im Plan den Punkt C so gelegt, dass die Verbindungsstrecke $\overline{CB}$ so groß ist wie die Strecke $\overline{CB}'$. Dazu hat er den Punkt B an der Geraden (Hochspannungsleitung) gespiegelt. Da die Verbindungsstrecke von A zu B′ die kürzestmögliche Entfernung von A zu B′ ist, sind auch die beiden Strecken $\overline{AC}$ und $\overline{CB}$ die besten Verbindungen der Punkte A und B.

15 Die nebenstehende Abbildung zeigt die folgende Strategie:
Man spiegelt A an der blauen Wand und erhält A_1. Man spiegelt B an der roten Wand und erhält B_1. Man verbindet A_1 und B_1 und erhält so die Abklatschpunkte auf den Wänden. Wären die Wände Spiegelflächen, so würde man einfach in die Richtung laufen, in der man B sieht. (Mit den Überlegungen in Aufgabe 14 ergibt sich der in Fig. 1 dargestellte Weg.)

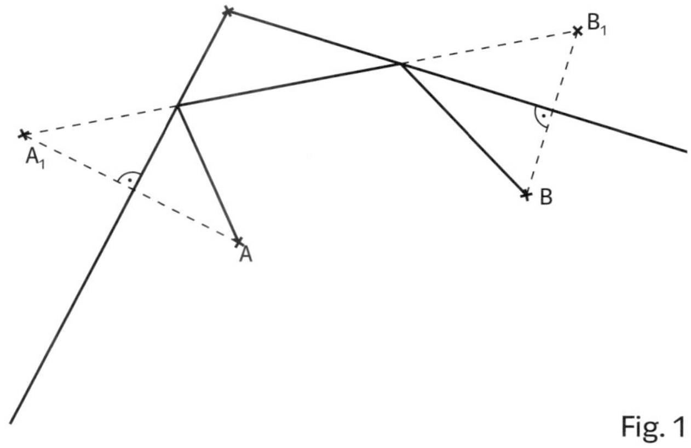

Fig. 1

16 (Zeichnung Fig. 2)
Der Sender liefert für alle drei Gemeinden eine gleich gute Qualität, wenn er von den Ortschaften gleich weit entfernt ist. Deshalb zeichnet man den Umkreismittelpunkt des Dreiecks, das die drei Gemeinden bilden. Mit einer maßstabsgetreuen Zeichnung kann man ermitteln, dass dann die Anschlussleitung zur Stromleitung bei gerader Verlegung 1,1 km lang ist.

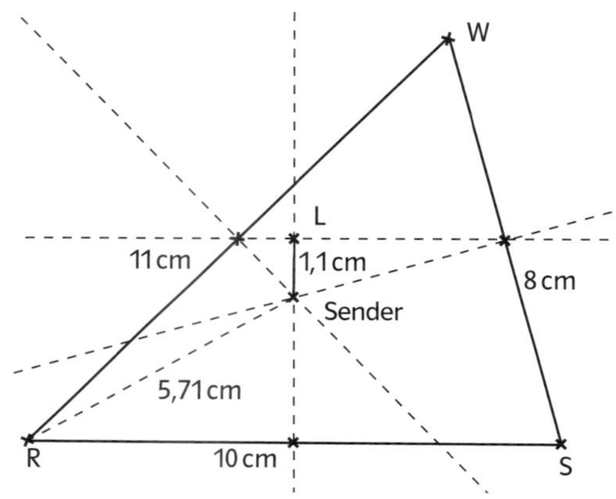

Fig. 2

17 Projektaufgabe

18 a) Zeichnung Fig. 3. In diesem Fall bilden die Geraden ein Dreieck. Der Schnittpunkt P der drei Winkelhalbierenden ist dann der einzige Punkt, der von allen drei Geraden den gleichen Abstand hat.
b) Zeichnung Fig. 4. Alle Punkte, die von den parallelen Geraden g und h den gleichen Abstand haben, liegen auf der Mittelparallelen m. Die Gerade k schneidet m in S. Zeichnet man noch zwei parallele Geraden zu k im gleichen Abstand wie derjenige von m zu g, so erhält man genau zwei Punkte P und Q, die von allen drei Geraden g, h und k den gleichen Abstand haben.
c) Zeichnung Fig. 5. Wenn sich die drei Geraden in einem Punkt S schneiden, gibt es nur den Punkt S, der von allen drei Geraden den Abstand 0 hat.

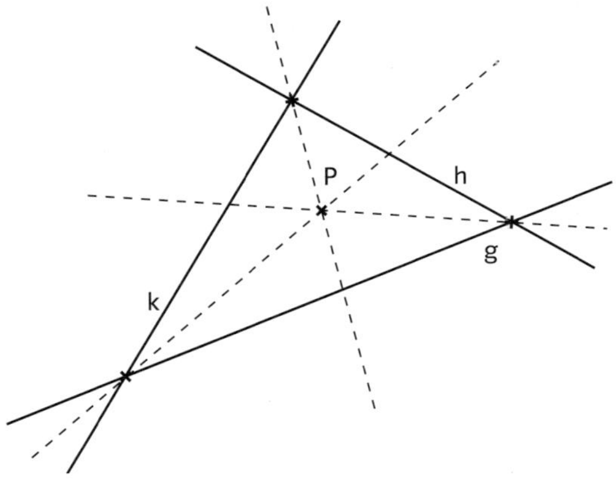

Fig. 3

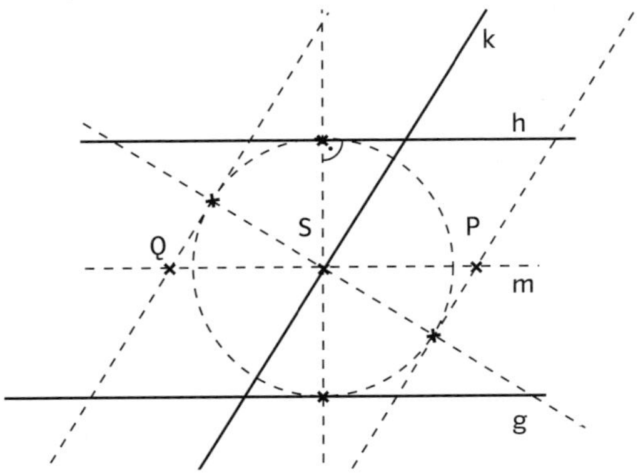

Fig. 4

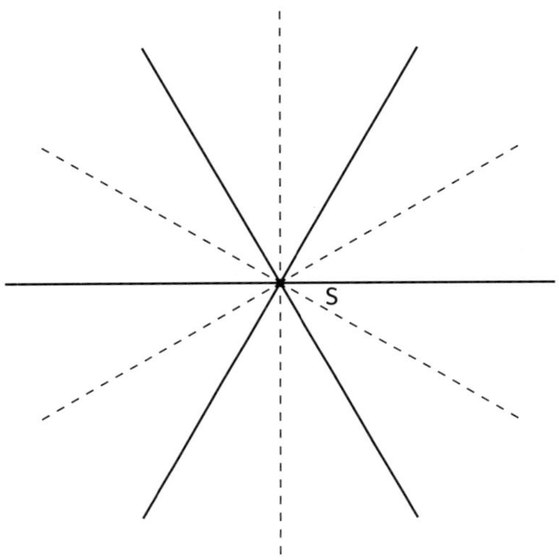

Fig. 5

19 Dies ist dann der Fall, wenn die drei Geraden alle (d.h. paarweise) zueinander parallel sind.

Seite 148

20 a) Die Abbildung in Fig. 1 zeigt ein gleichschenkliges Dreieck ABC und einen Thaleskreis über der Strecke $\overline{AB}$. Die Gerade h geht durch B und den Schnittpunkt des Thaleskreises mit der Strecke $\overline{AC}$, der nun mit T bezeichnet wird. Mit dem Winkelsummensatz berechnet sich α im rechtwinkligen Dreieck ABT zu 62°. Weil im gleichschenkligen Dreieck ABC der Winkel im Punkt B so groß ist wie α, muss β_1 die Größe 34° haben. Der Winkel δ ist der Nebenwinkel zum Winkel der Größe 146°. Deshalb gilt δ = 34°. Weil nun δ und β_1 gleich groß sind, sind die Geraden g und h parallel.

b) Es gilt $\alpha = \beta = 62°$. $\gamma = 180° - 2 \cdot 62° = 56°$.
c) Aus dem rechtwinkligen Dreieck TBC ergibt sich $\beta_1 + \gamma = 90°$.

21 Die zur Länge 6 cm gehörende Höhe ist 8 cm; so ergibt sich der Flächeninhalt 24 cm².
1. Zeichne einen rechten Winkel α mit dem Scheitel A.
2. Trage auf den freien Schenkeln von α die Strecken $\overline{AB}$ = 6 cm und $\overline{AC}$ = 8 cm ab.

Das Dreieck ABC hat den Flächeninhalt 24 cm² (denn die Strecke $\overline{AC}$ ist die Höhe auf die Seite $\overline{AB}$).

22 a) Die Lösung ist in Fig. 4 gezeichnet.
b) Das Rechteck hat den Flächeninhalt 48 cm². Das Dreieck hat den Flächeninhalt 21 cm². Der Flächeninhalt des Rechtecks ist um 129 % größer als der des Dreiecks.
c) Ein möglicher Punkt P liegt auf der Mittelsenkrechten m der Strecke $\overline{AB}$ (ist nicht eindeutig bestimmt). Der Punkt Q ist der Schnittpunkt der Diagonalen des Rechtecks. Fällt man von Q das Lot auf m, so ergibt sich als Lotfußpunkt der Punkt P mit dem kleinsten Abstand zu Q.

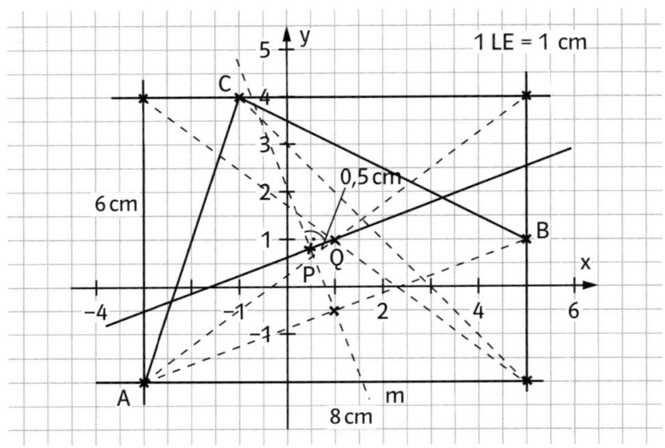

PQ > 0,5 cm

23

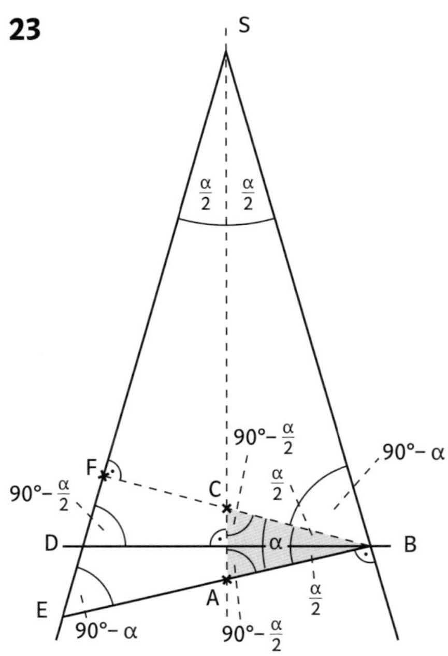

Man zeichnet durch B zunächst eine Lotgerade zur Winkelhalbierenden des Mastes. Dadurch entsteht ein gleichschenkliges Dreieck DBS mit den Basiswinkeln $90° - \frac{\alpha}{2}$, also auch $\sphericalangle$ DBS $= 90° - \frac{\alpha}{2}$.
Andererseits hat der Winkel bei E die Größe $90° - \alpha$, denn das Dreieck EBS ist rechtwinklig. Weil auch das Dreieck EBF rechtwinklig ist, muss der Winkel $\sphericalangle$ ABC die Größe von α haben.
Aus dem rechtwinkligen Dreieck FBS folgt $\sphericalangle$ FBS $= 90° - \alpha$. Es gilt $\sphericalangle$ DBF $= \sphericalangle$ DBS $- \sphericalangle$ FBS $= \left(90° - \frac{\alpha}{2}\right) - (90° - \alpha) = \frac{\alpha}{2}$. Damit ist die Gerade BD die Winkelhalbierende des Winkels ABC.
Für alle anderen Dreiecke gilt das Gleiche.

24 a) $\gamma = 12°$, $\alpha = 90°$, $\beta = 78°$
b) $\alpha = 80°$, $\beta = 10°$, $\gamma = 90°$
c) Wegen $\beta = 100°$ kann es keinen Winkel der Größe 90° geben.
d) $\alpha = \gamma = 45°$, $\beta = 90°$
e) Lösung 1: $\beta = 90°$, $\gamma = \alpha = 45°$ oder Lösung 2: $\alpha = 90°$, $\beta = 60°$, $\gamma = 30°$
f) $\gamma = 90°$, $\alpha + \beta = 90°$, aber beliebig.
g) $\gamma = 90°$, $\alpha = 20°$, $\beta = 70°$
h) Da γ doppelt so groß sein muss wie α und β zusammen, kann höchstens γ die Größe 90° haben. Dann müssten α und β zusammen 45° ergeben. Dann wäre jedoch die Winkelsumme nur 135° groß. Es gibt demnach kein rechtwinkliges Dreieck mit der gewünschten Eigenschaft.

25 Es ist $a = 64\,\text{cm}$, denn $a = 50\,\text{cm} + \frac{1}{2} \cdot 28\,\text{cm}$.
Wenn sich das Netz um den Ball legt, bildet sein Querschnitt Tangenten an einen Kreis. Mit einer Zeichnung im Maßstab 1:10 ergibt sich für b die Strecke 4,8 cm. Deshalb ist b 48 cm lang.

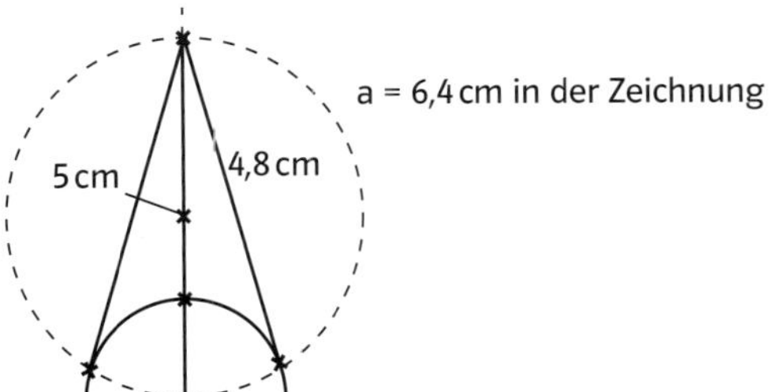

26 Diese Aufgabe ist nur dann sinnvoll zu stellen, wenn konkrete Schnitte an realen Modellen gefertigt werden. Mit Schrägbildern können Ergebnisse dokumentiert werden. Man kann auch Schnitte mit einer Flüssigkeit in einem Würfelmodell verdeutlichen.
a) Ein solcher Schnitt teilt mindestens drei Kanten. Er kann jedoch bis zu sechs Kanten teilen. Deshalb gibt es Dreiecke, Vierecke, Fünfecke und Sechsecke als Schnittflächen.

b) Wenn der Schnitt durch drei Ecken des Würfels geht, entstehen entweder Rechtecke (Fig. 1) oder gleichseitige Dreiecke (Fig. 2).

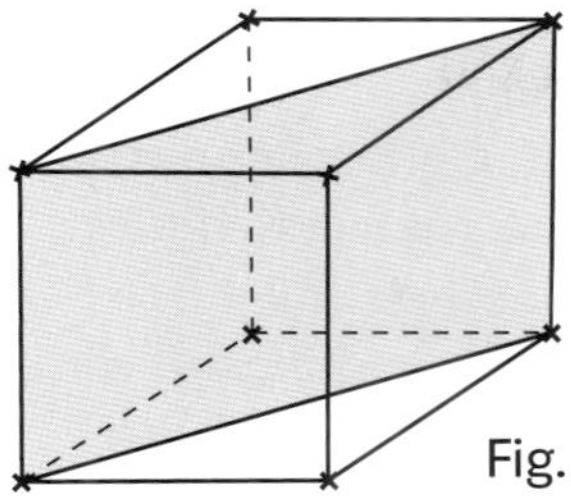
Fig. 1

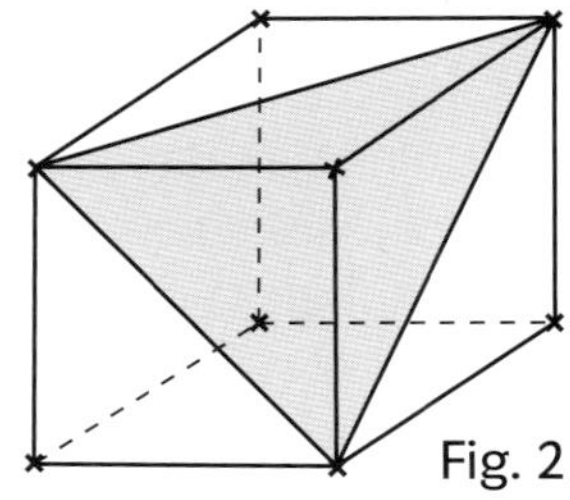
Fig. 2

c) Wenn der Schnitt durch drei Mittelpunkte von Kanten geht, können alle oben genannten Figuren entstehen.

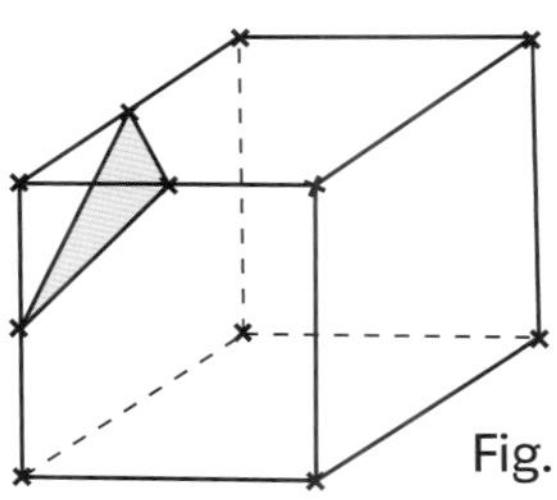
Fig. 3

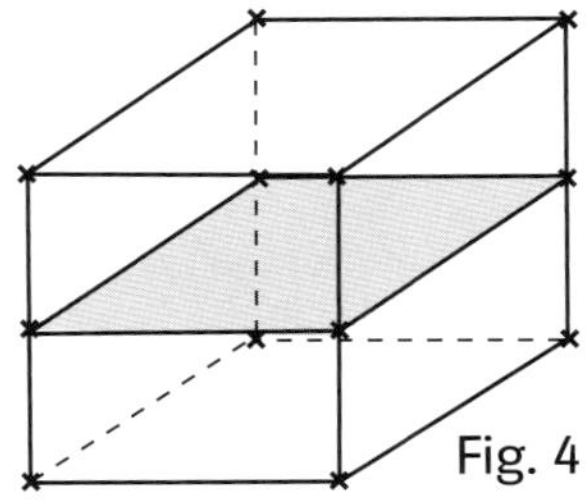
Fig. 4

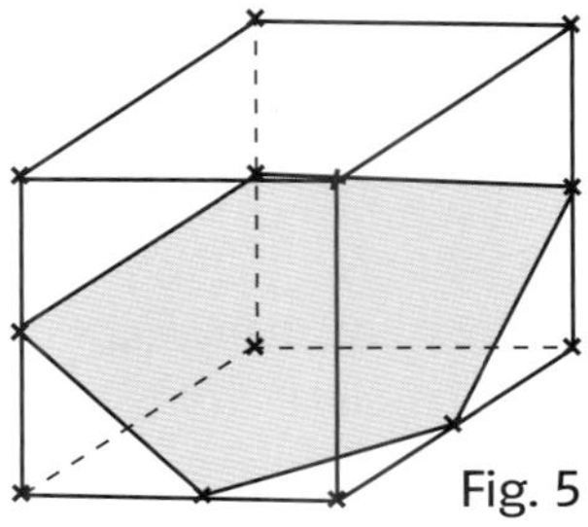
Fig. 5

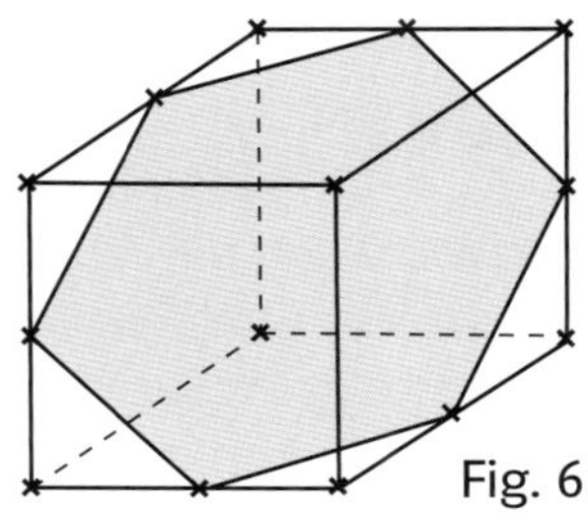
Fig. 6

Exkursion – Beobachten mit dem Zugmodus eines Geometrieprogramms

Seite 150

Fig. 2: Die Abbildung zeigt die Ortslinie des Inkreismittelpunkts I, wenn B einmal um den Kreis läuft. Der Inkreismittelpunkt bewegt sich dabei auf einer Linie die an zwei Kreisabschnitte erinnert. Wenn das Dreieck ABC gleichseitig ist, fallen der Inkreismittelpunkt und der Umkreismittelpunkt zusammen.

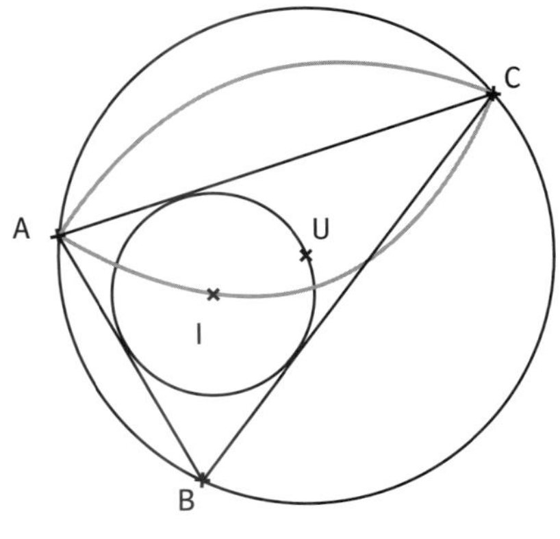

Fig. 3: Wenn B auf h läuft, bewegt sich M auf der Mittelparallelen der Geraden g und h.
Fig. 4: Wenn C auf g läuft, bewegt sich der Umkreismittelpunkt U auf der Mittelsenkrechten m der Strecke $\overline{AB}$. Wenn C auf der Mittelsenkrechten liegt (dann ist das Dreieck ABC gleichschenklig), hat U seine tiefste Lage. Je weiter C nach außen rückt, desto höher steigt U.
Fig. 5: Wenn die Strecke $\overline{AB}$ auf g verschoben wird, bewegt sich der Umkreismittelpunkt U auf einer gekrümmten Linie, die kein Kreis ist. (In der Klassenstufe 9 können wir nachweisen, dass es sich um eine Parabel handelt.)

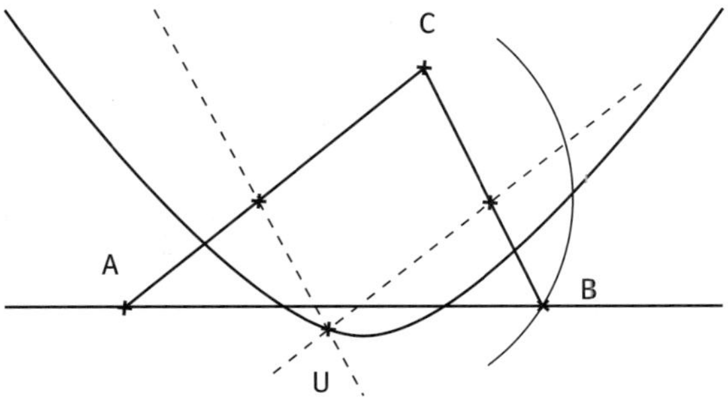

Seite 151

Eigenschaften der Achsenspiegelung
Die Strecken $\overline{AA'}$, $\overline{BB'}$ und $\overline{CC'}$ sind stets senkrecht zur Achse g und werden von ihr halbiert.
Beim Verändern des Dreiecks ABC kann man z. B. Folgendes erkennen:
- Wenn Eckpunkte auf verschiedenen Seiten der Achse liegen, dann schneiden sich je zwei Seiten der Dreiecke in Punkten auf der Achse.
- Eckpunkte des Dreiecks ABC fallen nur dann mit einem Punkt des Bilddreiecks zusammen, wenn sie auf der Achse liegen.
- Wenn das Dreieck ABC eine Eigenschaft hat, dann hat das Bilddreieck die gleiche Eigenschaft.
- Die Verbindungsstrecken sind parallel zueinander. Die Verkettung zweier Achsenspiegeln g ist eine Verschiebung, wenn g und h parallel sind oder eine Drehung, wenn sich g und h schneiden.

Spiegelung am Kreis, Anregungen für eigene Experimente:
Konstruktionsbeschreibung für die Abbildung:
1. Zeichne einen Kreis k um M (Radius ist frei).
2. Zeichne einen Punkt P außerhalb von M.
3. Zeichne die Gerade g durch M und P.
4. Lege den Schnittpunkt von k mit g fest und beschrifte mit Q.
5. Zeichne den Kreis um Q mit Radius QP.
6. Lege den Schnittpunkt des Kreises mit der Geraden g fest und nenne ihn P′.
7. Verdecke alle unwesentlichen Linien.

Für die Abbildung gilt:
Alle Punkte auf dem Kreis sind mit ihren Bildpunkten gleich.
Ist P außerhalb des Kreises aber innerhalb eines konzentrischen Kreises mit Radius 3 r, wobei r der Radius des Kreises k ist, so ist P′ innerhalb des Kreises und umgekehrt.
Wenn eine Gerade durch den Punkt M geht, liegen die Punkte der Bildgeraden auf dieser Geraden.

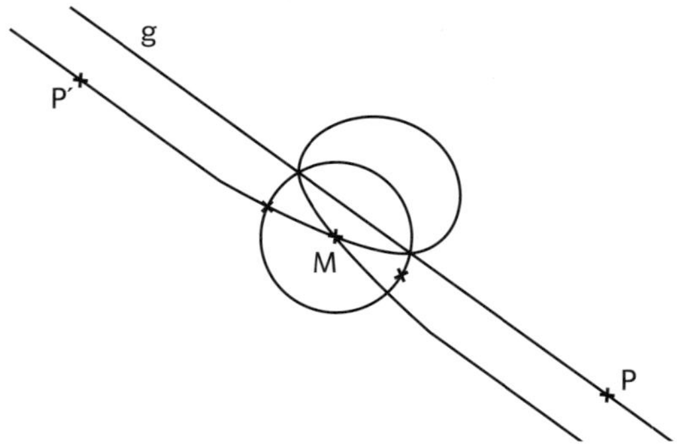

Wenn sich der Punkt P auf einer Geraden bewegt, die nicht durch den Punkt M geht, bewegt sich der Bildpunkt P′ nicht mehr auf einer Geraden (in Fig. 1 entsteht z. B. eine Schleife).

Die Abbildungen Fig. 2 und Fig. 3 zeigen Beispiele für das Bild eines Dreiecks und eines Kreises.

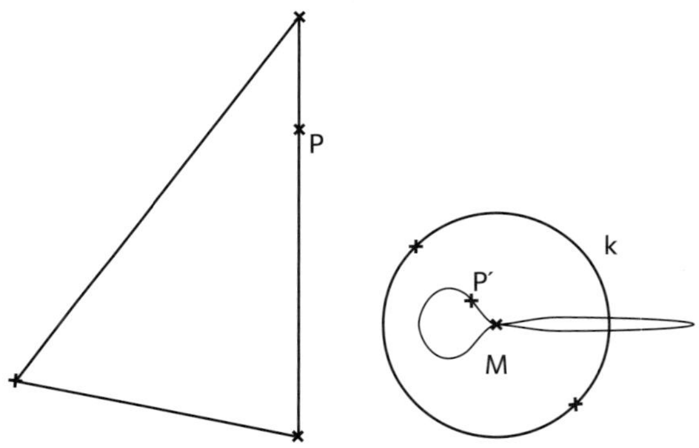

Fig. 2

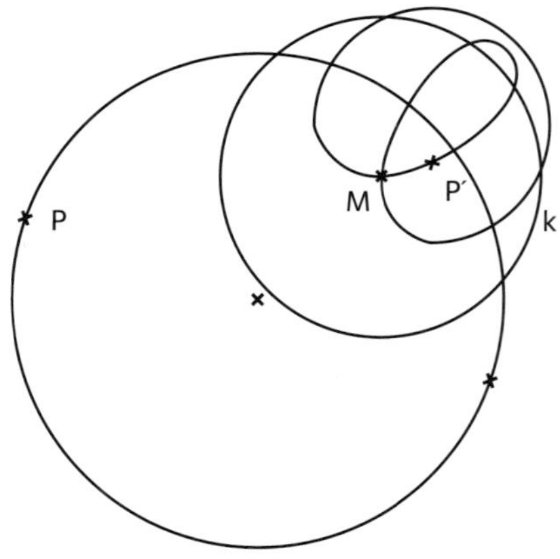

Fig. 3

VI Systeme linearer Gleichungen

1 Lineare Gleichungen und lineare Zuordnungen

Seite 157

1 a) $x = 1$ b) $x = -1$ c) $x = -0{,}5$ d) $x = 0{,}5$
e) $x = -6$ f) $x = -3$ g) $x = 3$ h) $x = 6$

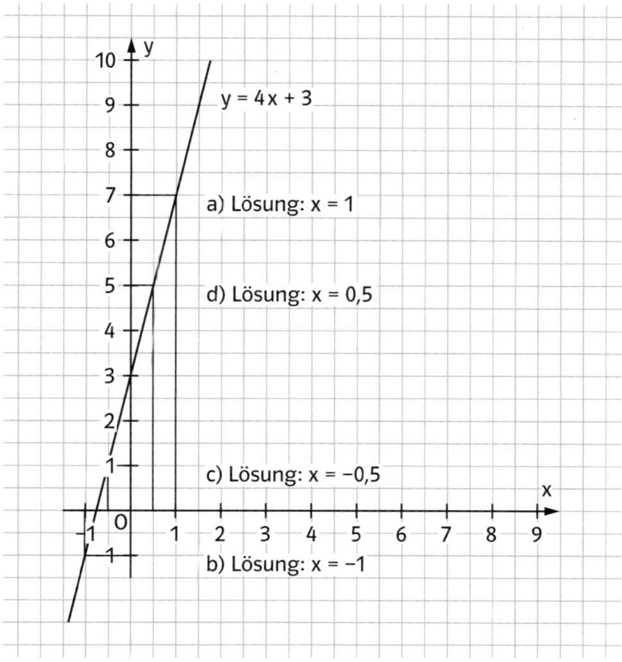

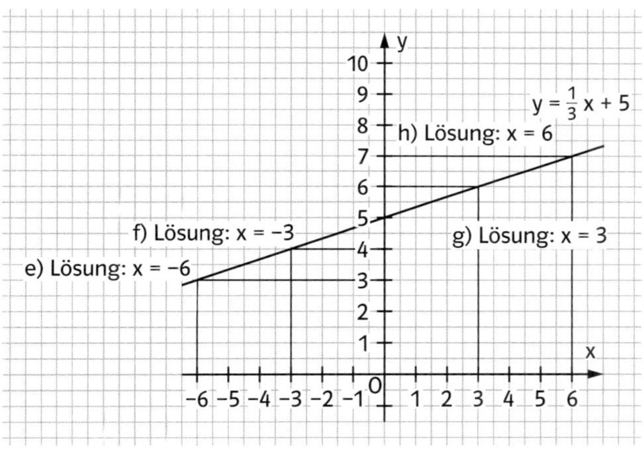

2 a) – d) jeweils $x = 2$;
a) $0 = 2x - 4$ b) $0 = 3x - 6$
c) $0 = \frac{1}{2}x - 1$ d) $0 = 4 - 2x$

3 Die fehlenden Werte sind
a) $y = -2x + 5$ b) $y = \frac{2}{7}x - \frac{6}{7}$
1,5; 2,5; 4,5 6,5; −0,5; 353

4 Der jeweilige Graph schneidet die x-Achse in
a) $P(-1|0)$ b) $P(7|0)$ c) $P(-3{,}5|0)$ d) $P(-1|0)$
Der jeweilige Graph schneidet die y-Achse in
a) $P(0|1)$ b) $P(0|14)$ c) $P(0|-7)$ d) $P(0|-1)$

5
a) $-5x + 2 = 0$, $x = \frac{2}{5}$ b) $2{,}5x - 3 = 0$, $x = 1\frac{1}{5}$
c) $2x + \frac{1}{3} = 0$, $x = -\frac{1}{6}$ d) $2x = 0$, $x = 0$
e) $-x + \frac{6}{5} = 0$, $x = \frac{6}{5}$ f) $6x + 1{,}8 = 0$, $x = -0{,}3$

6 a)

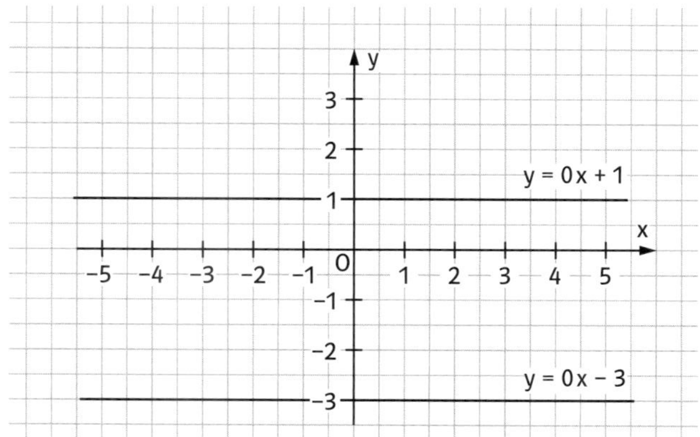

b) Die Gleichung $0 \cdot x + 1 = 1$ hat unendlich viele Lösungen. Der Graph zu $y = 0 \cdot x + 1$ hat unendlich viele Punkte mit der y-Koordinate 1.
Die Gleichung $0 \cdot x - 3 = 1$ hat keine Lösung. Der Graph zu $y = 0 \cdot x - 3$ besitzt keinen Punkt mit der y-Koordinate 1.
c) Jede Gleichung der Art $0 \cdot x + b = c$ mit $b \neq c$ ist geeignet, z. B.: $0 \cdot x + 4 = 5$; etc.
d) Nein, denn:
Hat eine lineare Gleichung der Art $ax + b = c$ mindestens eine Lösung, so besitzt sie
- entweder nur diese Lösung, wenn der Graph zu $y = ax + b$ nicht parallel zur x-Achse ist.
- oder unendlich viele Lösungen, wenn der Graph zu $y = ax + b$ parallel zur x-Achse ist.

e) Da von der linearen Gleichung zwei Lösungen bekannt sind, muss diese Gleichung unendlich viele Lösungen besitzen (s. o.).
f) Da 27 eine Lösung der linearen Gleichung ist und −72 keine Lösung ist, kann der entsprechende Graph nicht parallel zur x-Achse sein. Die Gleichung hat also nur eine einzige Lösung.
g) Eine lineare Gleichung hat entweder keine Lösung oder eine einzige Lösung oder unendlich viele Lösungen.
Statt eine einzige Lösung sagt man auch genau eine Lösung.

Seite 158

7 a) Gleichung der Geraden $y = 2x + 1$.
Mögliche Gleichungen

$2x + 1 = 1;\ 2x + 1 = 2;\ \overbrace{2x + 1 = 3}^{p}$

b) Gleichung der Geraden $y = 0 \cdot x + 2$.
Einzige mögliche Gleichung $0 \cdot x + 2 = 2$;
c) Gleichung der Geraden $y = -1{,}5x - 1$.
Mögliche Gleichungen

$-1{,}5x - 1 = 1;\ \underbrace{-1{,}5x - 1 = 2;}_{p}\ -1{,}5x - 1 = 3$

8 a) Die erste, dritte und vierte Gleichung können mit dem Graphen zu $y = 3 \cdot x + 0$ gelöst werden.
Lösungen: 2; 4; 5
b) Die erste, zweite und vierte Gleichung können mit dem Graphen zu $y = 0{,}5x + 0$ gelöst werden.
Lösungen: 2; −2; 4

9 y Gewicht des Tellers in g; $x \to y$;
x Preis in €

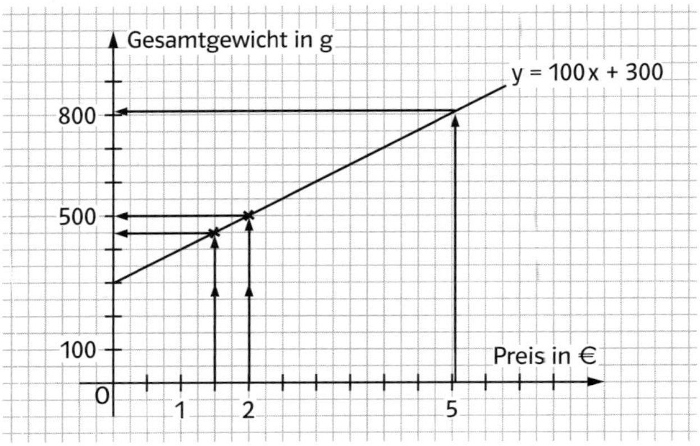

Zu $x = 5{,}1$ gehört $y = 810$; zu $x = 0$ gehört $y = 300$
Der volle Teller wiegt 810 g. Der leere Teller 300 g.
Sie hat 510 g Salat.

10 Nach 12 Minuten kocht das Wasser, also um 14.22 Uhr.

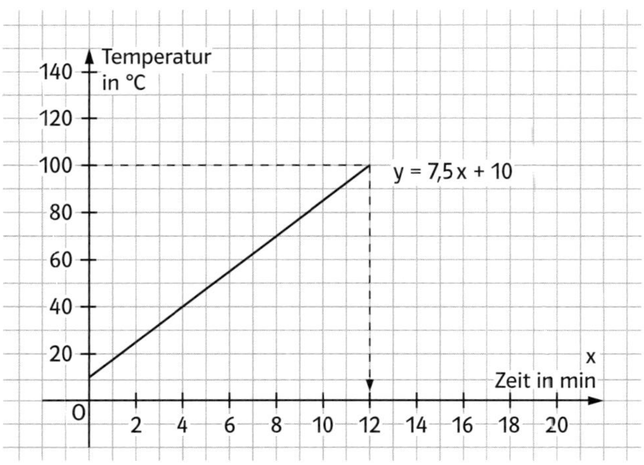

Rechnerisch: $7{,}5x + 10 = 100$
$7{,}5x = 90$
$x = 12$

11
Die Außentemperatur beträgt 5 °C.

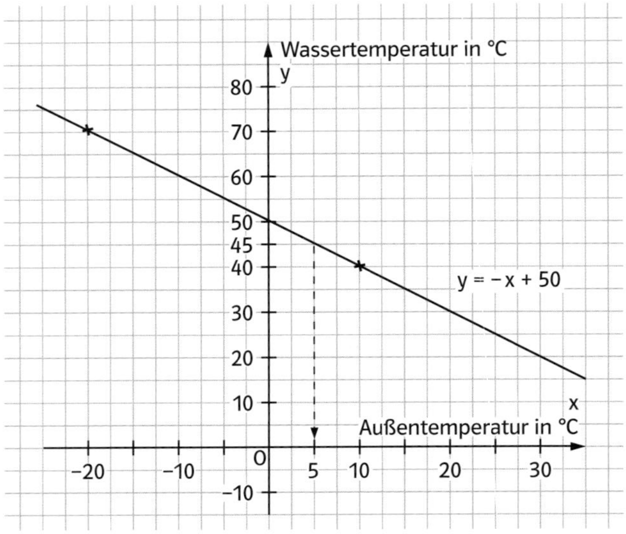

Rechnung: $-x + 50 = 45$
$-x = -5$
$x = 5$

2 Lineare Gleichungen mit zwei Variablen

Seite 160

1 a) ja b) nein c) nein
d) ja e) nein f) ja

2
Beispiellösungen:
a) $\left(0\,|\,\frac{1}{5}\right)$; $\left(\frac{1}{2}\,|\,0\right)$; $\left(1\,|\,-\frac{1}{5}\right)$; $\left(2\,|\,-\frac{3}{5}\right)$; $\left(-\frac{1}{2}\,|\,\frac{2}{5}\right)$
b) $\left(0\,|\,-\frac{1}{5}\right)$; $\left(\frac{1}{2}\,|\,0\right)$; $\left(1\,|\,\frac{1}{5}\right)$; $\left(2\,|\,\frac{3}{5}\right)$; $\left(-\frac{1}{2}\,|\,-\frac{2}{5}\right)$
c) $\left(0\,|\,\frac{1}{5}\right)$; $\left(-\frac{1}{2}\,|\,0\right)$; $\left(1\,|\,\frac{3}{5}\right)$; $(2\,|\,1)$; $\left(\frac{1}{2}\,|\,\frac{2}{5}\right)$
d) $\left(0\,|\,-\frac{1}{5}\right)$; $\left(-\frac{1}{2}\,|\,0\right)$; $\left(1\,|\,-\frac{3}{5}\right)$; $(2\,|\,-1)$; $\left(\frac{1}{2}\,|\,-\frac{2}{5}\right)$
e) $\left(0\,|\,\frac{1}{5}\right)$; $\left(-\frac{1}{2}\,|\,0\right)$; $\left(1\,|\,\frac{3}{5}\right)$; $(2\,|\,1)$; $\left(\frac{1}{2}\,|\,\frac{2}{5}\right)$
f) $\left(0\,|\,-\frac{1}{5}\right)$; $\left(\frac{1}{2}\,|\,-\frac{2}{5}\right)$; $\left(1\,|\,-\frac{3}{5}\right)$; $(-3\,|\,1)$; $(2\,|\,-1)$

3

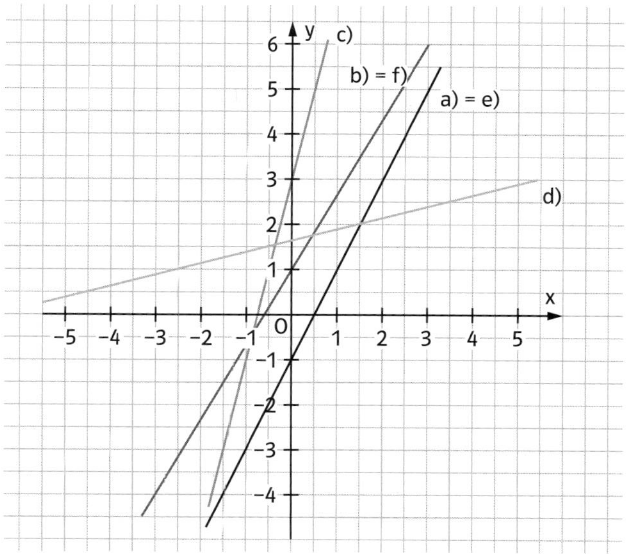

4

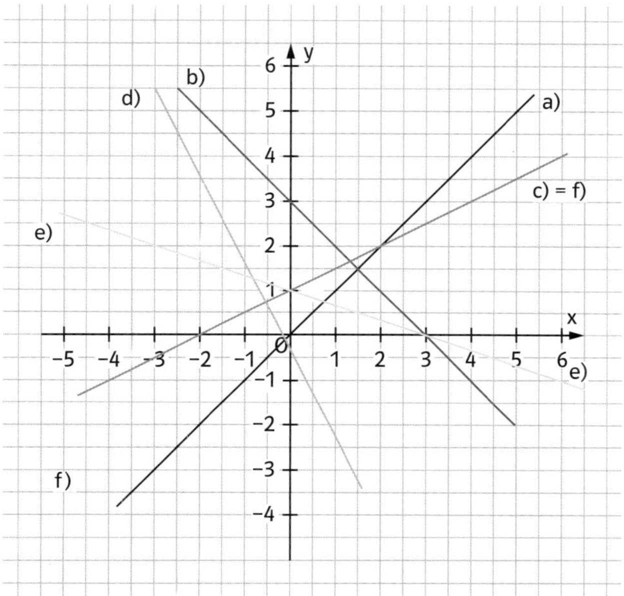

Beispiellösungen:

a) (1 | 1); (2 | 2); (3 | 3); (4 | 4)
b) (1 | 2); (2 | 1); (3 | 0); (4 | −1)
c) (1 | 1,5); (2 | 2); (3 | 2,5); (4 | 3)
d) $\left(1 \mid -2\frac{1}{3}\right)$; $\left(2 \mid -4\frac{1}{3}\right)$; $\left(3 \mid -6\frac{1}{3}\right)$; $\left(4 \mid -8\frac{1}{3}\right)$
e) $\left(1 \mid \frac{2}{3}\right)$; $\left(2 \mid \frac{1}{3}\right)$; (3 | 0); $\left(4 \mid -\frac{1}{3}\right)$
f) (−2 | 0); (0 | 1); (1 | 1,5); (2 | 2)

5 Beispiellösung:

a) $y = -x + 3$ b) $y = -\frac{2}{3}x - \frac{2}{15}$

Seite 161

6 Nein, denn $y = x$ und $y = 2 \pm 4 = x$.

7 Beispiellösung:

a) $1 \cdot x + 0 \cdot y = 3$ bzw. $x = 3$
($1 \cdot x + 0 \cdot y = -4{,}7$ bzw. $x = -4{,}7$)
b) $0 \cdot x + 1 \cdot y = 2$ bzw. $y = 2$
($0 \cdot x + 1 \cdot y = -3{,}3$ bzw. $y = -3{,}3$)
c) $1 \cdot x - 2 \cdot y = 0$ bzw. $x - 2y = 0$

8 Beispiellösung:

g: $y = \frac{1}{4}x + 2$ h: $y = -\frac{3}{4}x + 3$
k: $y = -2 + 0 \cdot x$ l: $x = -1 + 0 \cdot y$

9 Ist x die Wassermenge in Liter und y die Sirupmenge in Liter, so hat die gesuchte Gerade die Gleichung $x + 1{,}125 \cdot y = 0{,}3$. Die Lösungen liegen auf der Verbindungsstrecke von (0 | 0,267) und (0,3 | 0).

10 Ist x die Anzahl der 2-Cent-Stücke und ist y die Anzahl der 5-Cent-Stücke, so gilt:
$3x + 4y = 630 - 150$ also $3x + 4y = 480$ und somit $y = 120 - 0{,}75x$
Tobias kann nicht sicher sein, dass das Geld reicht, denn (40 | 90) ist eine Lösung der obigen Gleichungen und $40 \cdot 2$ Cent + $90 \cdot 5$ Cent = 530 Cent.

Falls das Geld reicht, kann er nicht immer passen zahlen, dies verdeutlicht die Tabelle:

2-ct-Münzen x	4	8	12	0
5-ct-Münzen $y = 120 - 0{,}75x$	117	114	111	120
Gesamtbetrag in Cent $x \cdot 2 + y \cdot 5$	593	586	579	600
Rückgeld	8 ct	1 ct	zu wenig	15 ct

11 Individuelle Lösungen

12 $\left(\frac{2}{3} - \frac{15}{8}\right) : \frac{1}{8} = \frac{3}{2} \cdot x$

$\frac{16}{3} - 15 = \frac{3}{2} \cdot x$

$\frac{32}{9} - 10 = x$

$-\frac{58}{9} = x$

13 $G = \frac{W}{p} = \frac{9}{0{,}75} = 12$
Das Taschenbuch hat 12 Euro gekostet.

14 50 % Trefferwahrscheinlichkeit
Alle richtig: $0{,}5^4 = \frac{1}{16} = 0{,}0625$
p = 80 %: $0{,}8^4 = 0{,}4096$
p = 95 %: $0{,}95^4 \approx 0{,}8145$
Hanne erkennt alle Sorten korrekt mit der Wahrscheinlichkeit
6,25 % (40,96 %; 81,45 %)

3 Lineare Gleichungssysteme mit zwei Variablen

Seite 163

1 a) ja b) nein c) nein d) ja

2 a) (2 | 6)

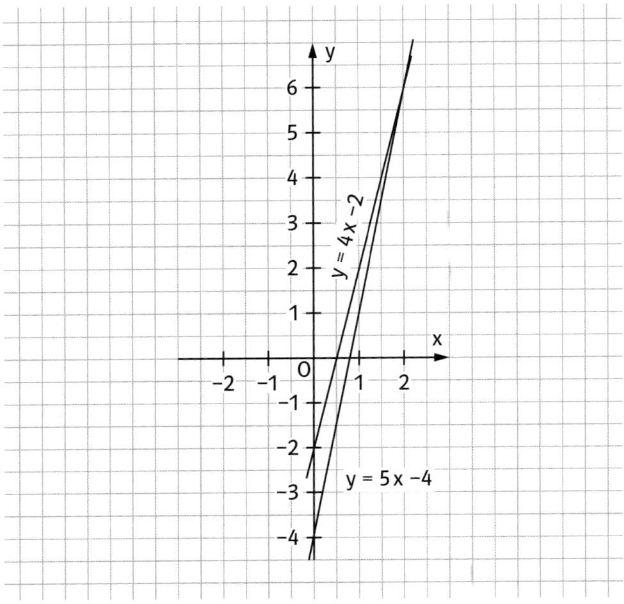

b) (10 | 3)

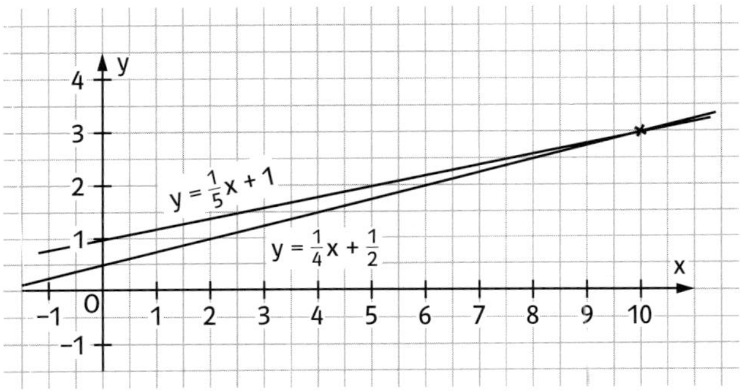

c) (4 | 1)

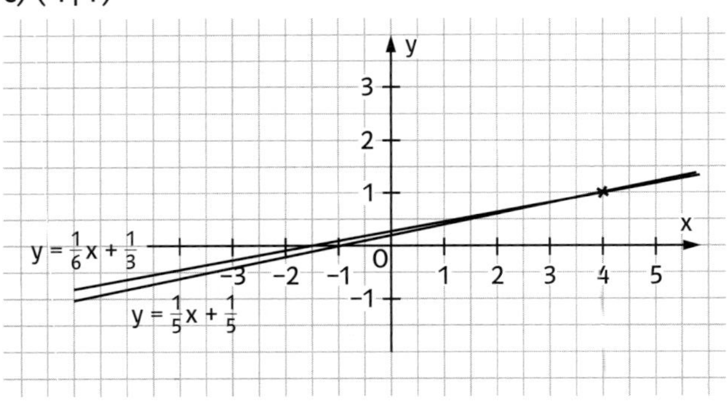

d) (−2 | −3)

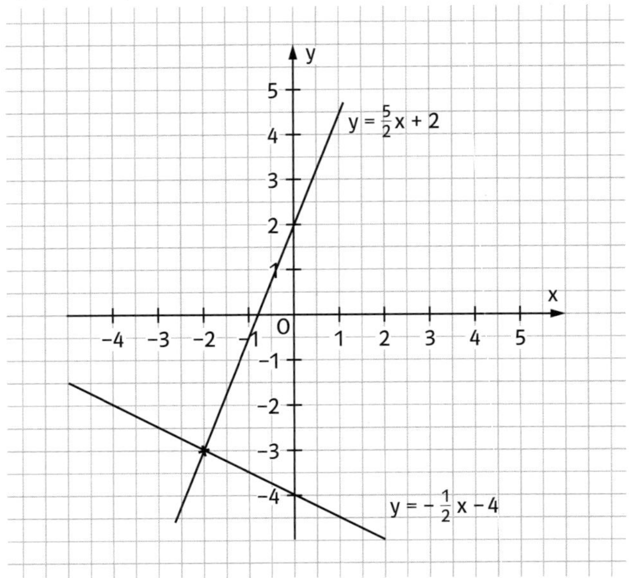

3 Beispiellösungen:

a) $2x + y = 11$
$\frac{1}{2}x + 2y = 15$

b) $3x + y = 12$
$2x - 2y = 16$

c) $2x - 3y = -1{,}7$
$4x + \frac{1}{2}y = 7{,}65$

d) $2x - 3y = 1{,}7$
$3x + 2y = -8{,}5$

e) $y = \frac{3}{8}x$
$\frac{4}{7}x - y = 0$

f) $2x + \frac{1}{2}y = -5$
$10x - 3y = -58$

4 Zweite Zahl: x
Erste Zahl: y
Gleichungssystem: I: $y = 1{,}5x$; II: $y = 5 - x$
Lösung: Die erste Zahl ist 3, die zweite 2.

5 a) (3 | 1) b) keine Lösung
c) unendl. viele Lösungen d) (−1,5 | −4)

6 Beispiellösung:
a) I: $x + y = 1$ II: $x + y = 2$
b) I: $x + y = 1$ II: $2x + 2y = 2$
c) I: $3x - y = 10$ II: $-3x + y = -10$
d) I: $0x + y = 5$ II: $0x + 2y = 10$
Das System der Aufgaben c) und d) muss unendlich viele Lösungen haben.

7 a) nein b) nein c) ja (0 | 0) d) ja (3 | 4)

4 Lösen linearer Gleichungssysteme mit zwei Variablen

Seite 165

1 a) $(-13 \mid -45)$ b) keine Lösung c) $(7 \mid 0)$
d) $(-15 \mid -1)$ e) $(16 \mid 0)$ f) $\left(\frac{7}{6} \mid -\frac{7}{6}\right)$
g) $(15 \mid 9)$ h) $\left(-\frac{11}{2} \mid \frac{1}{2}\right)$

2 a) $(1 \mid 11)$ b) $(1 \mid 1{,}5)$ c) $(4 \mid -2)$
d) $\left(\frac{10}{3} \mid 8\right)$ e) $\left(\frac{1}{3} \mid \frac{1}{2}\right)$ f) $\left(\frac{1}{15} \mid \frac{7}{75}\right)$
g) $\left(\frac{41}{9} \mid \frac{11}{9}\right)$ h) $\left(\frac{1}{3} \mid -\frac{2}{9}\right)$

3 a) $(5 \mid 4)$
b) unendlich viele Lösungen,
z.B. $(0 \mid 0)$; $(7 \mid 1)$; $(14 \mid 2)$; …
c) $(-350 \mid -228)$ d) $\left(7\frac{57}{58} \mid 2\frac{18}{29}\right)$
e) unendlich viele Lösungen,
z.B. $(-14 \mid 1)$; $(-30 \mid 2)$; …
f) $\left(1\frac{2}{7} \mid 1\frac{2}{3}\right)$ g) $3\left(\frac{1}{3} \mid -\frac{8}{9}\right)$ h) $\left(-6\frac{1}{3} \mid 1\frac{1}{3}\right)$

4 Individuelle Lösungen

5 Individuelle Lösungen

Seite 166

6 a) $(0{,}5 \mid 4{,}5)$ b) $(-4{,}5 \mid -0{,}5)$

7 a) keine Lösung
b) keine Lösung
c) genau eine Lösung $(0 \mid 0)$
d) unendlich viele Lösungen,
z.B. $\left(\frac{1}{7} \mid \frac{2}{7}\right)$; $\left(\frac{2}{7} \mid \frac{1}{7}\right)$; $\left(\frac{3}{7} \mid 0\right)$; …

8 a) keine Lösung
b) keine Lösung
c) genau eine Lösung $\left(\frac{1}{12} \mid -\frac{5}{12}\right)$
d) unendlich viele Lösungen,
z.B. $(3 \mid 5)$; $(0 \mid -2{,}5)$; …

9 a) $(5 \mid -1)$ b) $(-2 \mid -9)$ c) $\left(\frac{1}{7} \mid -2\right)$
d) keine Lösung e) $\left(\frac{1}{2} \mid \frac{53}{112}\right)$ f) $\left(\frac{44}{27} \mid 0\right)$
g) keine Lösung h) $(9 \mid 8)$

10 a) $(4 \mid 2)$ b) $(-2 \mid -1)$
c) keine Lösung d) keine Lösung
e) $(84 \mid 60)$ f) keine Lösung
g) unendlich viele Lösungen, z.B. $\left(0 \mid 23\frac{1}{3}\right)$
h) $(10 \mid 11)$

11 Individuelle Lösungen

12 Individuelle Lösungen

13 Die Autos treffen sich nach 2 Stunden und 15 Minuten. Das erste Auto kommt 247,5 km weit, das zweite Auto 292,5 km.

14 a) 1010 b) $x = 200$

5 Additionsverfahren

Seite 168

1 a) $(5 \mid 2)$ b) $(1 \mid 3)$ c) $(4 \mid -1)$ d) $(0{,}5 \mid 2)$

2 a) $(-2 \mid 8)$ b) unendlich viele Lösungen
c) $(1{,}375 \mid 2{,}25)$ d) keine Lösungen

3 a) $(-1 \mid 2)$ b) $\left(4 \mid \frac{4}{3}\right)$ c) $(0 \mid 4)$ d) $(0 \mid 4)$

Seite 169

4 a) unendlich viele Lösungen
b) unendlich viele Lösungen
c) unendlich viele Lösungen
d) keine Lösungen

5 a) $(5 \mid -1)$ b) $(-2 \mid -9)$
c) $\left(\frac{1}{7} \mid -2\right)$ d) keine Lösung

6 Individuelle Lösungen

7 Individuelle Lösungen

8 Es sind pro Tüte 15 Himbeerbonbons und 20 Erdbeerbonbons.

9 a) $S(1 \mid 1{,}5)$ b) $S(-4 \mid -3)$

10 a)
$$\begin{array}{r} 8x + 12y = 36 \\ -8x - 6y = -30 \\ \hline y = 1 \end{array}$$
b)
$$\begin{array}{r} 2x + 3y = 9 \\ -4x - 3y = -15 \\ \hline x = 3 \end{array}$$

c) Fig. 4: Die Gerade für $2x + 3y = 9$ ist gleich geblieben. Neu ist die Gerade für $y = 1$. Der Schnittpunkt der Geraden ist gleich geblieben.
Fig. 5: Die Gerade für $4x + 3y = 15$ ist gleich geblieben. Neu ist die Gerade für $x = 3$. Der Schnittpunkt der Geraden ist gleich geblieben.

6 Anwendungen und Rätselhaftes

Seite 171

1 Die Stäbe sind 12 cm und 5 cm lang. Sie wiegen 112 g und 108 g.

2 a) $11\frac{1}{5}$ und $\frac{1}{5}$
b) $\frac{2}{3}$ und eine beliebige Zahl

3 Die Ziffer auf Karte A ist 1, die auf Karte B ist 2.

4 a) 24 b) 72

5 Es sind 30 Jungen und 21 Mädchen.

Seite 172

6 Eine Rose kostet 1,50 Euro, eine Lilie 2,50 Euro. Der Vater bezahlt 25,50 Euro.

7 Man muss $3\frac{1}{3}$ Liter der 35%igen Säure mit $1\frac{1}{3}$ Liter der 20%igen Säure mischen.

8 a) Es wurde um 9.05 Uhr mit den Messungen begonnen.
b) Behälter B war um 9.05 Uhr leer. Im Behälter A stand um 9.05 Uhr das Wasser 30 cm hoch.
c) Kurz vor 9.30 Uhr stand das Wasser in beiden Behältern gleich hoch. Der Behälter A war zu diesem Zeitpunkt zu ca. $86:110 \approx 78\,\%$ gefüllt, der Behälter B zu ca. $86:114 \approx 75\,\%$.

Seite 173

9 a) Die Bewegungen von Kai werden durch den Graphen B, die von Johanna von A beschrieben.
b) individuelle Lösung

10 Der Esel trägt 5 Maß, das Maultier 7 Maß.

11 Die Leute haben $19\frac{1}{3}$ und $14\frac{1}{2}$ Rubel.

12 Zum Beispiel acht Hähne, 11 Hennen und 81 Küken oder zwei Hähne, 23 Hennen und 75 Küken kosten zusammen 154 Sapeks.

Seite 174

13 Die Gruppen treffen sich um 10.40 Uhr. Sie sind zu diesem Zeitpunkt $13\frac{1}{3}$ km vom See entfernt.

14 Das Flugzeug käme bei Windstille 725 km weit. Die Windgeschwindigkeit beträgt 35 km/h.

15 Das Schiff hat relativ zum Wasser die Geschwindigkeit 20,9 km/h. Die Fließgeschwindigkeit des Wassers beträgt 1,6 km/h.

16 a)
1. Zeichne zwei parallele Geraden g und h im Abstand 4 cm.
2. Wähle auf g einen Punkt A.
4. Trage in A an g den Winkel 50° an.
5. Beschrifte den Schnittpunkt des Schenkels von α mit h mit C.
6. Zeichne den Kreis um C mit Radius $\overline{CA}$.
7. Beschrifte den weiteren Schnittpunkt des Kreises mit g mit B.
   Lösung: Dreieck ABC.

b) Das Dreieck ABC ist gleichschenklig mit der Basis AB und der Spitze C. α und β sind die Winkel bei A und B. Dann gilt: $\beta = \alpha = 50°$ und $\gamma = 80°$ (Winkelsumme im Dreieck ABC).
Die Winkelhalbierende w teilt den Nebenwinkel zu β (= α).
Deshalb gilt $\delta = (180° - 50):2 = 65°$.
c) Entsprechend Teilaufgabe b) gilt die Gleichung $\delta = (180° - \alpha):2$.

7 Lineare Ungleichungssysteme

Seite 176

1 a)

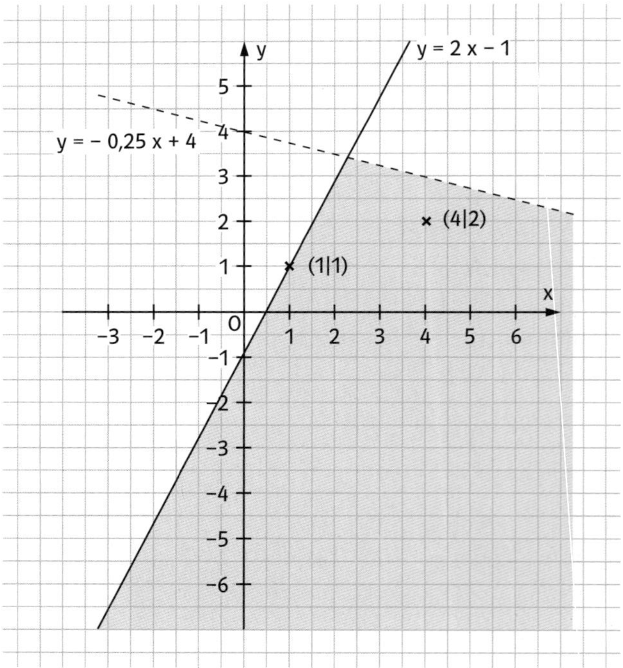

b)

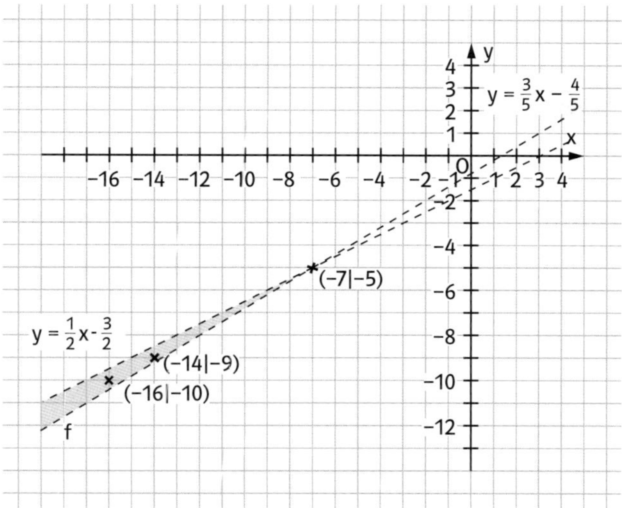

c)

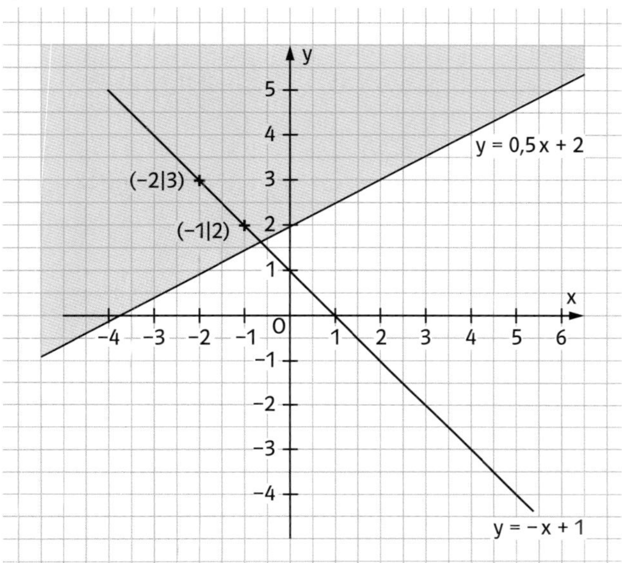

d)

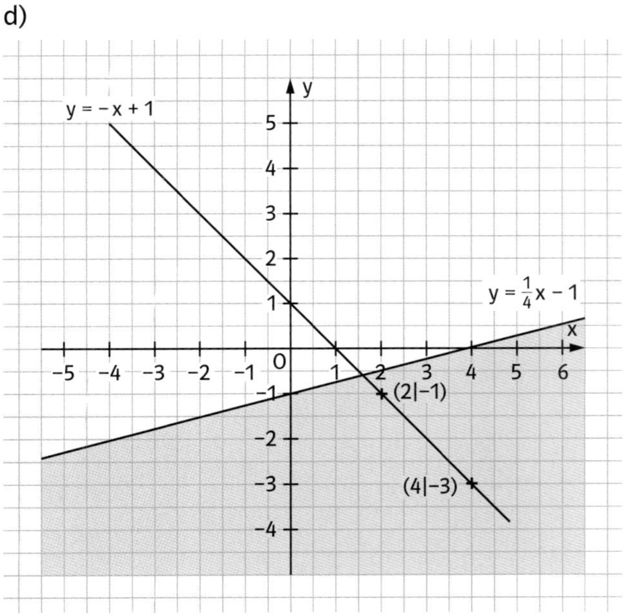

2 a) alle Punkte für deren Koordinaten gilt
$3x + 4 = y$ und $y < 7$

b) keine Lösung

c) alle Punkte für deren Koordinaten gilt
$x < \frac{1}{4}$ und $y = 3$

d) keine Lösung

3 a) I: $y < x + 2$ II: $y < -x + 2$ III: $y > 0$

b) I: $y < -x + 4$ II: $y < \frac{3}{2}x + \frac{3}{2}$ III: $y > 0$

4 Laura hat mindestens 2,50 Euro und weniger als 9,00 Euro Taschengeld.

Wiederholen – Vertiefen – Vernetzen

Seite 177

1 a)

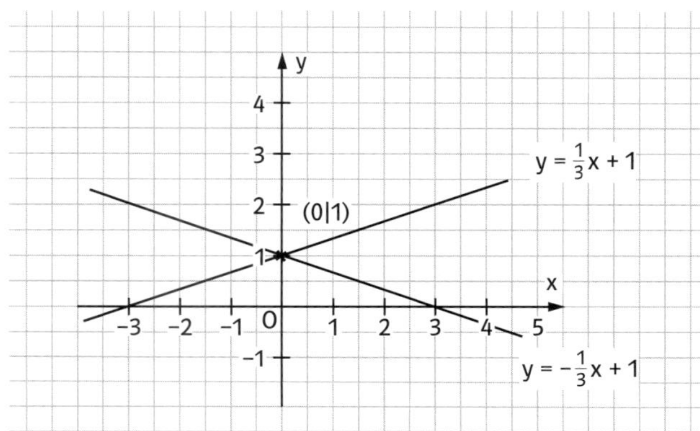

b)

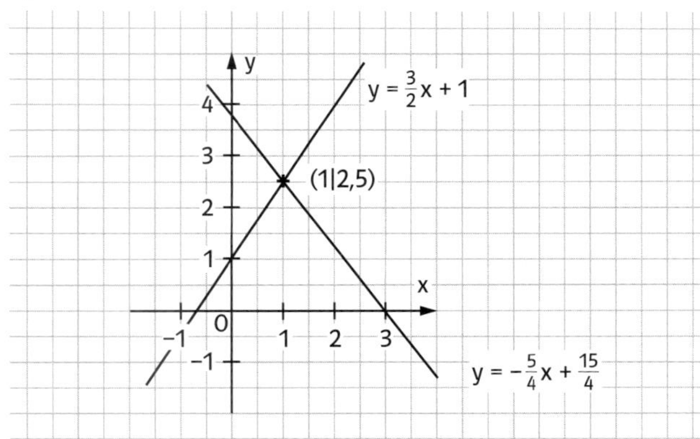

c)

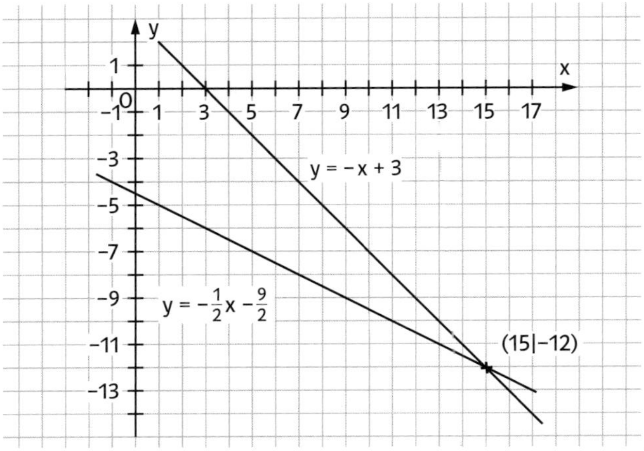

2 Die Zahlen sind 4 und 2.

3 Individuelle Lösungen

4 a) $(5\,|\,4)$ b) $(5\,|\,3)$ c) $(1\,|\,-3)$

5 a) $\left(4\,|\,\frac{1}{3}\right)$ b) $(8\,|\,-3)$ c) $\left(4\frac{1}{6}\,|\,\frac{1}{4}\right)$

6 In den Geldbörsen waren 12 Euro und 18 Euro.

7 a) Der Vater ist heute 42 Jahre alt, sein Sohn 12 Jahre.
b) Charlotte ist jetzt 7 Jahre alt, Jens ist jetzt 4 Jahre alt.

8 a)

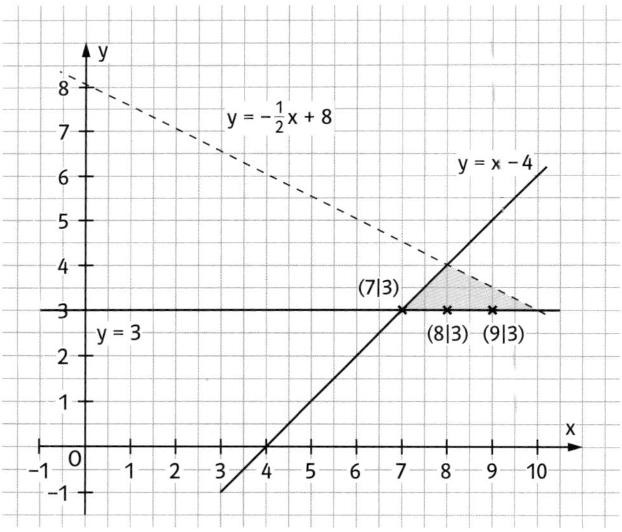

b)

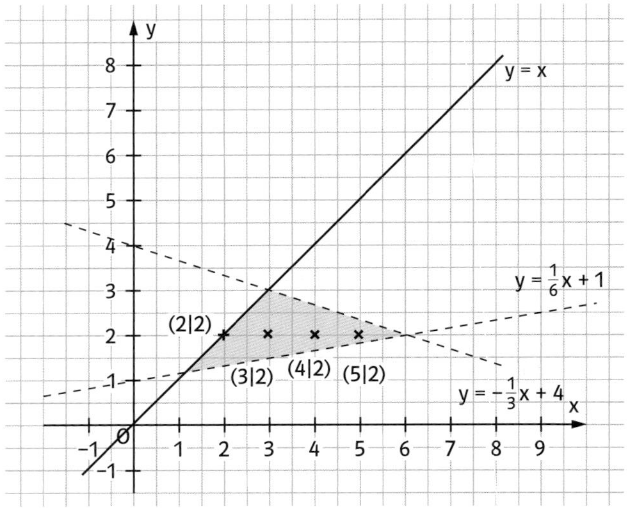

c) keine Lösungen

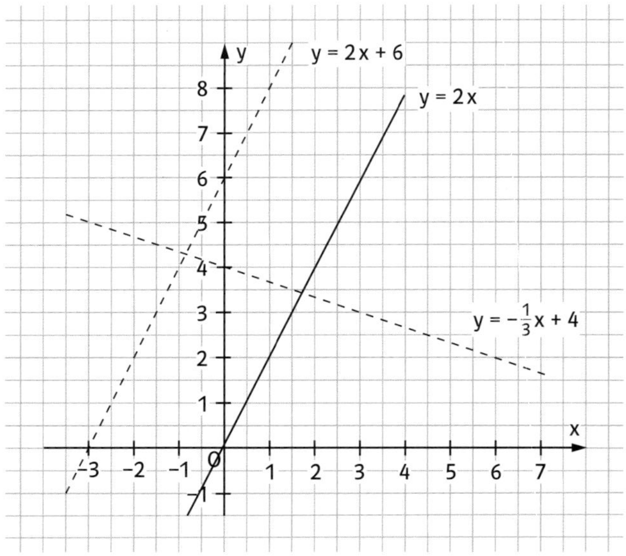

9 Hat Patrick an Eva x Briefe geschrieben und Eva an Patrick y Briefe so gilt:
I: $x > 2y$ II: $x + y \leq 10$ III: $y > 1$
Ganzzahlige Lösungen hiervon sind:
$(5\,|\,2)$; $(6\,|\,2)$; $(7\,|\,2)$; $(8\,|\,2)$; $(7\,|\,3)$
Patrick hat 5, 6, 7 oder 8, Eva hat 2 oder 3 Briefe geschrieben.

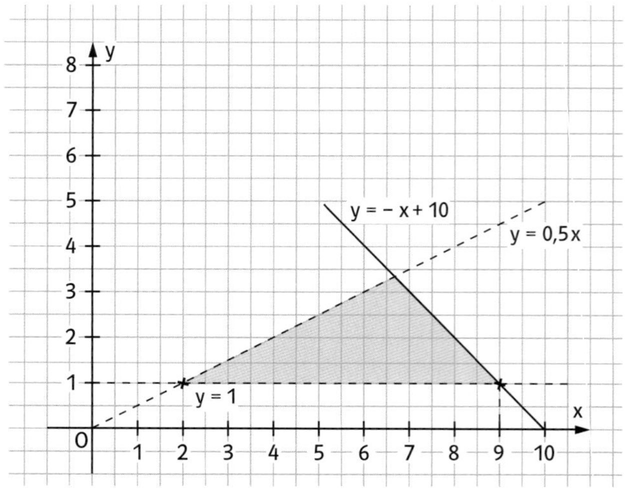

Seite 178

10 Es sind zwischen 22 und 31 Mädchen bzw. zwischen 11 und 14 Jungen zu erwarten. Die Summe der Jugendlichen ist höchstens 42.

11 a) (1 | 0,5)
b) Die zu den Gleichungen gehörenden Geraden sind zueinander parallel.
$\frac{1999}{2000} = \frac{1997{,}001}{1998}$

12 Die Zahl heißt 72.

13 $S\left(-\frac{2}{3} \mid 2\frac{2}{3}\right)$

14 Die Mutter ist heute 30 Jahre alt, ihr Sohn ist heute 6 Jahre alt.

15 Eine Zitrone kostet 8 Geldstücke, ein Holzapfel kostet 5 Geldstücke.

16 Die gesuchte dreistellige Zahl besteht aus den Ziffern zyx. x, y und z sind einstellige Zahlen mit
I: $x < y < z$ und
II: $x + y + z = 15$.
Es ist $100x + 10y + z + 396 = 100z + 10y + x$
hieraus folgt: $z - x = 4$
möglich wäre deshalb: $z = 9$ und $x = 5$ (915); $z = 8$ und $x = 4$ (834); $z = 7$ und $x = 3$ (753); $z = 6$ und $x = 2$ (672); $z = 5$ und $x = 1$ (591).
Wegen I und II ist die gesuchte Zahl 753.

Seite 179

17 Diese Aufgabe ist geeignet, formale Parameter zu verwenden.
Sind
y_1 die verbleibende Brenndauer von Kerze 1 und l_1 ihre Anfangslänge
y_2 die verbleibende Brenndauer von Kerze 2 und l_2 ihre Anfangslänge
sowie x die Brenndauer,
dann gilt
für Kerze 1: $y_1 = l_1 - \frac{1}{3{,}5} \cdot l_1 \cdot x$; für $0 \le x \le 3{,}5$
für Kerze 2: $y_2 = l_2 - \frac{1}{5} \cdot l_2 \cdot x$; für $0 \le x \le 5$
Da nach zwei Stunden beide Kerzen gleich lang sind gilt:
$l_1 - \frac{1}{3{,}5} \cdot l_1 \cdot 2 = l_2 - \frac{1}{5} \cdot l_2 \cdot 2$
hieraus folgt
$l_1 = \frac{7}{5} l_2$
Die Länge der ersten Kerze betrug also 140 % der Länge der zweiten Kerze.

18 Die Klasse 7b hat 28 Schülerinnen und Schüler.
2 essen Hamburger für 1,70 €
8 essen Hamburger mit Mayo-extra für 2 €
12 essen Turbo-Hamburger für 2,20 €
6 essen Turbo-Hamburger mit Mayo-extra für 2,50 €

19 a)

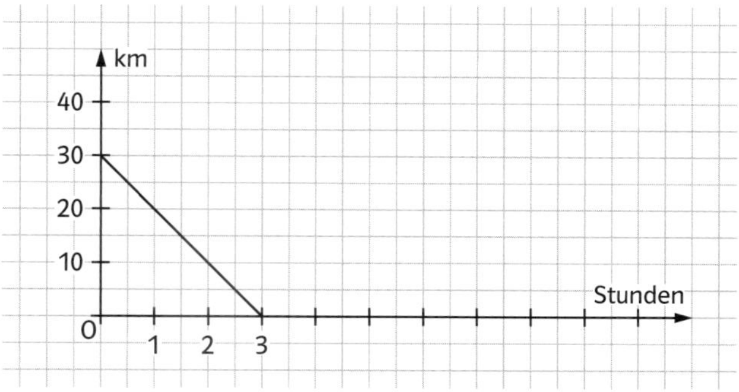

c)

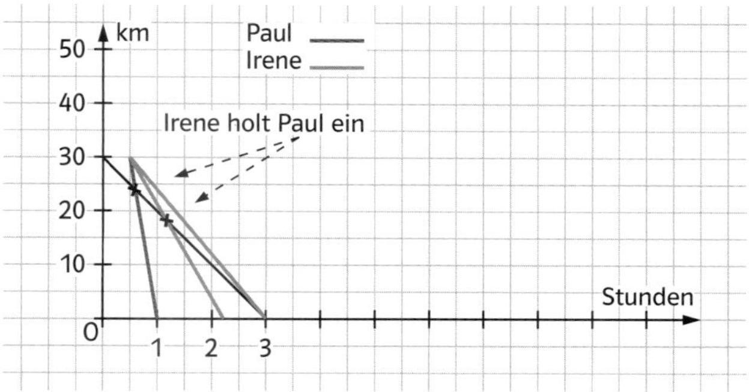

b) Um gleichzeitig mit Paul ins Ziel zu fahren, muss Irene mit der gleichmäßigen Geschwindigkeit 12 km/h fahren, sonst schneller.
d) Die jeweilige Gerade wird „steiler".
e) Die jeweilige Gerade wird nach rechts verschoben.

Exkursion – Drei Gleichungen, drei Variablen – das geht gut

Seite 180

oben (grauer Kasten):
Gleichungssystem: I: $3x + y + 3z = 23$
II: $2y + 3z = 13$
III: $z = 3$
Lösung: $x = 4$; $y = 2$; $z = 3$ also (4 | 2 | 3)

1 Weil man mit der dritten Gleichung beginnend „nur noch einsetzen muss".

Seite 181

2 a) $(2|3|4)$ b) $(5|3|1)$

c) $\left(\frac{943}{173} \middle| \frac{465}{173} \middle| \frac{-166}{173}\right) = \left(5\frac{78}{173} \middle| 2\frac{119}{173} \middle| \frac{-166}{173}\right)$
$\approx (5{,}45 | 2{,}69 | -0{,}96)$

d) $(0{,}3 | -0{,}4 | 0{,}5)$

3 a) $a + b = 10;\ a + c = 11;\ b + c = 12;$
$\left(4\frac{1}{2} \middle| 5\frac{1}{2} \middle| 6\frac{1}{2}\right)$

b) $\frac{x+y}{2} = 10;\ \frac{x+z}{2} = 10;\ \frac{y+z}{2} = 10;$ liefert $(10|10|10)$
$\frac{x+y}{2} = m;\ \frac{x+z}{2} = m;\ \frac{y+z}{2} = m;$ liefert $(m|m|m)$
also kann sich bei verschiedenen Zahlen x, y und z nicht der gleiche Mittelwert ergeben.

4 a) $a + b - c = 12;\ b + c - a = 14;\ a + c - b = 16$
Lösung: $(14|13|15)$
b) $3a - (b + c) = 13;\ 3b - (c + a) = 25;$
$3c - (a + b) = 37$
Lösung: $(22|25|28)$

5 $5s + 3l + 2k = 10{,}6;\ 3s + 2l + 4k = 9{,}70;$
$4s + 4l + k = 9{,}90$
Hieraus folgen die Preise für

Landschoko (s):	0,90 Euro
Lomo-Limo (l):	1,30 Euro
Kika-Kekse (k):	1,10 Euro.

6 a)
1. Schritt:
I: $3x + 9y - 3z = 15$
II: $-8x - 19y + 3z = 6 \quad |+ I$
III: $2x + y + 3z = 0 \quad |+ I$
2. Schritt:
I: $3x + 9y - 3z = 15$
IIa: $-5x - 10y = 21$
IIIa: $5x + 10y = 15 \quad |+ IIa$
3. Schritt:
I: $3x + 9y - 3z = 15$
IIa: $-5x - 10y = 21$
IIIb: $0x + 0y = 36$
Die Gleichung IIIb wird von keiner Zahl erfüllt.
Das Gleichungssystem besitzt keine Lösung.

b)
1. Schritt:
I: $3x + 9y - 3z = 15$
II: $-8x - 19y + 3z = -30 \quad |+ I$
III: $2x + y + 3z = 0 \quad |+ I$
2. Schritt:
I: $3x + 9y - 3z = 15$
IIa: $-5x - 10y = -15$
IIIa: $5x + 10y = 15 \quad |+ IIa$
3. Schritt:
I: $3x + 9y - 3z = 15$
IIa: $-5x - 10y = -15$
IIIb: $0x + 0y = 0$
Die Gleichung IIIb wird von allen Zahlenpaaren erfüllt.
Aus IIa folgt: $x = -2y + 3$
Aus I folgt: $z = x + 3y - 5$
Aus I und IIa folgt:
$z = (-2y + 3) + 3y - 5;\ z = y - 2$
Das Gleichungssystem besitzt unendlich viele Lösungen.
y ist frei wählbar. x berechnet sich dann zu $x = -2y + 3$; z berechnet sich dann zu $z = y - 2$.

Sachthema: Fahrradurlaub in Frankreich

Seite 184

1 1 Zoll = 2,54 cm

2 Die Zollangabe gibt den Durchmesser des Laufrades an.
28-Zoll-Laufrad: d = 2,54 · 28 = 71,12 cm
Den Umfang eines Kreises berechnet man mit der Formel $U = 2 \cdot 3{,}14 \cdot r$, wobei r der Radius des Laufrades ist.
Treckingrad:
d = 71,12 cm, also r = 35,56 cm ⇒ U = 2 · 3,14 · 35,56 = 223,32. Der Umfang beträgt 223,32 cm = 2,23 m.
Tourenrad:
26 Zoll = 66,04 cm ⇒ r = 33,02 cm
⇒ U = 2 · 3,14 · 33,02 = 207,37
Der Umfang beträgt beim 26-Zoll-Fahrrad 207,37 cm = 2,07 m und beim 28-Zoll-Fahrrad 223,32 cm = 2,23 m (s. o.).

3 Neben 26- und 28-Zoll-Fahrrädern gibt es auch noch 24-Zoll- und 20-Zoll-Fahrräder.
24 Zoll = 60,96 cm ⇒ r = 30,48 cm
⇒ U = 2 · 3,14 · 30,48 = 191,41
20 Zoll = 50,8 cm ⇒ r = 25,4 cm
⇒ U = 2 · 3,14 · 25,4 = 159,512
Der Umfang beim 24-Zoll-Fahrrad beträgt 191,41 cm = 1,91 m und beim 20-Zoll-Fahrrad 159,51 cm = 1,60 m.

4 „Ritzel": Zahnrad am Hinterrad
„Kettenblatt": Zahnrad bei den Pedalen

Seite 185

5 Das Verhältnis aus der Zähnezahl am Kettenblatt und der Zähnezahl am Ritzel gibt an, wie häufig sich das Hinterrad (beim Ritzel) dreht, wenn sich das Kettenblatt einmal voll gedreht hat. Beträgt die Übersetzung 2, bedeutet dies, dass sich das Hinterrad bei einer vollen Umdrehung des Kettenblattes 2-mal gedreht hat.

6 Die Werte in der Tabelle sind teilweise gerundet auf zwei Nachkommastellen.
Beispiel: 32 : 21 = 1,5238095… ≈ 1,52. Gleiche bzw. annähernd gleiche Übersetzungen ergeben sich bei folgenden Schaltpositionen:
Zähne Kettenblatt/Zähne Ritzel:
22/16 ≈ 32/24
22/14 ≈ 32/21 ≈ 42/28
22/12 = 32/18 = 42/24
22/11 = 32/16 = 42/21
32/14 = 42/18
32/12 ≈ 42/16
32/11 = 42/14
Dort, wo die Übersetzung gleich bzw. annähernd gleich ist, ist es gleich „anstrengend" beim Fahren.

7 Rechnerisch hat der Verkäufer Unrecht, weil es in der Tabelle mehr als 13 verschiedene Übersetzungen gibt. Aber da die annähernd gleichen Übersetzungen beim „realen Treten in die Pedale" keinen registrierbaren Unterschied machen, reduziert sich die Anzahl der wahrnehmbaren verschiedenen Übersetzungen, also Gänge, auf ca. 13:
0,8; 0,9; 1,05; 1,22; 1,33; 1,52; 1,8; 2; 2,3; 2,62; 3; 3,5; 3,8

8 Die angegebenen Schaltungen sind sinnvoll, weil die Kette dann gerade läuft. Eine schräg laufende Kette nutzt sich schneller ab und läuft schlechter. Zum Beispiel: bei 42/21 läuft sie schräg, bei 32/16 gerade.
Die angegebene Schaltung ist sinnvoll, weil es von Gang zu Gang eine leichte Übersetzungsänderung gibt. Wenn man beispielsweise im Gang 22/21 = 1,05 in den Gang 32/28 = 1,14 schalten würde, wäre der nächste Gang 32/24 = 1,33 eine relativ hohe Übersetzungsänderung (1,33 – 1,14 = 0,19). In diesem Sinne kann man weitere Übergänge begründen.

9 Mögliche Schülerlösungen:
„Aus ökologischen Gründen würde ich mit der Bahn fahren, wenn der Preisunterschied zum Auto nicht sehr groß wäre."
oder
„Aus praktischen Gründen würde ich mit dem Auto fahren, weil wir immer so viel Gepäck haben."
oder
„Ich würde gerne fliegen, weil die Reisezeit dadurch sehr gering wäre."

Seite 187

10 Der Darstellung aus der Zeitschrift Umwelt entnimmt man: LKW: 0,4 % und PKW: 1,7 % – der Anteil des Straßenverkehrs beträgt somit 2,1 %.

11 In dem Graphen sind zwei Zusammenhänge dargestellt: Zum einen wird die Entwicklung der Fahrleistung in Mrd. km pro Jahr in den Jahren 1970 bis 2020 graphisch beschrieben und zum anderen wird der Kraftstoffverbrauch in kt pro Jahr für den gleichen Zeitraum dargelegt. Man kann erkennen,

dass der Kraftstoffverbrauch trotz stetig steigender Fahrleistung ab dem Jahr 1990 kontinuierlich fällt. 1980 betrug die Fahrleistung ca. 300 Mrd. km bei einem Kraftstoffverbrauch von ca. 38 000 kt. 2000 ist die Fahrleistung schon 700 Mrd. km, wobei der Kraftstoffverbrauch „nur“ auf ca. 48 000 kt ansteigt.
1980: 26 Mio. Fahrzeuge fahren 325 Mrd. km:
⇒ 12 500 km pro Fahrzeug und Jahr
2000: 45 Mio. Fahrzeuge fahren 650 Mrd. km:
⇒ 14 400 km pro Fahrzeug und Jahr

12 Für die An- und Abreise mit dem Auto muss man mehrere Kosten kalkulieren:
a) Benzinkosten: $968\,\text{km} \cdot 2 = 1936\,\text{km}$
$1936 : 100 \cdot 6{,}9 = 133{,}584$ Liter Benzin
$133{,}584 \cdot 1{,}03 \approx 137{,}59$ €
Der Benzinverbrauch kostet ca. 137,59 €.
(Bei anderen Treibstoffen entsprechend.)
b) Wertverlust: $1936 \cdot 0{,}22 = 425{,}92$ €
c) Mautgebühren: mautpflichtig sind 729 km, also insgesamt 1458 km (Hin- & Rückfahrt), die durchschnittlichen Kosten betragen 13 € pro 200 km also $13 \cdot (1458 : 200) = 94{,}77$ €
d) Gesamtkosten: 137,59 € + 425,92 € + 94,77 € = 658,28 €. Wenn man mit Benzin fährt, muss man für die An- und Abreise ca. 658,28 € kalkulieren.

13 Zu Fazit 1: $3{,}5 \cdot 40 = 140$ – die erste Aussage stimmt, die anderen beiden Aussagen kann man anhand des Materials nicht überprüfen.
zu Fazit 2: zuerst wird die Zunahme des erschlossenen Rohöls bestimmt:
140 Mrd. t ≙ 101,2 %
1,66 Mrd. t ≙ 1,2 % (Zunahme)
als Nächstes bestimmt man die Verbrauchszunahme
3,5 Mrd. t ≙ 100,9 %
≈ 0,0312 Mrd. t ≙ 0,9 % (Zunahme)
also ist die Erschließungszunahme um den Faktor (≈) 53,17 höher als die Verbrauchszunahme.
Das Fazit 2 ist damit ungefähr korrekt.

14 Die Bahnkosten setzen sich aus dem Sparangebot sowie den Reservierungen zusammen:
513,60 € Sparpreis
+ 10,40 € (2-mal Reservierungen in Deutschland)
+ 40 € (2-mal Reservierungen in Frankreich, 4 Personen)
oder + 224 € für die Frankreichreservierung
also zahlt man insgesamt je nach Tag der Fahrt zwischen 564 € und 748 €.
Hinzukommen die Kosten für die Fahrräder: $8 \cdot 10$ € für die Hin- und Rückfahrt für 4 Personen, also ergeben sich insgesamt 644 € bis 828 € Reisekosten.

15 Bei den Berechnungen ergibt sich, dass das Bahnfahren günstiger ist, wenn man den Wertverlust des Autos (425,92 €) mit berücksichtigt. Auch aus ökologischen Gründen ist die Bahn das bessere Verkehrsmittel.

16/17

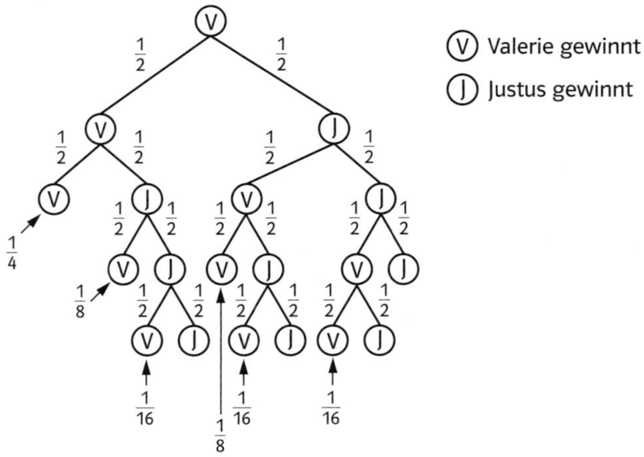

Der Baum zeigt alle möglichen Spielausgänge. Immer dann, wenn eine Person insgesamt dreimal gewonnen hat, ist das Spiel aus.
An den Pfaden steht die Wahrscheinlichkeit für das Auftreten des Pfadabschnittes. Da beide Ergebnisse gleich wahrscheinlich sind, beträgt sie jeweils $50\,\% = \frac{1}{2}$.
Immer dann, wenn Valerie gewonnen hat, ergibt sich die Wahrscheinlichkeit dieser Spielsituation durch die Pfadregel. Alle einzelnen Spielausgänge addiert ergibt die Wahrscheinlichkeit, mit der Valerie gewinnt, nachdem sie das erste Spiel gewonnen hat:
$\frac{1}{4} + \frac{1}{8} + \frac{1}{16} + \frac{1}{8} + \frac{1}{16} + \frac{1}{16} = \frac{11}{16} = 68{,}75\,\%$
Der Vater hat demnach Recht. Justus gewinnt noch mit 31,25 %iger Wahrscheinlichkeit.

18

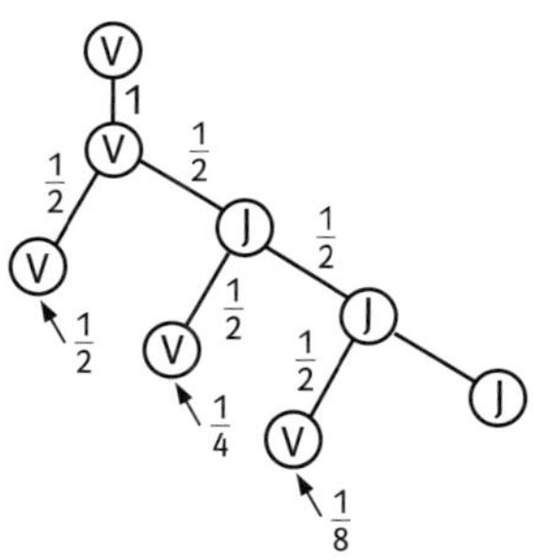

Die Gesamtwahrscheinlichkeit, dass Valerie jetzt gewinnt, beträgt $\frac{1}{2} + \frac{1}{4} + \frac{1}{8} = \frac{7}{8} = 87{,}5\,\%$.

19 Da ein neues Spiel beginnt, haben beide mit der Wahrscheinlichkeit von 50 % die Chance, das Spiel zu gewinnen.

Seite 188

20 Tipps müssen selber abgegeben werden.

21
- Aus der Gesamtlänge des Staus kann man die Anzahl der darin stehenden Autos berechnen, wenn man die durchschnittliche Länge eines Autos, die durchschnittliche Spurenzahl sowie den durchschnittlichen Abstand zweier Autos und die Personenzahl pro Auto kennt.
- Es kann nur ein Schätzwert ermittelt werden, weil es sich bei den Daten um Durchschnittswerte handelt.

22 a) Staulänge · Anzahl der Spuren
⇒ hiermit wird die Gesamtlänge der Strecke berechnet, auf der die Autos hintereinander stehen.
b) Länge eines Autos + Abstand zwischen zwei Autos
⇒ hiermit wird die Strecke ermittelt, die ein Auto auf der Autobahn im Stau beansprucht.
c) (Staulänge · Anzahl der Spuren) : (Länge eines Autos + Abstand zwischen zwei Autos)
⇒ hiermit wird die Anzahl der Autos berechnet, die in dem Stau stehen.
d) das Ergebnis aus c) · Anzahl der Personen pro Auto
⇒ nun ergibt sich die Personenzahl im gesamten Stau.
Die Vereinfachung liegt in den durchschnittlichen Angaben, die der Vater vermutet.

anderer Rechenweg:
Man könnte die Schritte a) – d) nacheinander berechnen.
Die Berechnung mit den Daten des Vaters ergibt:
$\frac{44\,\text{km} \cdot 2 \cdot 3\ \text{Personen}}{0{,}004\,\text{km} + 0{,}002\,\text{km}} = 44\,000$ Personen
Bei 2 Personen pro Auto ergeben sich ca. 29 333 Personen und bei 4 Personen sogar ca. 58 667 Personen. Demnach hat Valerie am besten getippt, obwohl ihr Ergebnis vom „richtigen" Ergebnis trotzdem noch stark abweicht.

23 Praktische Durchführung:
- möglich sind Messungen auf dem Parkplatz der Schule.
- es könnte ein Stau nachgestellt werden.

24 Die Anzahl der Personen würde stark reduziert werden, weil zum einen die Autolänge pro LKW wesentlich größer ist, demnach in der einen Spur viel weniger Autos stehen würden und zum anderen pro LKW meistens nur eine Person fährt.

25 Die Berechnung einer Staulänge ist relativ unabhängig von der Jahreszeit und der Autobahn, allerdings könnte die Anzahl der Personen pro Auto in Urlaubszeiten höher sein als in Zeiten ohne Urlaubsverkehr.

Seite 189

26
- Alle drei Gruppen könnten auf direktem Wege zu ihren Zielorten fahren, dann würden sie als Gruppe aber gar nicht zusammen fahren.
- Alle könnten gemeinsam in Richtung Dol-de-Bretagne fahren und sich bei der ersten Kreuzung trennen; so würden sie zwar länger zusammen fahren, der Weg der einzelnen Gruppen wäre aber länger.

27
- Bei direkten Wegen:
  Justus und Mutter: 1,4 cm ≙ 1,4 · 600 000 : 100 = 8400 m
  Valerie: 3,8 cm ≙ 3,8 · 600 000 : 100 = 22 800 m
  Vater: 2,6 cm ≙ 2,6 · 600 000 : 100 = 15 600 m

28

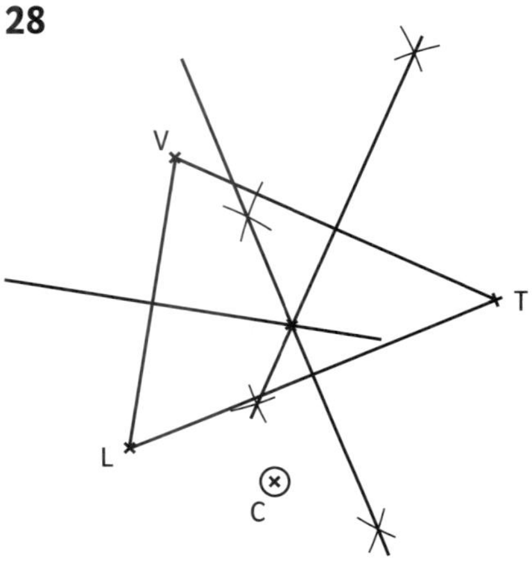

Mit C, L, V und T sind die einzelnen Orte gekennzeichnet. Um zeichnerisch den fairsten Kompromiss zu ermitteln, muss man den Umkreismittelpunkt des Dreiecks LTV ermitteln. Bis zu diesem Punkt (unterhalb von Dol-de-Bretagne) müsste die Familie zusammen fahren, damit sie danach gleiche Entfernungen zu den Endzielen hätte. Dieses Ergebnis ist aber relativ unsinnig, weil alle außer Valerie so einen großen Umweg fahren müssten.

29 „Um 8.45 Uhr startete meine Reise. Die ersten 45 Minuten erhöhte ich langsam meine Geschwindigkeit bis auf 33 km/h. Dann kam ein Anstieg, weshalb ich immer langsamer wurde und um 10 Uhr auf der Anstiegshöhe eine kleine 10-minütige Pause machte. Dieses Hin und Her wiederholte sich mehrfach – zwischendurch erreichte ich bei einer kleinen Abfahrt meine Spitzengeschwindigkeit von 45 km/h. Zwischen 12.20 Uhr und 13.10 Uhr habe ich etwas gegessen – bin also nicht gefahren und zwischen 13.50 Uhr und 15.45 Uhr habe ich mir den Landwochenmarkt angeschaut. Danach bin ich mit verschiedenen Steigungen zu unserem Treffpunkt gekommen (18.10 Uhr)."

Seite 190

30 Justus: 21 km pro h, also 21 000 m pro h, also 21 000 : 3600 = 5,83 m pro Sekunde
Valerie: 18 km pro h, also 18 000 m pro h, also 18 000 : 3600 = 5 m pro Sekunde

31 a) Zeichnerische Lösung

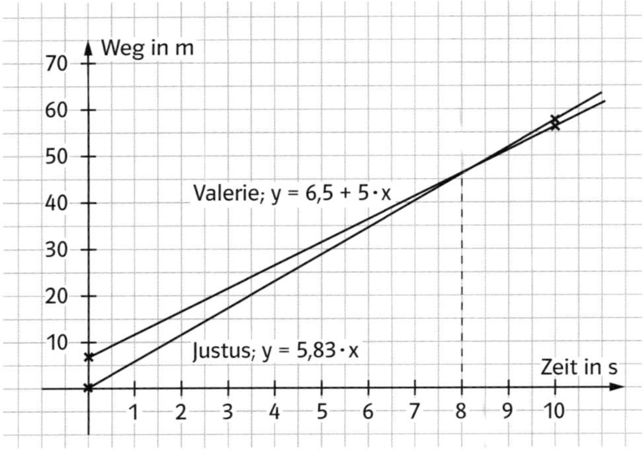

Nach ca. 8 Sekunden schneiden sich die beiden Graphen, hier sind Valerie und Justus auf gleicher Höhe.
b) rechnerische Lösung:
- Justus fährt pro Sekunde $5{,}8\overline{3} - 5 = 0{,}8\overline{3}$ m mehr als Valerie
- insgesamt muss Justus 6,5 m fahren, bis er Valerie eingeholt hat also: $6{,}5 : 0{,}83 \approx 7{,}8$

$\Rightarrow$ Er benötigt demnach 7,8 Sekunden.

32 Nach 7,8 Sekunden ist Valerie $5{,}8\overline{3} \cdot 7{,}8 = 45{,}5$ m gefahren.
Die Kurve kommt zwar „erst" in einer Entfernung von 50 m, aber da der Überholvorgang nach den 45,5 m ja nicht abgeschlossen ist, sind die Bedenken des Vaters berechtigt.

33 b: Bremsweg in m/v = Geschwindigkeit in km/h, also: $b = \left(\frac{v}{10}\right)^2$
durch Messen erhält man den Bremsweg:
6,2 cm : 1,8 cm = $3{,}\overline{4}$; also $3{,}\overline{4} \cdot 5 = 17{,}\overline{2}$ m
$\Rightarrow 17{,}\overline{2} = \left(\frac{v}{10}\right)^2 = \frac{v^2}{100}$, also $1722{,}\overline{2} = v^2$
$\Rightarrow$ durch Ausprobieren: $v \approx 41 \frac{km}{h}$ $\left(\text{oder } 42 \frac{km}{h}\right)$
Demnach ist der Franzose ca. $41 \frac{km}{h}$ gefahren.

34 r: Reaktionsweg in m/v: Geschwindigkeit in $\frac{km}{h}$
also: $r = \frac{v}{10} \cdot 3$
$r = \frac{41}{10} \cdot 3 = 12{,}3$ (12,6 m)
Der Reaktionsweg betrug ca. 12,3 m und der Bremsweg ca. 17,2 m. Insgesamt ergibt sich ein Anhalteweg von ca. 29,5 m (29,8 m).

Seite 191

35 Die Gesamtbevölkerung von Deutschland betrug 2002 ca. 80 Mio. Also entsprechen 476 413 Verletzte 476 413 : 80 000 000 = 0,00596 ≈ 0,596 %.

36 Über 42 500 verletzte Kinder im Straßenverkehr. Neue Statistik von 2001.

Wiesbaden Im Jahre 2001 gab es in Deutschland insgesamt 494 775 Verletzte. Davon haben sich 14 % beim Fahrradfahren und über 61 % beim Autofahren verletzt. Am wenigsten Unfälle gab es bei den Bussen (1 %).
Im Vergleich zum Vorjahr ist die Anzahl der Verletzten unter 15 Jahren um 5,7 % zurückgegangen. Das ist eine erfreuliche Veränderung. Die Rückläufe sind bei allen Altersgruppen außer der über 65-Jährigen zu erkennen.

37
- „41 047 Kinder sind 6 % weniger als 2001"
  42 574 – 41 047 = 1527 Kinder weniger
  42 574 ≙ 100 %
  1527 ≙ 3,6 %
  $\Rightarrow$ Diese Aussage wurde falsch berechnet; es müsste „3,6 % weniger" heißen.
- 71 079 – 70 163 = 916 Fahrräderbenutzer
  71 079 ≙ 100 %
  916 ≙ 1,2 %
  $\Rightarrow$ Diese Aussage wurde richtig berechnet (70 000 Kinder (–1 %)).
- 37 101 – 36 343 = 758 Fußgänger
  37 101 ≙ 100 %
  758 ≙ 2 %
  $\Rightarrow$ Diese Aussage wurde richtig berechnet (36 000 Fußgänger (–2 %)).

38 Beispiel für eine Frage:
Um wie viel Prozent hat die Verletztenzahl der unter 15-Jährigen von 2000 auf 2001 abgenommen?
Antwort: Die Abnahme betrug
$\frac{45141 - 42574}{45141} \cdot 100 \approx 5{,}7\,\%$

39 Die Anzahl der Verletzten beim Fahrrad fahren hat um 1,3 % abgenommen – beim Bus fahren sind dies 4 %. Danach hat Justus Unrecht.
Anders betrachtet gab es bei den Fahrradunfällen insgesamt 916 weniger Verletzte – beim Bus fahren gab es lediglich 202 weniger Verletzte. Hiernach hat Justus Recht.

Sachthema: Was kostet der Alltag?

Seite 193

1 Individuelle Lösung

2 Alle Angaben in €; m³; kWh:
Gesamtkosten Wasser
= (Grundpreis + Verbrauch · 1,43) · 1,07
+ Verbrauch · 0,9 · 1,39
Verbrauch ist Differenz der Zählerstände (212 m³)
Gesamtkosten Strom
= (Verbrauch · (0,0959 + 0,0179)) · 1,16
Verbrauch ist Differenz der Zählerstände (5397 kWh)

3 Individuelle Lösung

4 Familie Heine gab 2004 für Wasser 617,79 Euro aus und für Strom 712,45 Euro.
$\text{Steuern}_{\text{Wasser}} = (26{,}35 + 212 \cdot 1{,}43) \cdot 0{,}07 = 23{,}07$ Euro
$\text{Steuern}_{\text{Strom}}$ = Stromsteuer + Umsatzsteuer $= 5397 \cdot 0{,}0179 + 98{,}27 = 194{,}88$ Euro

Seite 194

1 Vergleich von 75-Watt-Birne mit 15-Watt-Energiesparleuchte (Strompreise wie Buch S. 193):
y: Gesamtkosten in Euro
x: Brenndauer in Stunden
75-Watt-Birne: $y = 0{,}45 + 0{,}075 \cdot 0{,}1138 \cdot 1{,}16 \cdot x$
15-Watt-Energiesparleuchte:
$y = 5{,}95 + 0{,}015 \cdot 0{,}1138 \cdot 1{,}16 \cdot x$
Nach einer Brenndauer von jeweils 694 Stunden sind die Gesamtkosten gleich groß (7,33 €).

2 Gesamtkosten bei jeweils $x = 8000$ Stunden Brenndauer:
75-Watt-Birne:
$y = 0{,}45 + 0{,}075 \cdot 0{,}1138 \cdot 1{,}16 \cdot x$
$y = 8 \cdot 0{,}45 + 0{,}075 \cdot 0{,}1138 \cdot 1{,}16 \cdot 8000 = 82{,}80$ (Euro)
15-Watt-Energiesparleuchte:
$y = 5{,}95 + 0{,}015 \cdot 0{,}1138 \cdot 1{,}16 \cdot x$
$y = 5{,}95 + 0{,}015 \cdot 0{,}1138 \cdot 1{,}16 \cdot 8000 = 21{,}79$ (Euro)
Die Kosten einer 15-Watt-Energiesparleuchte sind somit um ca. 74 % geringer als die einer 75-Watt-Birne.

3 – 7 Individuelle Lösungen

Seite 195

1

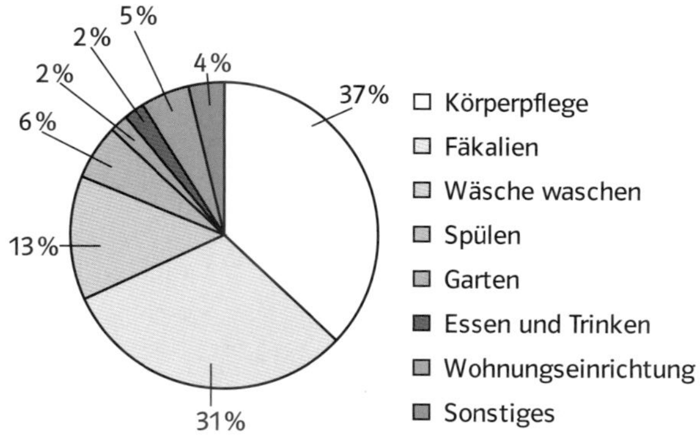

2 Von 1875 bis 1880 nahm die Abwasserversorgung um ca. 700 % zu und die Anzahl der Typhuserkrankungen um ca. 50 % ab.

3 In den Pausen und nach Spielende steigt der Wasserverbrauch wegen der Toilettenspülung an. Auch nach dem Spielfilmende tritt dieser Effekt ein.

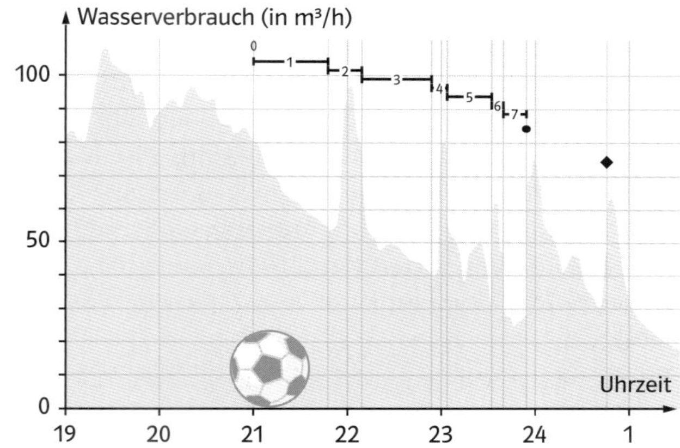

0 Spielbeginn	5 Verlängerung
1 1. Halbzeit	6 Pause
2 Pause	7 11-m-Schießen
3 2. Halbzeit	• Spielende
4 Pause	◆ Endes des Spielfilms im anderen Fernsehprogramm

Seite 196

1 Kreisradius zu Fig. 2: ca. 2,50 m
Kreisradius zu Fig. 3: ca. 1,75 m

2 Wahrscheinlichkeit, dass Tobias alles falsch gemacht hat: $\frac{1}{3}$
Wahrscheinlichkeit, dass Tobias alles richtig gemacht hat: $\frac{1}{6}$
Wahrscheinlichkeit, dass Tobias nur die Frühblüher falsch gepflanzt hat: 0
Wahrscheinlichkeit, dass Tobias genau 2 Beete falsch bepflanzt hat: $\frac{1}{2}$

Seite 197

1

	Darlehen	Zinsen	Tilgung	
1. Jahr	145 000,00 €	7250,00 €	1450,00 €	
2. Jahr	143 550,00 €	7177,50 €	1522,50 €	Vergleichs-jahresmiete 7200 Euro
3. Jahr	142 027,50 €	7101,38 €	1598,63 €	
4. Jahr	140 428,88 €	7021,44 €	1678,56 €	
5. Jahr	138 750,32 €	6937,52 €	1762,48 €	
6. Jahr	136 987,83 €	6849,39 €	1850,61 €	
7. Jahr	135 137,23 €	6756,86 €	1943,14 €	
8. Jahr	133 194,09 €	6659,70 €	2040,30 €	
9. Jahr	131 153,79 €	6557,69 €	2142,31 €	
10. Jahr	129 011,48 €	6450,57 €	2249,43 €	
11. Jahr	126 762,06 €	6338,10 €	2361,90 €	
12. Jahr	124 400,16 €	6220,01 €	2479,99 €	
13. Jahr	121 920,17 €	6006,01 €	2603,99 €	
14. Jahr	119 316,17 €	5965,81 €	2734,19 €	
15. Jahr	116 581,98 €	5829,10 €	2870,90 €	
16. Jahr	113 711,08 €	5685,55 €	3014,45 €	
17. Jahr	110 696,64 €	5534,83 €	3165,17 €	

Ohne Berücksichtigung der entgangenen Zinsen auf 25 000 Euro und ohne Berücksichtigung evtl. Mieterhöhungen.
Nach 37 Jahren ist die Wohnung abbezahlt, wenn man von unveränderten Konditionen ausgeht.